Pythonで動かして学ぶ！

あたらしい 機械学習の教科書

伊藤 真｜著

AI & TECHNOLOGY
SE SHOEISHA

本書内容に関するお問い合わせについて

このたびは翔泳社の書籍をお買い上げ頂き、誠にありがとうございます。
弊社では、読者の皆様からのお問い合わせに適切に対応させて頂くため、以下のガイドラインへのご協力をお願いいたしております。
下記項目をお読み頂き、手順に従ってお問い合わせください。

ご質問される前に

弊社Webサイトの「正誤表」をご参照ください。これまでに判明した正誤や追加情報を掲載しています。

正誤表　https://www.shoeisha.co.jp/book/errata/

ご質問方法

弊社Webサイトの「刊行物Q&A」をご利用ください。

刊行物Q&A　https://www.shoeisha.co.jp/book/qa/

インターネットをご利用でない場合は、FAXまたは郵便にて、下記翔泳社愛読者サービスセンターまでお問い合わせください。電話でのご質問は、お受けしておりません。

回答について

回答は、ご質問頂いた手段によってご返事申し上げます。ご質問の内容によっては、回答に数日ないしはそれ以上の期間を要する場合があります。

ご質問に際してのご注意

本書の対象を越えるもの、記述箇所を特定されないもの、また読者固有の環境に起因するご質問等にはお答えできませんので、あらかじめご了承ください。

郵便物送付先およびFAX番号

送付先住所　〒160-0006　東京都新宿区舟町5
FAX番号　03-5362-3818
宛先　㈱翔泳社 愛読者サービスセンター

はじめに

私が大学学部生だったときの物理学の授業は、教科書が非常に難しく、とても困惑したことを覚えています。解析力学、量子力学、電磁気学、熱統計力学などの講義では、おそらく名著と呼ばれるような本を使っていたと思うのですが、とても難解で、高校の教科書のように理解することはなかなかできませんでした。

学問の世界へのあこがれは強かったので、はじめは何とか理解したいと頑張りましたが、思うように理解が進まず、いつしかあきらめてしまい、部活とアルバイトに没頭する毎日になってしまいました。もちろん自分の頑張りが足りなかったせいなのですが、あえて、なぜこうなってしまったのかを今考えると、２つの原因があったと思います。

１つ目は、そもそも「頑張り方」がわかっていなかった、ということです。大学院に入ってからは、ニューラルネットワークや統計のゼミで厳しい先輩や教官にしごかれ、数式をとことん考えるようになりました。数式１行の式変形を理解するのにも、もくもくと考えるだけでなく、他の本や文献を調べたり人に聞いたりと、とにかく次のゼミまでの１週間、そのことをずっと考え続けました。そして、そこまでしつこく考えると、はじめは意味不明だった数式も、大概の場合、何らかの理解に行きつくことができました。１時間ではなく、１週間は考える。本気で理解するにはこのくらいの気持ちが必要だったのです。

２つ目は、学部時代の教科書は自分のレベルに合っていなかったということです。当時は学問とはこういうものだ、理解ができないのは自分のせいなのだと思い込んでいました。しかしそれは間違いでした。本が前提としている知識がなければ、その本を単独で理解することはできなくて当然です。つまりは、大学の教科書を読むための本、架け橋的な本を見つけて読むべきだったのです。難しい本に執着せず、自分のレベルに合った本を真剣に探すことが必要だったのです。

さて、今やディープラーニングが脚光を浴び、機械学習ブームが到来しています。数式を最小限にした初学者用の機械学習の本も多く出版されています。そして、よい専門書もあります。しかし、残念ながら、専門書への架け橋となりうる初学者用の本は、意外に少ないという印象もありました。そんな矢先に、本を執筆するチャンスが舞い込んできたのです。今こそ、機械学習をちゃんと数式で理解したいという初学者の方を対象とした、専門書への架け橋になる本を作ろうと決心しました。

本書は、まず、最低限必要な数学を整理するところからはじめます。そして、本命の機械学習の解説は、問題も、数式も、道筋も、できるだけシンプルにしましたが、数式的理解は最後まで追えるようにしました。ですので、本書を読み終えるころには、専門書を読むための基本的な知識が身についているはずです。しかし、説明が至らず、理解しにくいところもあるかもしれません。そのときは恐縮ですがとにかく「頑張って」読んでいただけると幸いです。

今回、幸運にも第３版を出版する運びとなりました。今回は主にプログラムをよりわかりやすく修正し、2022 年 4 月執筆時で最新の Anaconda がデフォルトで採用している Python3.9 に対応させました。また、文章をより理解しやすくするために多くの箇所で修正を入れました。

末筆にはなりますが、第３版を出すまでに、読者の皆様、レビューをしてくださった方々、そして出版社の方々に多くのご指摘を頂いたことで内容を改善させることができました。心より感謝申し上げます。

2022 年 6 月吉日

伊藤 真

CONTENTS

はじめに……iii

本書のサンプルのテスト環境と付属データについて……xiv

【第1章】機械学習の準備　1

1.1　機械学習について……2

1.1.1　機械学習習得のコツ……4

1.1.2　機械学習の問題の分類……6

1.1.3　本書の流れ……6

1.2　Pythonのインストール……8

1.3　Jupyter Notebook……12

1.3.1　Jupyter Notebookの利用……12

1.3.2　マークダウン形式の入力……17

1.3.3　ファイル名の変更……18

1.4　TensorFlowのインストール……19

【第2章】Pythonの基本　21

2.1　四則演算……22
2.1.1　四則演算の利用……22
2.1.2　累乗……22
2.2　変数……23
2.2.1　変数を利用した計算……23
2.2.2　変数名の表記……23
2.2.3　複数の変数を1行で定義……24
2.3　型……24
2.3.1　型の種類……24
2.3.2　型の調査……25
2.3.3　文字列……25
2.4　print文……26
2.4.1　print文の利用……26
2.4.2　文字列と組み合わせた数値の表示1……27
2.4.3　文字列と組み合わせた数値の表示2……27
2.5　list（リスト、配列変数）……28
2.5.1　listの利用……28
2.5.2　2次元の配列……29
2.5.3　連続した整数の配列の作成……30
2.6　tuple（タプル）……31
2.6.1　tupleの利用……31
2.6.2　要素の参照……32
2.6.3　長さが1のtuple……32
2.7　if文……33
2.7.1　if文の利用……33
2.7.2　比較演算子……34
2.8　for文……35
2.8.1　for文の利用……35
2.8.2　enumerateの利用……36
2.9　ベクトル……36
2.9.1　NumPyの利用……37
2.9.2　ベクトルの定義……37

2.9.3　要素の参照……38
2.9.4　要素の書き換え……39
2.9.5　連続した整数のベクトルの作成……39
2.9.6　ndarray 型の注意点……39
2.9.7　要素がランダムな値のベクトルの生成……41
2.10　行列……42
2.10.1　行列の定義……42
2.10.2　行列のサイズ……42
2.10.3　要素の参照……43
2.10.4　要素の書き換え……44
2.10.5　要素が 0や1のndarrayの作成……44
2.10.6　行列のサイズの変更……45
2.10.7　行列やベクトルの連結……46
2.11　行列の演算……47
2.11.1　行列における四則演算……47
2.11.2　スカラー×行列……48
2.11.3　算術関数……48
2.11.4　行列積の計算……49
2.12　スライシング……49
2.13　条件を満たすデータの書き換え……51
2.14　Help……52
2.15　関数……53
2.15.1　関数の利用……53
2.15.2　引数と戻り値……54
2.15.3　位置引数とキーワード引数……55
2.15.4　ローカル変数……56
2.16　ファイル保存……57
2.16.1　1つのndarray 型の保存……57
2.16.2　複数のndarray 型の保存……57

【第3章】グラフの描画　59

3.1　2次元のグラフを描く……60
3.1.1　ランダムなグラフを描く……60
3.1.2　プログラムリストのルール……61
3.1.3　3次関数 $f(x) = (x-2)\,x\,(x+2)$ を描く……62
3.1.4　描画する範囲を決める……63
3.1.5　グラフを描画する……64
3.1.6　グラフを装飾する……64
3.1.7　グラフを複数並べる……67
3.2　3次元のグラフを描く……68
3.2.1　2つの変数の関数……68
3.2.2　数値を色で表現する：pcolor……70
3.2.3　関数の表面を面で表す：surface……72
3.2.4　等高線で表示する：contour……75
3.2.5　関数の複数の値を一度に計算する……76

【第4章】機械学習に必要な数学の基本　79

4.1　ベクトル……80
4.1.1　ベクトルとは……80
4.1.2　Python でベクトルを定義する……81
4.1.3　縦ベクトルを表す……81
4.1.4　転置を表す……82
4.1.5　足し算と引き算……83
4.1.6　スカラーとの掛け算……85
4.1.7　内積……86
4.1.8　ベクトルの大きさ……87
4.2　和の記号……88
4.2.1　和の記号の意味……88
4.2.2　和の記号の入った数式を変形する……89
4.2.3　和を内積として計算する……91
4.3　積の記号……92
4.4　微分……93

4.4.1　多項式の微分…………93
4.4.2　微分の記号の入った数式の変形……95
4.4.3　入れ子の関数の微分……96
4.4.4　入れ子の関数の微分：連鎖律……96
4.5　偏微分……98
4.5.1　偏微分とは……98
4.5.2　偏微分と図形……99
4.5.3　勾配を図で表す……102
4.5.4　多変数の入れ子の関数の偏微分……105
4.5.5　和と微分の交換……106
4.6　行列……109
4.6.1　行列とは……109
4.6.2　行列の足し算と引き算……111
4.6.3　スカラー倍……113
4.6.4　行列の積……113
4.6.5　単位行列……117
4.6.6　逆行列……119
4.6.7　転置……121
4.6.8　行列と連立方程式……122
4.6.9　行列と写像……125
4.7　指数関数と対数関数……126
4.7.1　指数……127
4.7.2　対数……129
4.7.3　指数関数の微分……132
4.7.4　対数関数の微分……134
4.7.5　シグモイド関数……135
4.7.6　ソフトマックス関数……137
4.7.7　ソフトマックス関数とシグモイド関数……142
4.7.8　ガウス関数……143
4.7.9　2次元のガウス関数……145

【第5章】教師あり学習：回帰　151

5.1　1次元入力の直線モデル……152
5.1.1　問題設定……152
5.1.2　直線モデル……155
5.1.3　平均二乗誤差……156
5.1.4　パラメータを求める（勾配法）……159
5.1.5　直線モデルパラメータの解析解……167
5.2　2次元入力の面モデル……171
5.2.1　問題設定……171
5.2.2　データの表し方……173
5.2.3　面モデル……175
5.2.4　面モデルパラメータの解析解……177
5.3　D次元線形回帰モデル……180
5.3.1　D次元線形回帰モデル……180
5.3.2　パラメータの解析解……181
5.3.3　原点を通らない面への拡張……186
5.4　線形基底関数モデル……187
5.5　オーバーフィッティングの問題……194
5.6　新しいモデルの生成……207
5.7　モデルの選択……211
5.8　まとめ……214

【第6章】教師あり学習：分類　217

6.1　1次元入力2クラス分類……218

6.1.1　問題設定……218

6.1.2　確率で表すクラス分類……222

6.1.3　最尤推定……224

6.1.4　ロジスティック回帰モデル……227

6.1.5　交差エントロピー誤差……230

6.1.6　学習則の導出……234

6.1.7　勾配法による解……238

6.2　2次元入力2クラス分類……240

6.2.1　問題設定……240

6.2.2　ロジスティック回帰モデル……245

6.3　2次元入力3クラス分類……252

6.3.1　３クラス分類ロジスティック回帰モデル……252

6.3.2　交差エントロピー誤差……255

6.3.3　勾配法による解……257

【第7章】ニューラルネットワーク・ディープラーニング　263

7.1　ニューロンモデル……266
　7.1.1　神経細胞……266
　7.1.2　ニューロンモデル……268
7.2　ニューラルネットワークモデル……272
　7.2.1　2層フィードフォワードニューラルネット……272
　7.2.2　2層フィードフォワードニューラルネットの実装……275
　7.2.3　数値微分法……282
　7.2.4　数値微分法による勾配法……286
　7.2.5　誤差逆伝搬法（バックプロパゲーション）……294
　7.2.6　$\partial E/\partial v_{kj}$を求める……296
　7.2.7　$\partial E/\partial w_{ji}$を求める……300
　7.2.8　誤差逆伝搬法の実装……306
　7.2.9　学習後のニューロンの特性……313
7.3　Keras でニューラルネットワークモデル……316
　7.3.1　2層フィードフォワードニューラルネット……316
　7.3.2　Keras の使い方の流れ……320

【第8章】ニューラルネットワーク・ディープラーニングの応用（手書き数字の認識）　325

8.1　MNISTデータベース……326
8.2　2層フィードフォワードネットワークモデル……328
8.3　ReLU活性化関数……336
8.4　空間フィルター……341
8.5　畳み込みニューラルネットワーク……347
8.6　プーリング……354
8.7　ドロップアウト……355
8.8　集大成のMNIST認識ネットワークモデル……356

【第9章】教師なし学習　361

9.1　2次元入力データ……362
9.2　K-means 法……365
9.2.1　K-means法の概要……365
9.2.2　Step 0：変数の準備と初期化……366
9.2.3　Step 1：Rの更新……368
9.2.4　Step 2：μの更新……371
9.2.5　歪み尺度……375
9.3　混合ガウスモデル……378
9.3.1　確率的クラスタリング……378
9.3.2　混合ガウスモデル……381
9.3.3　EMアルゴリズムの概要……386
9.3.4　Step 0：変数の準備と初期化……387
9.3.5　Step 1 (E Step)：γの更新……390
9.3.6　Step 2 (M Step)：π、μ、Σの更新……392
9.3.7　尤度……397

【第10章】要点のまとめ　401

要点のまとめ……402

おわりに……412
謝辞……413
INDEX……414
著者プロフィール……423

本書のサンプルのテスト環境と付属データについて

本書のサンプルのテスト環境

本書のサンプルは以下の環境で、問題なく動作することを確認しています。

OS: 64 ビット版 Windows 10 Home
Anaconda3 インストーラー : Anaconda3-2021.11-Windows-x86_64.exe

上記のインストーラーと TensorFlow2.7.0 の追加インストールによって構築される Python バージョンと主要ライブラリのバージョンは、以下の通りです。

Python: 3.9.7
NumPy: 1.20.3
Matplotlib: 3.4.3
SciPy: 1.7.1
Jupyter Notebook: 6.4.5
TensorFlow: 2.7.0

付属データのご案内

付属データ（本書記載のサンプルコード）は、以下のサイトからダウンロードできます。

・付属データのダウンロードサイト

URL https://www.shoeisha.co.jp/book/download/9784798171494

注意

付属データに関する権利は著者および株式会社翔泳社が所有しています。許可なく配布したり、Web サイトに転載したりすることはできません。

付属データの提供は予告なく終了することがあります。あらかじめご了承ください。

会員特典データのご案内

会員特典データは、以下のサイトからダウンロードして入手いただけます。

・会員特典データのダウンロードサイト

URL https://www.shoeisha.co.jp/book/present/9784798171494

注意

会員特典データをダウンロードするには、SHOEISHA iD（翔泳社が運営する無料の会員制度）への会員登録が必要です。詳しくは、Web サイトをご覧ください。会員特典データに関する権利は著者および株式会社翔泳社が所有しています。許可なく配布したり、Web サイトに転載したりすることはできません。

会員特典データの提供は予告なく終了することがあります。あらかじめご了承ください。

免責事項

付属データおよび会員特典データの記載内容は、2022年6月現在の法令等に基づいています。

付属データおよび会員特典データに記載されたURL等は予告なく変更される場合があります。

付属データおよび会員特典データの提供にあたっては正確な記述につとめましたが、著者や出版社などのいずれも、その内容に対して何らかの保証をするものではなく、内容やサンプルに基づくいかなる運用結果に関してもいっさいの責任を負いません。

付属データおよび会員特典データに記載されている会社名、製品名はそれぞれ各社の商標および登録商標です。

著作権等について

付属データおよび会員特典データの著作権は、著者および株式会社翔泳社が所有しています。個人で使用する以外に利用することはできません。許可なくネットワークを通じて配布を行うこともできません。個人的に使用する場合は、ソースコードの改変や流用は自由です。商用利用に関しては、株式会社翔泳社へご一報ください。

2022年6月
株式会社翔泳社　編集部

第1章

機械学習の準備

まず第 1 章では、機械学習の紹介と本書の方針について述べ、プログラムに必要なソフトのインストールと簡単な使い方を説明します。

1.1 機械学習について

機械学習は、「データから法則性を抽出する統計的手法」の 1 つです。機械学習では、法則性を抽出して予測や分類を行う、様々な**モデル**（アルゴリズム）が提案されています（図 1.1）。その応用は、手書き文字の認識、物体の認識、文章の分類、音声の認識、株の予測、病気の診断など、様々な分野にわたります。驚異的な画像の認識精度で大ブレークとなった**ディープラーニング**も機械学習の一部で（図 1.2）、脳の神経細胞の挙動を模倣した**ニューラルネットワークモデル**の一形態です。

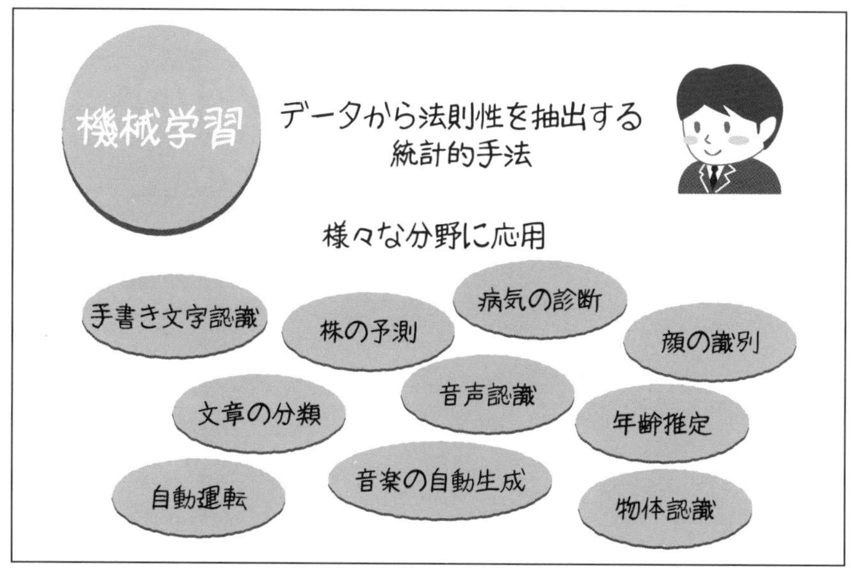

図 1.1：機械学習とは

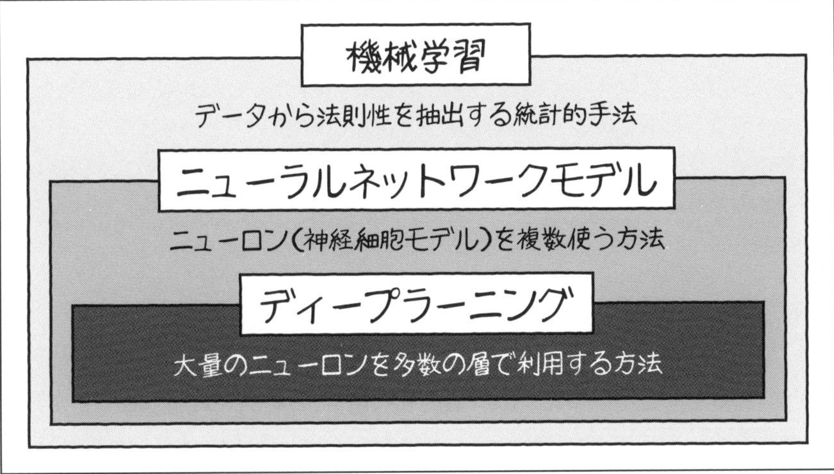

図 1.2：機械学習、ニューラルネットワークモデル、ディープラーニングの関係

近年では、ディープラーニングも含めて様々な機械学習のモデルをまとめた無料のライブラリがいくつも発表され、すべての人がそれらを使うことができるという、素晴らしい世の中になってきました。このようなライブラリを利用すればすごいソフトウェアを比較的楽に作ることができるでしょう。モデルの動作原理を詳しく知らなくても、とにかく試してみて期待する出力が得られれば、役に立つものを作ることが可能です。

しかし、その一方で、機械学習の仕組み、理論をきちんと理解しておきたいと思う人もいるでしょう。その原理を知ることは純粋にワクワクすることですし、理論を押さえておけば、直面した問題に対してより適切なモデルを選ぶことができるでしょう。そして、うまく動かないときには、より適切な対策がとれるはずです。そして更には、目的に合ったオリジナルのモデルを開発することも可能になります。これはすごいことですよね。

機械学習理論の良書として、クリストファー・ビショップ氏の『Pattern Recognition and Machine Learning』（Christopher M. Bishop 著、Springer、2006 年）が有名です。日本語訳『パターン認識と機械学習 上』、『パターン認識と機械学習 下（ベイズ理論による統計的予測）』（共に村田 昇 他監訳、丸善出版、2012 年）もあります。筆者も大学の輪読ゼミで多くの機械学習の本を勉強しましたが、きちんと解説されているという点ではこの「ビショップ本」が文句なしのナンバーワンでした。

しかし、ビショップ本も決して簡単ではありません。理論を勉強しようと意気込んで読みはじめたけれども、志半ばで挫折してしまったという話もよく耳にします。ビショップ本のような数学の本を読破するということは、小説を読むのとは全く異なり、登山をすることに似ていると筆者は思います。「理論の世界」という素晴らしい景色を見るためには、数学という装備をしっかり身に着けて、一歩一歩、数式を踏みしめて登る必要があるのです。軽い気持ちで、はだしで走って登れば、すぐにがけから転落です。

1.1.1 機械学習習得のコツ

筆者は何度も苦労していろいろな「機械学習山」にチャレンジしてきましたが、理解をするための２つのコツに気付きました。１つは、一見難しく見える数式を少し簡単にするコツです。それは、

「次元数 D を２で考えてみる」

ということです。数式は、すべての場合に当てはまるように、一般的な形で定式化されています。例えば、次元数は D として表記されます。それを、$D = 2$ の場合に限って考えてみるのです。これは、$D = 1$ からはじめてもいいですし、$D = 3$ を考えてもよいでしょう。また、D ではない他の変量、例えば、データ数 N を２に置き換えて考えるのもお勧めです。とにかく、変数を具体的な小さな数字にしてしまうと、ぐっと理解が簡単になるのです。そこで十分理解してから、一般的な D の場合を考えるのです。

もう１つは、自分の理解を確かめるコツで、それは、

「プログラムで実装する」

ということです。数式を目で見てわかったような気になっていても、いざプログラムに書こうとして、はたと困ることがよくあります。そして、完全に理解していなかったことに気付くのです。プログラムに実装できるということは、１つの理解の証明の形だと筆者は思います。また、数式が理解できなくても、誰かが作った動くプログラムがあれば、それを調べることで数式の理解の助けになります（図 1.3）。

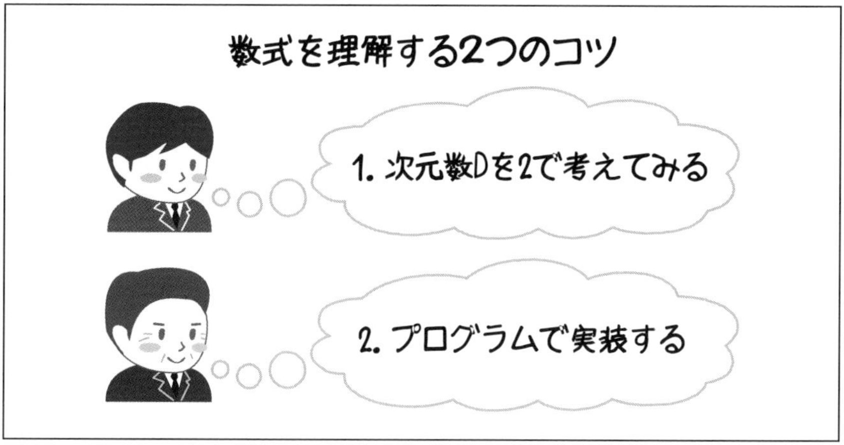

数式を理解する2つのコツ

1. 次元数Dを2で考えてみる

2. プログラムで実装する

図 1.3：数式を理解するコツ

プログラムで実装する際には、結果の答えだけを出すのではなく、途中経過をグラフで出す、ということも重要です。数値や関数をビジュアル化することは楽しいだけでなく、理解が正確になりますし、直感的理解も働きやすくなります。そして、プログラムの不具合を見つける強力な助けともなります。

しかし、人の持つ時間は有限です。理解できても時間がかかりすぎては意味がありません。数学の装備のために、指数、対数、微分、行列、確率、統計などの教科書からはじめていては、それだけで何年もかかってしまい現実的ではありません。そして、機械学習の山に登りはじめても、様々な方法や概念をすべて理解しようとすると、見晴らしのよいところにたどり着くまでの道のりが長すぎて、挫折してしまうかもしれません。

筆者はいくつかの山を登ってみて、こうすればすぐに理解できたのにとか、あれは面白かったけど本筋には必須ではなかったんだな、など、いくつかの気付きもありました。そして、これから機械学習の山に登りたい人が、確実な理解をもって最短で見晴らしのよいところまでたどり着けるように、ガイドすることができるかもしれないと思うようになりました。そうするうちに本を書くチャンスに恵まれ、本書の執筆に至ったわけです。

1.1.2 機械学習の問題の分類

機械学習の問題は、大きく３つに分類されています。１つは、「**教師あり学習**」の問題、２つ目は「**教師なし学習**」の問題、そして、３つ目は「**強化学習**」の問題です。教師あり学習は、入力に対する適切な出力を求める問題、教師なし学習は、入力の情報の特徴を見つける問題、強化学習は、将棋やチェスなどのように、最後の結果（正確には全体の結果）が最も良くなるような行動（指し方）を見つける問題です。この本では、基本となる「教師あり学習」の山を、先に述べた２つのコツをモットーにじっくりガイドし、その後で、「教師なし学習」の山も一部見学していきたいと思います。そのために、最低限必要なプログラミングと数学の知識を装備するところからはじめます。「強化学習」の山もとても興味深いのですが、それはまたの機会にということにします（図 1.4）。

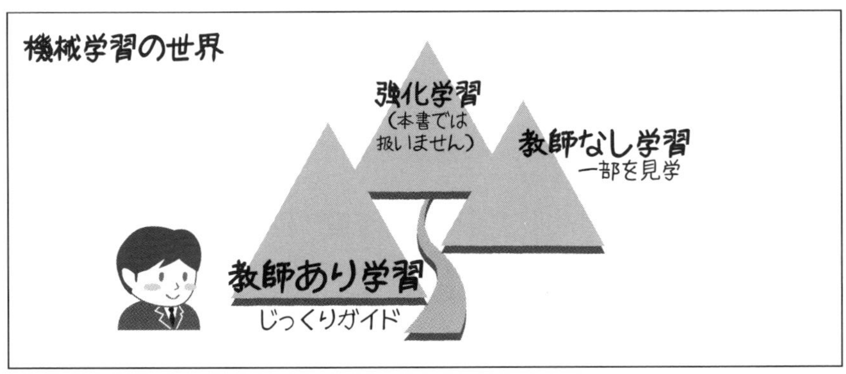

図 1.4：本書の内容

1.1.3 本書の流れ

さて、この本の具体的な内容は以下の通りです。

第１章の残りでは、機械学習で最も使われているプログラム言語「Python」のインストールを解説します。

第２章、第３章では、機械学習を理解するのに最小限必要なプログラミングの知見を解説します。

第 4 章では、第 5 章以降で使う必要な数学をまとめて解説します。第 4 章は飛ばして、必要なときに戻ってきてもかまいません。

第 5 章からが本番の山登りです。第 5 章では基本中の基本、「教師あり学習」の**回帰問題**をじっくりとことん扱います。回帰問題は入力に対して数値を出力する問題です。

第 6 章は、「教師あり学習」で最も応用の多い、**分類問題**を扱います。分類問題はカテゴリー（クラス）を出力する問題です。ここでは、とても重要な確率の概念も導入します。

第 7 章では、分類問題を解くためのニューラルネットワーク（ディープラーニング）を解説します。第 8 章では**手書き数字認識**を実装します。

第 9 章では別の山、「教師なし学習」の**クラスタリング**のアルゴリズムを解説します。

最後の第 10 章は、この本で最も重要だと思われる概念と式を一望できるようにまとめました。

本書に掲載しているプログラムは、処理速度やコードの短さよりも、理解しやすいことを念頭に作りました。本書のプログラムはすべて、翔泳社のダウンロードサイト（URL https://www.shoeisha.co.jp/book/download/9784798171494）からダウンロードできます。

また、数式のインデックスは通例では 1 からはじまりますが、本書では、0 からはじめることにしました。大胆な決断でしたが、Python の配列変数が 0 からはじまることに数式も合わせたほうが、理解がスムーズにいくと判断したからです。

1.2 Python のインストール

本書では、プログラム言語「Python」を使って機械学習の理解を深めていきます。

Python は、Anaconda でインストールするのがお勧めです。Anaconda は Anaconda 社（旧 Continuum Analytics 社）によって提供されているパッケージで、これを使うと、Python の本体だけでなく、数学や科学技術分析でよく使われるパッケージ（ライブラリ）をまとめてインストールすることができます。

執筆時（2022 年 4 月）での Python の最新バージョンは 3.10 ですが、最新の Anaconda がデフォルトで採用している Python のバージョンが 3.9 となっていますので、本書では Python3.9 を使うことにします。以下、64 ビット版の Windows 10 に Python3.9 をインストールする手順を紹介します。

本書は、Anaconda のアーカイブサイト（URL https://repo.anaconda.com/archive/）から、64 ビット版 Windows10 用の Anaconda3-2021.11-Windows-x86_64.exe（執筆時 2022 年 3 月で最新）をダウンロードした場合で解説します（図 1.5）。

バージョンが異なると本書掲載のプログラムが動かない場合もありますので、注意してください。

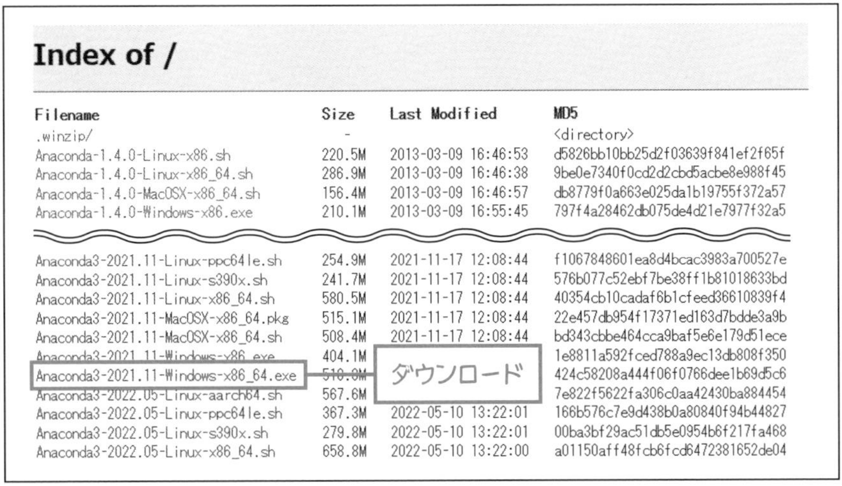

Index of /

Filename	Size	Last Modified	MD5
.winzip/	-		<directory>
Anaconda-1.4.0-Linux-x86.sh	220.5M	2013-03-09 16:46:53	d5826bb10bb25d2f03639f841ef2f65f
Anaconda-1.4.0-Linux-x86_64.sh	286.9M	2013-03-09 16:46:38	9be0e7340f0cd2d2cbd5acbe8e988f45
Anaconda-1.4.0-MacOSX-x86_64.sh	156.4M	2013-03-09 16:46:57	db8779f0a663e025da1b19755f372a57
Anaconda-1.4.0-Windows-x86.exe	210.1M	2013-03-09 16:55:45	797f4a28462db075de4d21e7977f32a5
Anaconda3-2021.11-Linux-ppc64le.sh	254.9M	2021-11-17 12:08:44	f1067848601ea8d4bcac3983a700527e
Anaconda3-2021.11-Linux-s390x.sh	241.7M	2021-11-17 12:08:44	576b077c52ebf7be38ff1b81018633bd
Anaconda3-2021.11-Linux-x86_64.sh	580.5M	2021-11-17 12:08:44	40354cb10cadaf6b1cfeed36610839f4
Anaconda3-2021.11-MacOSX-x86_64.pkg	515.1M	2021-11-17 12:08:44	22e457db954f17371ed163d7bdde3a9b
Anaconda3-2021.11-MacOSX-x86_64.sh	508.4M	2021-11-17 12:08:44	bd343cbbe464cca9baf5e6e179d51ece
Anaconda3-2021.11-Windows-x86.exe	404.1M	[illegible]	1e8811a592fced788a9ec13db808f350
Anaconda3-2021.11-Windows-x86_64.exe	[illegible]	[illegible]	424c58208a444f06f0766dee1b69d5c6
Anaconda3-2022.05-Linux-aarch64.sh	567.6M	[illegible]	7e822f5622fa306c0aa42430ba884454
Anaconda3-2022.05-Linux-ppc64le.sh	367.3M	2022-05-10 13:22:01	166b576c7e9d438b0a80840f94b44827
Anaconda3-2022.05-Linux-s390x.sh	279.8M	2022-05-10 13:22:01	00ba3bf29ac51db5e0954b6f217fa468
Anaconda3-2022.05-Linux-x86_64.sh	658.8M	2022-05-10 13:22:00	a01150aff48fcb6fcd6472381652de04

ダウンロード

図 1.5：Anaconda のアーカイブサイト（様々なバージョンの Anaconda のダウンロードが可能）

ダウンロードした実行ファイルをダブルクリックして、インストーラーを起動し、インストールを開始します。起動したら、[Next] ボタンをクリックします（図 1.6）。

図 1.6：[Welcome to Anaconda3 2021.11 (64-bit) Setup] 画面（Anaconda の Setup 開始画面）

[License Agreement] 画面でライセンス概要を確認して、ライセンスに同意し、[I Agree] ボタンをクリックします（図 1.7）。

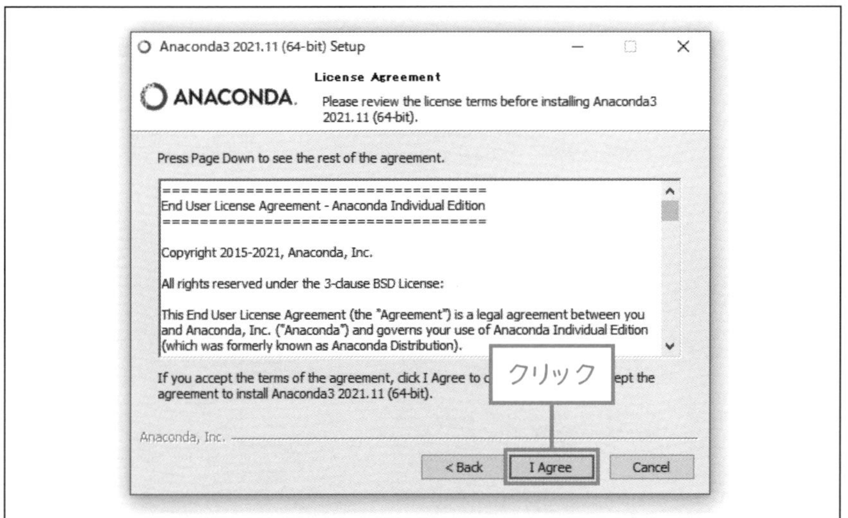

図 1.7：[License Agreement] 画面（Anaconda Setup ライセンス同意画面）

［Select Installation Type］画面（図1.8）で使用するユーザーの範囲を選び、［Next］ボタンをクリックします（「Just Me（recommended）」を選択したとして解説していきます）。

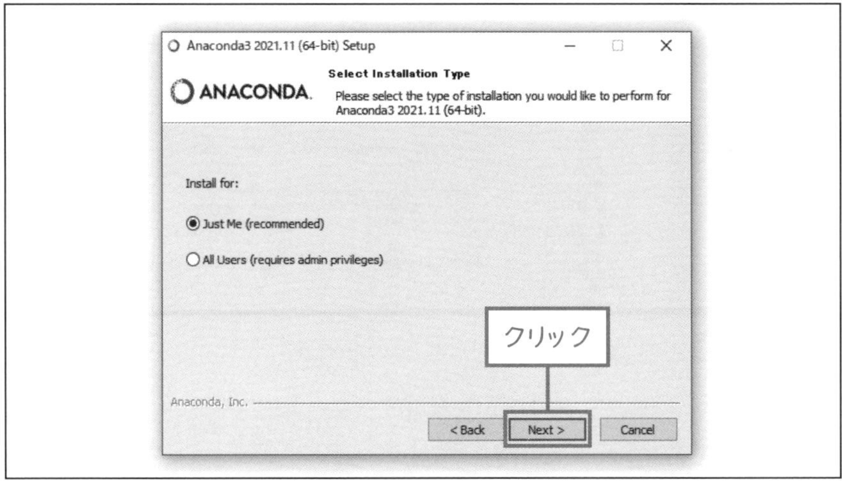

図1.8：［Select Installation Type］画面

［Choose Install Location］画面（図1.9）ではインストール先を確認して［Next］ボタンをクリックし、［Advanced Installation Options］画面（図1.10）のインストールオプションはデフォルトのままで［Install］ボタンをクリックします。これでAnacondaのインストールがはじまります。

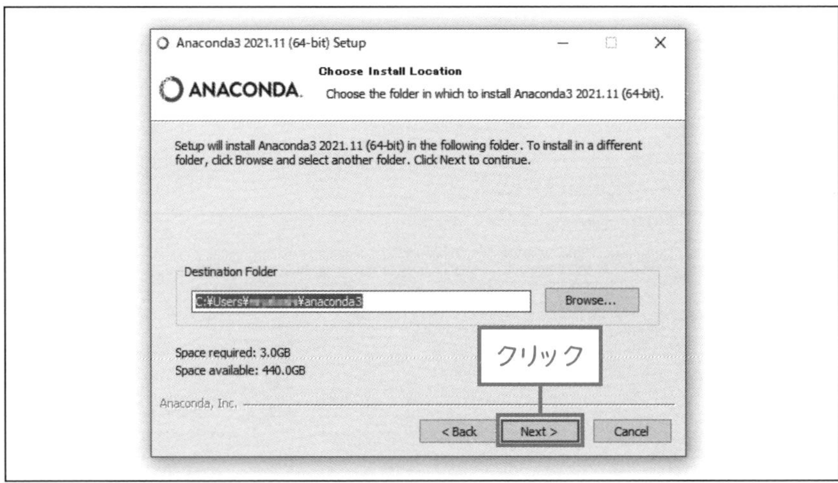

図1.9：［Choose Install Location］画面

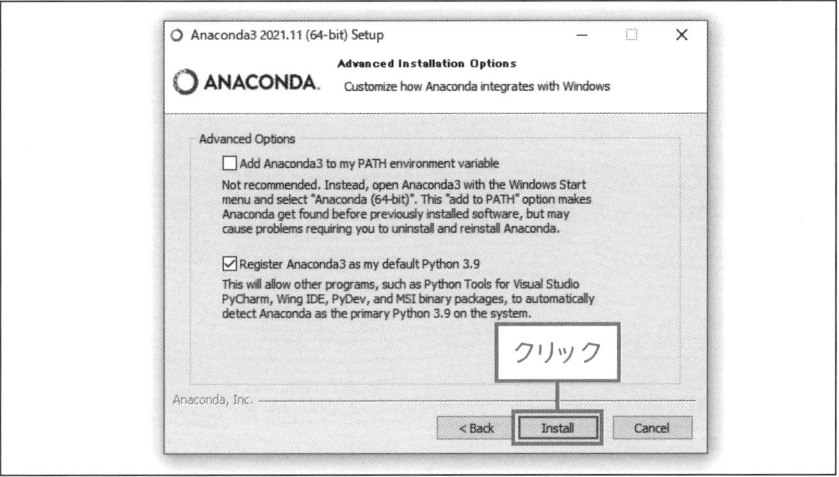

図 1.10：[Advanced Installation Options] 画面

Anaconda のインストールがおわると図 1.11 左の表示となります。[Next] をクリックすると図 1.11 中央の表示となります。ここで [Next] をクリックすると、[Completing Anaconda3 2021.11(64-bit) Setup] の画面が表示されます。ここでは 2 つのチェックを外して [Finish] ボタンをクリックして完了します（図 1.11 右）。

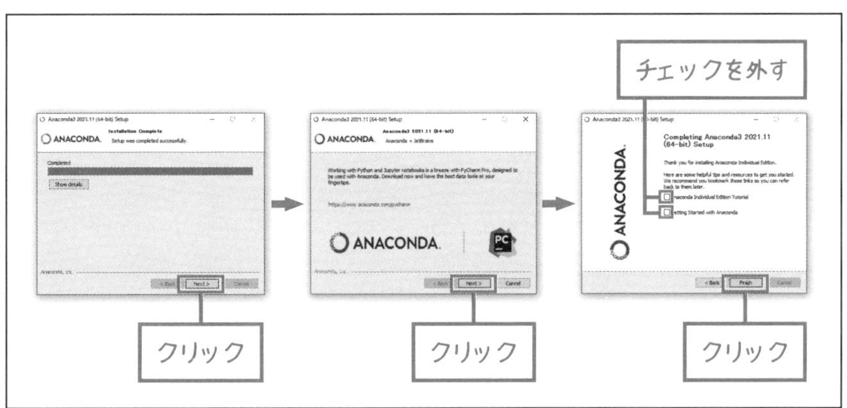

図 1.11：[Completing Anaconda3] 画面

1.3 Jupyter Notebook

Python はいくつかの異なる実行環境で動かすことができますが、本書では Jupyter Notebook と呼ばれる実行環境を利用します。Jupyter Notebook は、プログラムを部分ごとに確かめながら実行できるので、機械学習のプログラムの動作確認にとても適しています。

1.3.1 Jupyter Notebook の利用

Jupyter Notebook を起動するには、Windows のスタートメニューから［Anaconda3］を選択し、その下の階層にある［Jupyter Notebook］を 選択します。すると、図 1.12 のようにブラウザが立ち上がり、Jupyter Notebook が起動します。

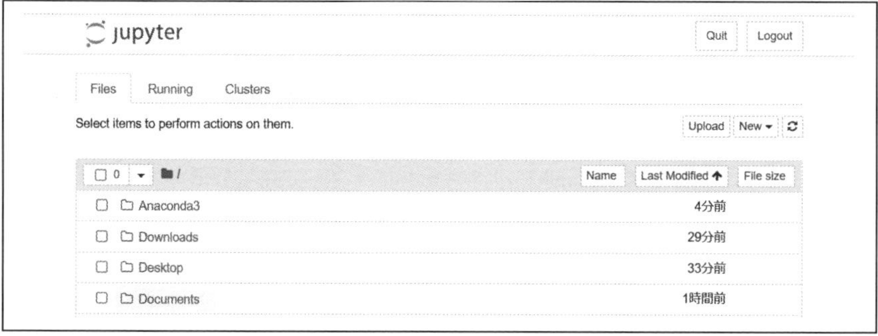

図 1.12：Jupyter Notebook の起動

作業したいフォルダー階層を選んだら、［New］→［Python 3(ipykernel)］を選択します（図 1.13）。

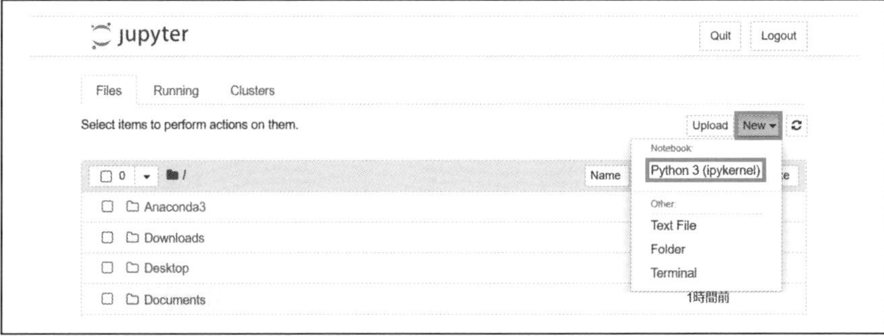

図 1.13：Jupyter Notebook で Python を起動

ブラウザに新しいタブが開き、図 1.14 のような緑または青のタグの付いた枠が表示されます。これは、「セル」と呼ばれる Python のプログラムを書くための枠です。

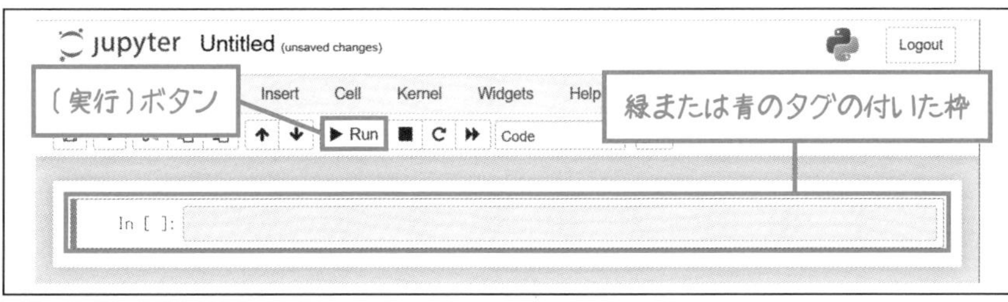

図 1.14：Jupyter Notebook のセル

このセルに、半角文字で “1 / 3” と入力して、メニューにある［実行］ボタン ▶ をクリックしてみましょう。すると図 1.15 のように、セルの下段にその結果が表示され、次のセルが追加されます。

```
In [1]: 1 / 3
Out[1]: 0.3333333333333333
In [ ]:
```

図 1.15：はじめての計算結果

次のセルにまた数式を書いて、［実行］ボタンをクリックすることで、どんどん計算を続けることができます（図 1.16）。

In [1]: 1 / 3
Out[1]: 0.3333333333333333
In [2]: 1 + 2 + 3
Out[2]: 6
In [ ]:

図 1.16：2 回目の計算結果

1 つのセルに何行でも命令文を書くことができます（図 1.17）。

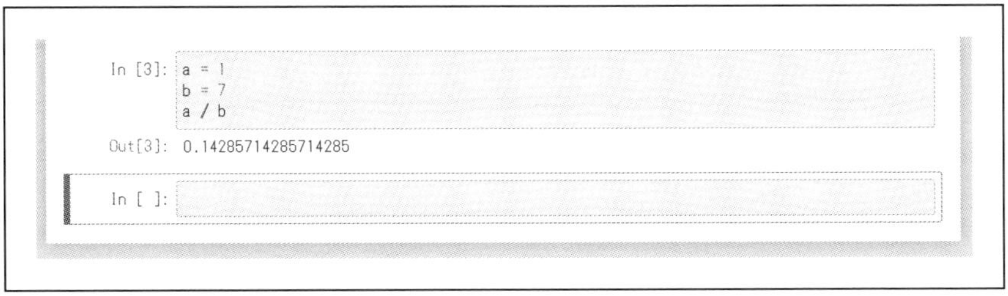

```
In [3]: a = 1
        b = 7
        a / b
Out[3]: 0.14285714285714285

In [ ]:
```

図 1.17：3 つの命令文を同時に実行する例

［実行］ボタンをクリックする代わりに、［Shift］キーを押しながら［Enter］キーを押すことでも同じ結果が得られます（以降、このような同時押しの操作を［Shift］+［Enter］キーと表します）。また、各セルの左側にある［実行］ボタンをクリックしても、［Ctrl］+［Enter］キーを押しても、セルを実行することができます。この場合には、実行後でも同じセルが選択されたままになります。

セルには 2 つのモードがあります。セルの In [番号] のあたりをクリックすると、そのセルの左端が青く表示されます（図 1.18）。これは、このセルが「コマンドモード」であることを表しています。また、灰色の部分をクリックすると、枠の色が緑色となり、このセルが「エディットモード」であることが表されます。

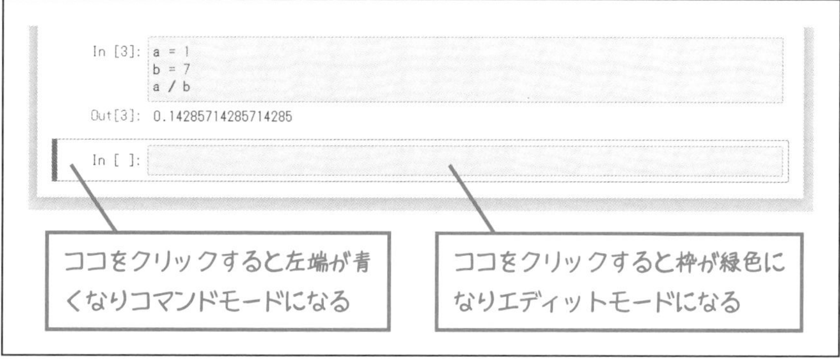

図 1.18：コマンドモードとエディットモード

エディットモードは、セルに数式を入力するためのモードで、コマンドモードはセルを削除したり、コピーしたり、追加したりなど、セル自体を操作するモードです。コマンドモードにして、[h] キーを押すとそれぞれのモードに対する機能一覧とそのショートカットが表示されます（図 1.19）。

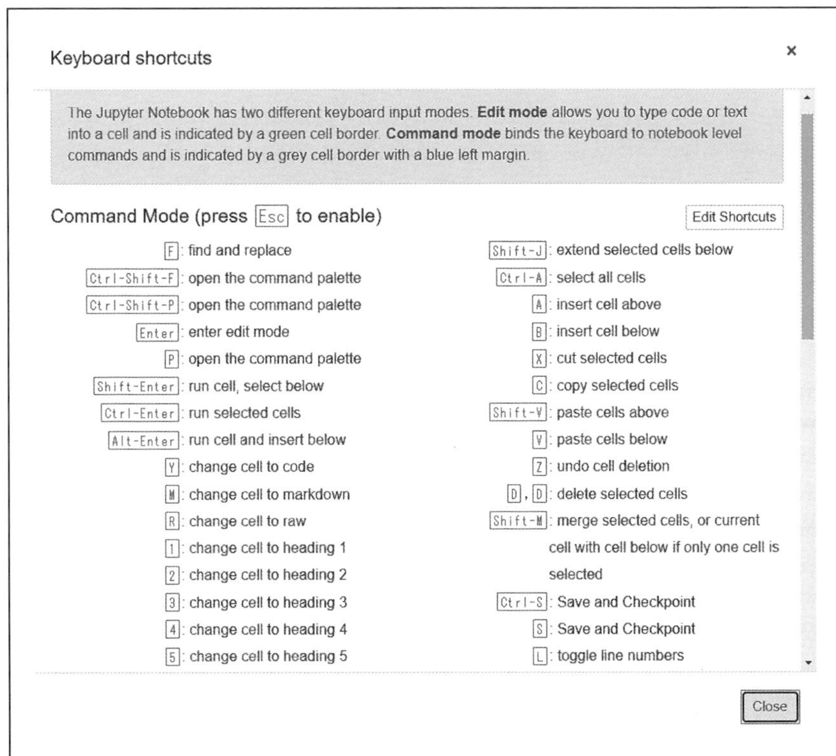

図 1.19：各モードでの機能とショートカットの一覧（一部）

例えば、コマンドモードで［L］キー（toggle line numbers）を押すと、そのセルに行番号が表示されます。これは、エラーが出たとき、その場所を確かめるときに便利です。

また、コマンドモードで［A］キー（insert cell above）や［B］キー（insert cell below）を押すと、選択していたセルの上や下に新しいセルを追加することができます。

1.3.2 マークダウン形式の入力

ここまでのセルは［Code］モードと呼ばれるPythonコードを書くためのモードでした。Jupyter Notebookでは、プログラムコードだけでなく、テキストのメモを加えることができます。プルダウンメニューを開き［Code］→［Markdown］を選択して、メモを記述するモードに変えてみましょう（図1.20）。

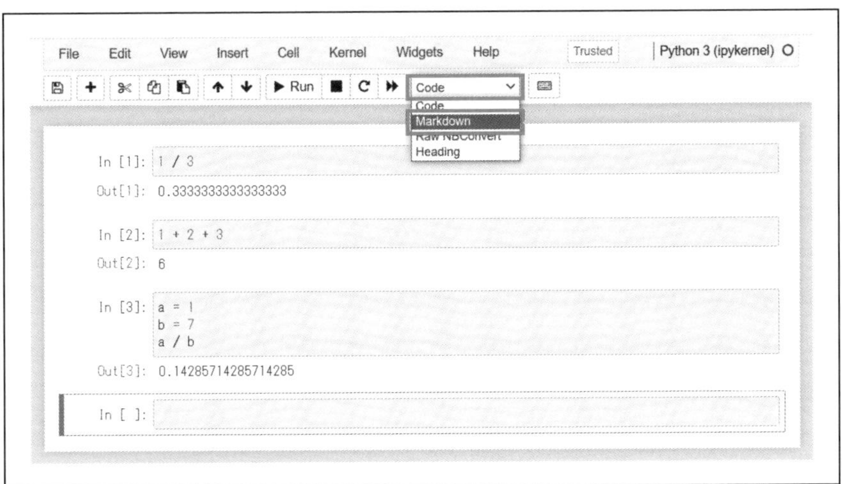

図1.20：マークダウンを記述するモードに変更

すると、選択されていたセルがMarkdown形式のモードとなり、通常の文章が入力できるようになります（図1.21）。文章を入力してから［実行］ボタンをクリックすると、セルの枠が消えて、すっきりした文章表示となります。

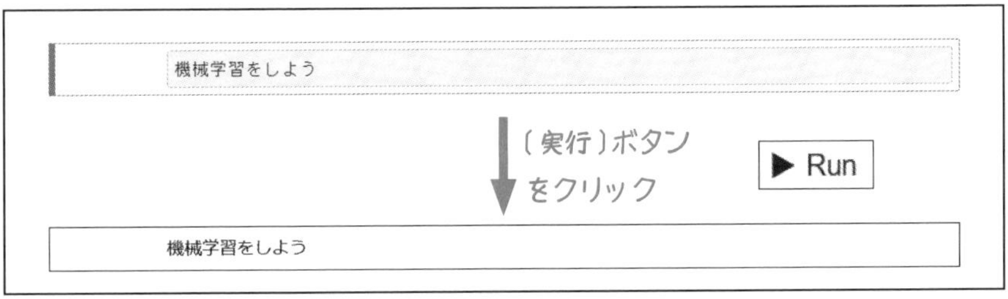

機械学習をしよう

［実行］ボタン
をクリック

▶ Run

機械学習をしよう

図1.21：マークダウンで文章を入力

例えば「機械学習をしよう」と入力し（図 21 上）、［実行］ボタンをクリックすると枠が消え、埋め込まれた文章として表示されます（図 1.21 下）。また、文字列の最初に［#］キーを押して、半角スペースを入れると見出し文字になります（図 1.22 上）。

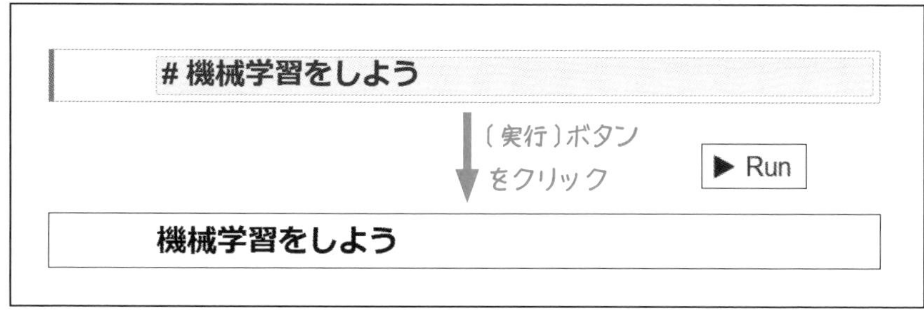

図 1.22：見出し文字の入力

見出し文字は、## や ### で見出しの階層を下げることができます。

［実行］ボタンをクリックすると、見出し用の大きいフォントで表示されます（図 1.22 下）。

1.3.3 ファイル名の変更

ファイル名はデフォルトで「Untitled」となっていますが、これを変更するには、「Untitled」をクリックして、任意のファイル名を入力します。作成したファイルを保存するには、フロッピーディスクのアイコンをクリックします（図 1.23）。

図 1.23：ファイルの保存

ファイルは、「ファイル名 .ipynb」という形式で保存されます。保存したファイルを開くときには、P.12 の図 1.12 の画面から（プログラムのコードとは別なタブにあります）、そのファイルをクリックします。

1.4 TensorFlowのインストール

本書の第7章でニューラルネットワークモデルを解説しますが、その後半で、Kerasというニューラルネットワークの強力なライブラリを使います。Kerasは、現時点では、独立したライブラリであるKerasと、Googleの機械学習ライブラリ「TensorFlow」に組み込まれたTensorFlow.Kerasの2種類があります。第3版となる本書からは、TensorFlow.Kerasを使います。

では、TensorFlowをインストールしていきましょう。Windowsのスタートメニューの、Anaconda3の下の階層から、「Anaconda Powershell Prompt(anac...」を起動します（図1.24）。

図1.24：Anaconda Powershell Promptの起動

Anaconda Powershell Promptが起動したら、次のようにpip installコマンドでTensorFlow 2.7.0のインストールを実行します（図1.25）。

```
> pip install tensorflow==2.7.0
```

図 1.25：TensorFlow のインストール

Jupyter Notebook に戻り、TensorFlow がインストールされたことを確認するために、セルに次のように入力して [Ctrl] + [Enter] キーを押します（ここから入力を [In]、出力を [Out] とマークを付けて表記します）。次のようにバージョン番号が表示されればインストールは成功です。

In

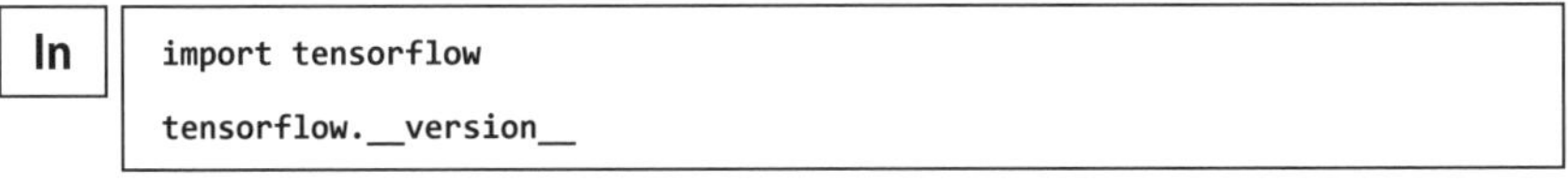

```
import tensorflow
tensorflow.__version__
```

Out

```
'2.7.0'
```

以上の手続きによって、64 ビット版 Windows 10 に構築される Python バージョンと主要なライブラリをまとめますと、以下のようになります。

Python: 3.9.7
NumPy: 1.20.3
Matplotlib: 3.4.3
SciPy: 1.7.1
Jupyter Notebook: 6.4.5
TensorFlow: 2.7.0

第2章

Pythonの基本

ここでは第3章以降のプログラムを理解するためのPythonの使い方をまとめます。基本的には、「計算をしてその結果をグラフに描く」という目的に最低限必要な文法や関数を解説します。もっと詳しく知るには、Python 3ドキュメント（URL https://docs.python.org/ja/3.9/tutorial/）のチュートリアルなどを参考にしてください。

2.1 四則演算

2.1.1 四則演算の利用

Jupyter Notebookのセルに、例えば、以下のように入力し、[Shift] + [Enter] キーを押すと、答えが表示されます。

In
```
1 + 2
```

Out
```
3
```

四則演算は、他の大抵のプログラム言語と同様に、**+**、**-**、*****、**/** を使います。

In
```
(1 + 2 * 3 - 4) / 5
```

Out
```
0.6
```

2.1.2 累乗

累乗は、****** を使って表します。例えば、2^8 は、以下のようになります。

In
```
2 ** 8
```

Out
```
256
```

2.2 変数

2.2.1 変数を利用した計算

他の多くのプログラム言語と同様に Python でもアルファベットを使って**変数**を表すことができます。変数には数値を格納することができ、変数を使って計算をすることができます。

In
```
x = 1
y = 1 / 3
x + y
```

Out
```
1.3333333333333333
```

2.2.2 変数名の表記

変数名は **Data_1**、**Data_2** のように、複数の文字で表すことができます。

In
```
Data_1 = 1 / 5
Data_2 = 3 / 5
Data_1 + Data_2
```

Out
```
0.8
```

変数名には、アルファベット、数字、アンダースコア "_" を使うことができます。アルファベットの大文字と小文字は区別されます。ただし、変数名のはじめの文字に数字を使うことはできません。

2.2.3 複数の変数を1行で定義

以下のようにコンマ", "を使うことで、複数の変数を1行で定義することができます。以下の例では、a、b、c に、それぞれ 100、200、300 が入ります。

In
```
a, b, c = 100, 200, 300
a + b + c
```

Out
```
600
```

2.3 型

2.3.1 型の種類

Python で使えるデータには、整数や実数（小数点を使って表す数）、文字列など、様々な種類があり、これらを**型**と呼びます。例えば、整数は **int 型**、小数点を持つ実数は **float 型**で扱います。型を意識することは、プログラムのエラーをいち早く修正するためにも重要です。

Python で扱うことができる主な変数の型をまとめると表 2.1 のようになります。

表 2.1：変数の型

型	例	型の意味
int型	a = 1	整数
float型	a = 1.5	実数
str型	a = "learning"、b = 'abc'	文字列
bool型	a=True、b=False	真偽
list型	a = [1, 2, 3]	配列
tuple型	a = (1, 2, 3)、b = (2,)	配列（書き換え不可能）
ndarray型	a = np.array([1, 2, 3])	ベクトルや行列

2.3.2 型の調査

型を調べるには、type を使います。例えば、以下のように入力して型を確認します。

In
```
type(100)
```

Out
```
int
```

In
```
type(100.1)
```

Out
```
float
```

100 は int 型、100.1 は float 型として扱われていることがわかります。

int 型のデータを変数に入れれば、その変数も自動的に int 型の変数となり、float 型のデータを入れれば、float 型の変数になります。

In
```
x = 100
type(x)
```

Out
```
int
```

In
```
x = 100.1
type(x)
```

Out
```
float
```

2.3.3 文字列

文字列を扱うには、str 型が使われます。

In
```
x = "learning"
type(x)
```

Out

```
str
```

上記のように、文字をダブルクォーテーション（"）で囲むと、文字列（str 型）として認識されます。シングルクォーテーション(')も同様に使用することができます。

Python で使える型は他にもたくさんありますが、使う場面でその都度説明していくことにします。

2.4 print 文

2.4.1 print 文の利用

Jupyter Notebook では、変数名を書いて実行するだけでその内容が表示されますが、セル内の最後の行でなくては表示されません。例えば、以下のように入力すると、セル内の最後の **y** の内容だけが表示され、セル内の途中の **x** は表示されません。

In

```
x = 1 / 3
x
y = 2 / 3
y
```

Out

```
0.6666666666666666
```

最後の行に限らず変数の内容を表示したい場合には、**print** を使います。

In

```
x = 1 / 3
print(x)
y = 2 / 3
print(y)
```

Out

```
0.3333333333333333
0.6666666666666666
```

2.4.2 文字列と組み合わせた数値の表示 1

print は、複数の値でも「**,**」（コンマ）で区切ることで同時に表示することができます。以下のように、文字列と組み合わせて表示することもできます。

In
```
x = 1 / 3
y = 2 / 3
print("x=", x, ", y=", y)
```

Out
```
x= 0.3333333333333333 , y= 0.6666666666666666
```

2.4.3 文字列と組み合わせた数値の表示 2

f" 文字列 { 変数 1} 文字列 { 変数 2} 文字列 ..." のように、文字列の前に **f** を付けると **{}** の中に変数を埋め込んだ文字列にすることができます。これを **f 文字列**と言います。

In
```
x = 1 / 3
y = 2 / 3
print(f"x= {x}, y= {y}")
```

Out
```
x= 0.3333333333333333, y= 0.6666666666666666
```

f 文字列では、**{ 変数 :.*n*f}** とすると、小数点以下 ***n*** 桁までを表示することができます。

例えば、小数点以下 2 桁まで表示したい場合には **{ 変数 :.2f}** となります。

In
```
x = 1 / 3
y = 2 / 3
print(f"x= {x:.2f}, y= {y:.2f}")
```

Out
```
x= 0.33, y= 0.67
```

2.5 list（リスト、配列変数）

2.5.1 list の利用

複数のデータを 1 つのまとまりとして扱いたい、つまり、配列変数を使いたい場合には **list（リスト）型**を使います。list は、**[ ]** を使って表します。例えば、以下のように入力することで list が定義されます（**#** の右側は、コメント文）。

In
```
x = [1, 2, 3, 4, 5]  # list の定義
print(x)             # 表示
```

Out
```
[1, 2, 3, 4, 5]
```

各要素は **変数名 [要素番号]** で参照する（見る）ことができます。Python では、配列の要素番号（インデックス）は 0 からはじまります。

In
```
x[0]
```

Out
```
1
```

In
```
x[2]
```

Out
```
3
```

試しに、以下のように入力すると、**x** は list 型、**x[0]** は int 型であることがわかります。

In
```
print(type(x))
print(type(x[0]))
```

Out
```
<class 'list'>
<class 'int'>
```

つまり、**x** は、int 型から構成される list 型だと理解できます。list 型は、str 型でも作ることができます。

また、以下のように異なる型を混在させることもできます。

In

```
s = ["SUN", 1, "MON", 2]
print(type(s[0]))
print(type(s[1]))
```

Out

```
<class 'str'>
<class 'int'>
```

list の要素の書き換えは、**変数名 [要素番号]= 書き換える値**で行えます。

In

```
x = [1, 1, 2, 3, 5]
x[3] = 100
print(x)
```

Out

```
[1, 1, 2, 100, 5]
```

list の長さは、**len** で調べることができます。

In

```
x = [1, 1, 2, 3, 5]
len(x)
```

Out

```
5
```

2.5.2 2 次元の配列

list 型の更に list 型を作ることで、2 次元の配列を作ることもできます。

In

```
a = [[1, 2, 3], [4, 5, 6]]
print(a)
```

Out
```
[[1, 2, 3], [4, 5, 6]]
```

要素の参照は以下のコードのように、**変数名[外側リストの要素番号][内側リストの要素番号]**とします。

In
```
a = [[1, 2, 3], [4, 5, 6]]
print(a[0][1])
```

Out
```
2
```

3次元配列、4次元配列も入れ子の深さを増やして作ることができます。

2.5.3 連続した整数の配列の作成

range(n)で、**0**から**n-1**までの整数の数列を作ることができます。

In
```
y = range(5)
print(y[0], y[1], y[2], y[3], y[4])
```

Out
```
0 1 2 3 4
```

作成した**y**はlist型に似ていますが、**range型**と呼ばれるメモリーを節約した形のデータ型であり、**y**そのものを表示させると、**[0, 1, 2, 3, 4]**とはならず次のようになります。

In
```
print(y)
```

Out
```
range(0, 5)
```

range型は、list型と同様な方法で要素を参照することができますが、要素を書き換えることはできません。例えば、range型に対して**y[2] = 2**などとするとエラーが出ます。

range型は**list**を使って要素が書き換えられるlist型に変換することができます。

In
```
z = list(range(5))
print(z)
```

Out
```
[0, 1, 2, 3, 4]
```

range(n1, n2) とすると、**n1** からはじまり **n2-1** で終わる数列を作ることができます。

In
```
list(range(5, 10))
```

Out
```
[5, 6, 7, 8, 9]
```

2.6 tuple（タプル）

2.6.1 tuple の利用

配列を表す型に、list 型に加えて **tuple 型**というものがあります。tuple 型は list 型とは異なり要素を書き換えることはできません。tuple 型は、**(1, 2, 3)** などと、**( )** を使って配列を表します。

In
```
a = (1, 2, 3)
print(a)
```

Out
```
(1, 2, 3)
```

2.6.2 要素の参照

要素の参照は、list 型と同様です。

In
```
a = (1, 2, 3)
a[1]
```

Out
```
2
```

参照には `()` ではなく、list 型と同様に `[]` を使うことに注意してください。tuple 型は書き換えができないので、`a[1] = 2` などとするとエラーが出ます。

配列を自分で定義するときには、書き換えが可能な list 型を使えば間違いがありませんが、tuple という型があることを知っておくことは必要です。例えば、「関数」(2.15 節で説明します）の出力が複数ある場合に 1 つの変数で受けると、その出力は自動的に tuple としてまとめられます。

tuple 型も `type` で型を確認することができます。

In
```
type(a)
```

Out
```
tuple
```

2.6.3 長さが 1 の tuple

ところで、`(1, 2)` は tuple ですが、`(1)` は tuple でしょうか。これは tuple ではありません。`()` は、演算の順番を表す普通の括弧としてみなされます。長さが 1 の tuple は `(1,)` と“ , ”を付けて区別します。

In
```
a = (1)
type(a)
```

Out
```
int
```

In
```
a = (1,)
type(a)
```

Out
```
tuple
```

2.7 if 文

2.7.1 if 文の利用

プログラムの処理の流れを様々な条件で分岐させるためにif文を使います。例えば、以下のようにすれば、はじめの行で **x = 11** と代入しているので、**if** の **x > 10** が真値 (True) となり、4マス右にずれている（インデントされている）行が（**A1** と **A2**）、すべて実行されます。

In
```
x = 11
if x > 10:
    print("x is ")                    # ... (A1)
    print("       larger than 10.")  # ... (A2)
else:
    print("x is smaller than 11")    # ... (B1)
```

Out
```
x is
       larger than 10.
```

インデントがif文以下のまとまりを示すということです。このようにPythonではインデントに重要な意味がありますので注意が必要です。**"# ... (A1)"** は**コメント文**です。**#** を使うとその後は、実行では無視されます。

最初の行を **x = 9** と書き換えれば、**if** の **x > 10** が偽値 (False) となるので、**else:** の後の **(B1)**、**print("x is smaller than 11")** が実行されます。

ところで、**if** の後に続く **" x > 10"** は、**True** か **False** の値をとる **bool** 型のデータです。そのまま打ち込めば、以下のように値を見ることができます。

In
```
x > 10
```

Out
```
True
```

また以下のようにすれば、**x > 10** という演算の結果の型が bool 型だということがわかります。

In
```
type(x > 10)
```

Out
```
bool
```

if の右に書かれた bool 型が True であれば、次の行からはじまるインデントされたブロックが実行され、False であれば **else:** 以降でインデントされたブロックが実行されるということになります。**else:** は省略することもできます。

2.7.2 比較演算子

“>”を比較演算子と呼びますが、if 文で使う比較演算子をまとめると、表 2.2 のようになります。これらの演算の結果はすべて bool 型となります。

表 2.2：比較演算子

比較演算子	内容
a == b	aとbが等しい
a > b	aがbより大きい
a >= b	aがb 以上
a < b	aがbより小さい
a <= b	aがb 以下
a != b	aとbは異なる

条件文を重ねたい場合には、**and**（かつ）や **or**（または）を使います。例えば、「**10 < x** と **x < 20** が同時に満たされたとき」、という条件を使いたい場合には、それらを **and** でつなげます。

In

```
x = 15
if 10 < x and x < 20:
    print("x is between 10 and 20.")
```

Out

```
x is between 10 and 20.
```

2.8 for 文

2.8.1 for 文の利用

演算を繰り返すには、**for 文**を使います。

In

```
for i in [1, 2, 3]:
    print(i)
```

Out

```
1
2
3
```

for 文は、**for "変数" in "list 型"**：という形となっています。list の要素の数だけ for 文以下のインデントされている行が実行されます。繰り返すたびに list の要素が順番に **"変数"** に入ります。list 型の代わりに、tuple 型、range 型、また、2.9 節で説明する ndarray 型などを使うこともできます。

実践的な例として、次の list 型の変数 **num** の要素をすべて 2 倍にしたい場合は、for 文を使って以下のように記述できます。

In

```
num = [2, 4, 6, 8, 10]
for i in range(len(num)):       # len(num) は num の要素数
    num[i] = num[i] * 2
print(num)
```

Out

```
[4, 8, 12, 16, 20]
```

for i in range(len(num)) とすることで、**i** を **0** から **num** の要素数分 **-1** まで変化させ、**num[i]** の中身を順に書き換えています。

2.8.2 enumerateの利用

前述と同じ機能を、Pythonでは **enumerate** を使って、以下のようにエレガントに記述できます。

In
```
num = [2, 4, 6, 8, 10]
for i, n in enumerate(num):
    num[i] = n * 2
print(num)
```

Out
```
[4, 8, 12, 16, 20]
```

上記のようにすると、**num** の **index** と **num[index]** の値が、**i** と **n** に入るのです。しかし本書では、他言語を学んできた方にもわかりやすいように、**enumerate** を使わない記法で統一します。

2.9 ベクトル

ベクトルの数学的な意味は第4章で説明しますので、ここでは、Pythonでのベクトルの扱い方を解説します。まず、list型はベクトルとして使うことができるのでしょうか。例えば、**[1, 2] + [3, 4]** と入力したら、**[4, 6]** のような答えが返ってくるのでしょうか？　実験してみましょう。

In
```
[1, 2] + [3, 4]
```

Out
```
[1, 2, 3, 4]
```

答えは予測とは異なりました。list型は"+"演算子を"連結"として解釈するのです。str型のときと同じですね。

2.9.1 NumPy の利用

Python でベクトルや行列を使うには、NumPy（ナンパイ）というライブラリを読み込んで機能を拡張します。

Python では、様々なライブラリが開発されており、**import** で簡単に読み込むことができます。行列演算をするためのライブラリ NumPy は以下のように **import** します。

In
```
import numpy as np
```

シンプルですね。**as np** の部分は、NumPy を **np** と省略して使うという意味です。ここはユーザーが好きなように決められますので、例えば **np** ではなく、**npy** としても問題ありません。

しかし、NumPy の場合、**np** と省略することが通例となっていますので本書でも **np** とします。以降、NumPy の機能は、**np. 関数名**という形で呼び出すことができます。

2.9.2 ベクトルの定義

ベクトル（1 次元配列）は、**np.array(list 型)** で定義します。

In
```
x = np.array([1, 2])
x
```

Out
```
array([1, 2])
```

ちなみに、**x** を **print(x)** で表示させると、以下のように要素の間の "**,**" が省略され、すっきりした表示となります（list 型の場合には、要素間に "**,**" が表示されます）。

In
```
print(x)
```

Out
```
[1 2]
```

さて、np.array で定義した配列がベクトルであることを確認するために、np.array

の **x** と **y** を定義して足してみると、以下のように表示されます。**x** と **y** がベクトルとして扱われていることが確認できました。

In
```
x = np.array([1, 2])
y = np.array([3, 4])
print(x + y)
```

Out
```
[4 6]
```

type(x) を実行すると、以下のように表示されることから、**x** は numpy.ndarray 型であることがわかります。本書ではこれ以降省略して **ndarray 型**と呼ぶことにします。

In
```
type(x)
```

Out
```
numpy.ndarray
```

2.9.3 要素の参照

1 つの要素を参照するには、list 型と同様に **[]** を使います。

In
```
x = np.array([1, 2])
print(x[0])
```

Out
```
1
```

2.9.4 要素の書き換え

要素を書き換えるには、**変数名[要素番号] = 数値**とします。

In
```
x = np.array([1, 2])
x[0] = 100
print(x)
```

Out
```
[100   2]
```

2.9.5 連続した整数のベクトルの作成

要素の値が 1 ずつ増えていくベクトル配列は、**np.arange(n)** で作れます。list 型の配列を出力する **range(n)** と同様に、**0** から **n-1** までの配列が生成できます。**np.arange(n1, n2)** とすれば、**n1** から **n2-1** までの配列になります。

In
```
print(np.arange(10))
```

Out
```
[0 1 2 3 4 5 6 7 8 9]
```

In
```
print(np.arange(5, 10))
```

Out
```
[5 6 7 8 9]
```

ndarray 型は、list 型と似て、for 文の list の代わりに使うこともできますが、ベクトル演算が可能という点で異なります。

2.9.6 ndarray 型の注意点

ndarray 型を使うに当たってとても重要なことがあります。ndarray 型の中身をコピーするには、通常の変数のように **b = a** ではなく、**b = a.copy()** としないといけません。単に **b = a** とすると、**a** の内容の保存先の参照が渡されます。少しややこしいかもしれませんが、この場合、**a** と **b** の中身は同一のメモリーとなります。つまり、**b = a** とした後で **b** の内容を変更すると、その変更が **a** にも反映されてしまうのです。例えば、以下のようにして、その現象を確かめることができます。

In
```
a = np.array([1, 1])
b = a
print("a =", a)
print("b =", b)
b[0] = 100
print("b =", b)
print("a =", a)
```

Out
```
a = [1 1]
b = [1 1]
b = [100   1]
a = [100   1] ———— a が変化
```

これを、**b = a.copy()** とすれば、**b** は **a** から独立した変数となります。

In
```
a = np.array([1, 1])
b = a.copy()
print("a =", a)
print("b =", b)
b[0] = 100
print("b =", b)
print("a =", a)
```

Out
```
a = [1 1]
b = [1 1]
b = [100   1]
a = [1 1] ———— a はそのまま
```

ndarray 型だけでなく、list 型でも同様な現象が起きます。list 型の場合には、**import copy** としてから、**b = copy.deepcopy(a)** とすることでコピーができます。

2.9.7 要素がランダムな値のベクトルの生成

乱数（ランダムな値）を生成する場合には、**np.random.rand()** が使えます。この関数は、0 から 1 までの一様分布から生成した値を返します。

In
```
np.random.rand()
```

Out
```
0.5499342098292006
```

np.random.rand() は、実行するたびに異なる値を返します。下のコードを何度か実行して、値が変わることを確認してください。

In
```
for i in range(3):
    print(np.random.rand())
```

Out
```
0.20445224973151743
0.8781174363909454
0.027387593197926163
```

データなどを疑似的に作るときなどに乱数は便利ですが、いつも同じデータを作りたい場合があります。そのときには、乱数を生成する前に **np.random.seed(seed=n)** を実行すると、乱数の出方がそろいます。**n** は整数の引数で、シード値と言い、この値によって乱数の出方が変わります。以下のコードを何度か実行し、値が変わらないことを確認してください。

In
```
np.random.seed(seed=1)
for i in range(3):
    print(np.random.rand())
```

Out
```
0.417022004702574
0.7203244934421581
0.00011437481734488664
```

np.random.rand(n) とすると（**n** は正の整数)、要素が乱数の **n** 次元のベクトル（ndarray 型）を生成することができます。

In
```
np.random.seed(seed=1)
data = np.random.rand(5)
print(np.round(data, 2))
```

Out
```
[0.42 0.72 0.  0.3 0.15]
```

乱数を生成するにはそれ以外の関数もあります。**np.random.randn(n)** を使うと、平均 0 標準偏差 1 のガウス分布からの乱数を要素に持つ、長さ **n** のベクトルが生成できます。また、**np.random.normal(mu, sigma, n)** を使うと、平均 **mu**、標準偏差 **sigma** のガウス分布から生成した乱数の長さ **n** のベクトルが生成できます。

2.10 行列

2.10.1 行列の定義

行列は、ndarray の 2 次元配列として以下のようにして定義できます。

In
```
import numpy as np


x = np.array([[1, 2, 3], [4, 5, 6]])
print(x)
```

Out
```
[[1 2 3]
 [4 5 6]]
```

2.10.2 行列のサイズ

行列（配列）のサイズは、**ndarray 型の変数名.shape** で知ることができます。

In
```
x = np.array([[1, 2, 3], [4, 5, 6]])
x.shape
```

Out
```
(2, 3)
```

この出力は **()** で囲まれているので tuple 型とわかります。この場合、以下のようにすれば、**h** と **w** に、それぞれ **2** と **3** を格納することができます。

In
```
h, w = x.shape
print(h)
print(w)
```

Out
```
2
3
```

特定の数値、例えば **w** だけがほしい場合には、以下のようにインデックスを指定して、対応する数値のみを得ることができます。

In
```
w = x.shape[1]
print(w)
```

Out
```
3
```

2.10.3 要素の参照

要素の参照は、以下のように次元ごとに "**,**" で区切って表します。行も列もインデックスは 0 からはじまることに注意してください。

In
```
x = np.array([[1, 2, 3], [4, 5, 6]])
x[1, 2]
```

Out
```
6
```

2.10.4 要素の書き換え

要素の書き換えは、ベクトルのときと同様、以下のように記述します。

In
```
x = np.array([[1, 2, 3], [4, 5, 6]])
x[1, 2] = 100
print(x)
```

Out
```
[[  1    2    3]
 [  4    5  100]]
```

2.10.5 要素が 0 や 1 の ndarray の作成

すべての要素が 0 の ndarray は、**np.zeros(size)** で作ることができます。以下のようにすれば、長さ 10 のベクトルが生成されます。

In
```
x = np.zeros(10)
print(x)
```

Out
```
[ 0.  0.  0.  0.  0.  0.  0.  0.  0.  0.]
```

また、**size** を **(2, 10)** とすれば、要素が 0 の 2 × 10 の行列が生成されます。

In
```
x = np.zeros((2, 10))
print(x)
```

Out
```
[[ 0.  0.  0.  0.  0.  0.  0.  0.  0.  0.]
 [ 0.  0.  0.  0.  0.  0.  0.  0.  0.  0.]]
```

size は tuple 型です。**size** を **(2, 3, 4)** などとすれば、2 × 3 × 4 の 3 次元配列が生成されます。何次元でも生成可能です。すべての要素を 0 ではなく 1 にしたい場合には、**np.ones(size)** を使います。

In
```
x = np.ones((2, 10))
print(x)
```

Out
```
[[ 1.  1.  1.  1.  1.  1.  1.  1.  1.  1.]
 [ 1.  1.  1.  1.  1.  1.  1.  1.  1.  1.]]
```

2.10.6 行列のサイズの変更

行列のサイズを変更したい場合には、**変数名.reshape(n1, n2)** を使います。以下のベクトルのサイズを変えてみましょう。

In
```
a = np.arange(10)
print(a)
```

Out
```
[0 1 2 3 4 5 6 7 8 9]
```

例えば、2 × 5 の行列に変更するには、以下のように記述します。

In
```
a = a.reshape(2, 5)
print(a)
```

Out
```
[[0 1 2 3 4]
 [5 6 7 8 9]]
```

2 次元の行列やそれ以上の次元の ndarray 型を 1 次元のベクトルにするには、**変数名.reshape(n)** とします。**n** は要素の数です。今の例では、**a** は 2 × 5 の行列なので要素数は 10 となります。

In
```
b = a.reshape(10)
print(b)
```

Out
```
[0 1 2 3 4 5 6 7 8 9]
```

n は、**-1** としても同じ結果を得ることができます。このほうが要素の数を調べなくてよいので簡単です。

In
```
c = a.reshape(-1)
print(c)
```

Out
```
[0 1 2 3 4 5 6 7 8 9]
```

2.10.7 行列やベクトルの連結

行列やベクトルを連結する方法を説明します。まず、以下のように行列 **x0** と **x1** を定義しましょう。

In
```
x0 = np.array([[1, 2], [3, 4]])
print(x0)

x1 = np.array([[100, 200], [300, 400]])
print(x1)
```

Out
```
[[1 2]
 [3 4]]
[[100 200]
 [300 400]]
```

行列を横に連結するには、**np.c_[行列 1, 行列 2]** を使います。

In
```
y = np.c_[x0, x1]
print(y)
```

Out
```
[[ 1 2 100 200]
 [ 3 4 300 400]]
```

行列を縦に連結するには、**np.r_[行列 1, 行列 2]** を使います。

In

```
y = np.r_[x0, x1]
print(y)
```

Out

```
[[  1   2]
 [  3   4]
 [100 200]
 [300 400]]
```

ベクトル（1 次元の ndarray 型）を縦ベクトルとして解釈し、横に連結するには、**np.c_[ベクトル 1, ベクトル 2]** とします。

In

```
v0 = np.array([1, 2, 3])
v1 = np.array([100, 200, 300])
z = np.c_[v0, v1]
print(z)
```

Out

```
[[  1 100]
 [  2 200]
 [  3 300]]
```

2.11 行列の演算

2.11.1 行列における四則演算

四則演算 **+**、**-**、*****、**/** は、対応する要素ごとに行われます。例えば、以下のように入力して確認してください。

In

```
import numpy as np


x = np.array([[4, 4, 4], [8, 8, 8]])
y = np.array([[1, 1, 1], [2, 2, 2]])
print(x + y)
```

```
Out
[[ 5  5  5]
 [10 10 10]]
```

2.11.2 スカラー × 行列

ベクトルや行列に対して、単体の数値を**スカラー**と呼びます。スカラーを行列に掛けると、以下のようにすべての要素に作用します。

```
In
x = np.array([[4, 4, 4], [8, 8, 8]])
print(10 * x)
```

```
Out
[[40 40 40]
 [80 80 80]]
```

2.11.3 算術関数

NumPy には、様々な算術関数が用意されています。例えば、平方根は **np.sqrt(x)** で計算できます。

```
In
x = np.array([[4, 4, 4], [9, 9, 9]])
print(np.sqrt(x))
```

```
Out
[[2. 2. 2.]
 [3. 3. 3.]]
```

これもすべての要素に作用します。それ以外にも、すべての要素に作用する関数には、指数関数 **np.exp(x)**、対数関数 **np.log(x)**、四捨五入 **np.round(x, 小数点以下の桁数)** などがあります。

また、すべての要素に対して 1 つの数値を返す、平均 **np.mean(x)**、標準偏差 **np.std(x)**、最大値 **np.max(x)**、最小値 **np.min(x)** などもあります。

2.11.4 行列積の計算

行列には、行列積という演算があります。詳しくは第 4 章で解説しますので、ここでは方法だけを述べますと、行列 **v** と行列 **w** の行列積は、**v @ w** で計算できます。

In
```
v = np.array([[1, 2, 3], [4, 5, 6]])
w = np.array([[1, 1], [2, 2], [3, 3]])
print(v @ w)
```

Out
```
[[14 14]
 [32 32]]
```

2.12 スライシング

list や ndarray には、要素の一部をまとめて表すスライシングという便利な機能があり、これを使いこなすとプログラミングが楽になります。スライシングは "**:**" を使って表します。例えば、**変数名 [:n]** で、**0** から **n-1** までの要素を一度に参照します。

In
```
import numpy as np


x = np.arange(10)
print(x)
print(x[:5])
```

Out
```
[0 1 2 3 4 5 6 7 8 9]
[0 1 2 3 4]
```

変数名 [n:] とすると、**n** から最後の要素までが参照されます。

In
```
print(x[5:])
```

Out
```
[5 6 7 8 9]
```

変数名 [n1:n2] とすると、**n1** から **n2-1** の要素までが参照されます。

In
```
print(x[3:8])
```

Out
```
[3 4 5 6 7]
```

変数名 [n1:n2:dn] とすると、**n1** から **n2-1** の要素まで、**dn** おきで参照されます。

In
```
print(x[3:8:2])
```

Out
```
[3 5 7]
```

以下のようにすると、配列の順番が逆向きで参照されます。

In
```
print(x[::-1])
```

Out
```
[9 8 7 6 5 4 3 2 1 0]
```

スライシングは、2 次元以上の ndarray でも使えます。

In
```
y = np.array([[1, 2, 3], [4, 5, 6], [7, 8, 9]])
print(y)
print(y[:2, 1:2])
```

Out
```
[[1 2 3]
 [4 5 6]
 [7 8 9]]
[[2]
 [5]]
```

2.13 条件を満たすデータの書き換え

NumPy では、配列に収められたデータから、ある条件に合うものだけを簡単に抽出し、書き換えることができます。

以下のように配列 **x** を定義し、**x > 3** とすると、その結果の True か False の bool 型の配列が返されます。

In
```
import numpy as np


x = np.array([1, 1, 2, 3, 5, 8, 13])
x > 3
```

Out
```
array([False, False, False, False,  True,  True,  True])
```

この bool 配列で、配列の要素を参照すると、以下のように True の要素のみが出力されます。

In
```
x[x > 3]
```

Out
```
array([ 5,  8, 13])
```

x > 3 を満たす要素だけを、999 に変えるには以下のようにします。

In
```
x[x > 3] = 999
print(x)
```

Out
```
[  1   1   2   3 999 999 999]
```

2.14 Help

関数には非常に多くの種類があり機能も多様ですので、**help(関数名)** で関数の説明文（英文）が表示されることを知っていると便利です。同じ関数でも、入力の変数を省略できたりと使い方のバリエーションが様々で、なかなかすべての機能を覚えることはできないからです。例えば、以下のように入力して、**np.random.randint** という関数の説明文を表示することができます。

In

```
import numpy as np
help(np.random.randint)
```

Out

```
Help on built-in function randint:
randint(...) method of numpy.random.mtrand.RandomState instance
    randint(low, high=None, size=None, dtype=int)
    Return random integers from `low` (inclusive) to `high` (exclusive).
     (... 中略 ...)
    Examples
    --------
    >>> np.random.randint(2, size=10)
    array([1, 0, 0, 0, 1, 1, 0, 0, 1, 0]) # random
    >>> np.random.randint(1, size=10)
    array([0, 0, 0, 0, 0, 0, 0, 0, 0, 0])

    Generate a 2 x 4 array of ints between 0 and 4, inclusive:

    >>> np.random.randint(5, size=(2, 4))
    array([[4, 0, 2, 1], # random
           [3, 2, 2, 0]])
    (... 省略 ...)
```

ここから、例えば、Examples の下のほうにあるように **np.random.randint(5, size=(2, 4))** とすれば、0～4までの整数の乱数を成分に持つ 2 × 4 の行列が生成されるなどの使い方がわかります。

2.15 関数

2.15.1 関数の利用

プログラムの一部を関数としてまとめることができます。何度も使う繰り返しのコードは関数にしてしまうと便利です。本書でも関数を多用します。関数の定義は、**def 関数名():** からはじまり、その内容をインデントして記述します。実行は、**関数名()** です。

In

```
def my_func1():
    print("Hi!")

# 関数 my_func1() の定義はここまで

my_func1()  # 関数を実行
```

Out

```
Hi!
```

関数に値 **a**、**b** を渡したい場合には、**def 関数名(a, b):** のようにします。出力したい場合には、**return** の後にその**変数名**を書きます。例えば、以下のようになります。

In

```
def my_func2(a, b):
    c = a + b
    return c

my_func2(1, 2)
```

Out

```
3
```

2.15.2 引数と戻り値

関数に渡す変数を**引数**（ひきすう）と言います。関数の出力を**戻り値**と言います。

どんな型でも引数や戻り値にできます。また戻り値も複数定義できます。例えば、1次元のndarray型のデータを引数とし、その平均値と標準偏差を戻り値とする関数は次のようになります。

In
```
import numpy as np


def my_func3(D):
    m = np.mean(D)
    s = np.std(D)
    return m, s
```

np.mean(D)、**np.std(D)** はNumPyで定義される関数で、それぞれ、**D**の平均と標準偏差を出力します。複数の出力は、**return m, s** と、変数間を“**,**”で区切って記述します。乱数のデータを準備して、この関数に入力し、結果を表示してみましょう。乱数を使っていますので実行のたびに結果は変わります。

In
```
data = np.random.randn(100)
data_mean, data_std = my_func3(data)
print(f"mean:{data_mean:.2f}, std:{data_std:.2f}")
```

Out
```
mean:0.10, std:1.04
```

複数の戻り値の受け取り方は、**data_mean, data_std = my_func3(data)** と、“**,**”で区切って記述します。

戻り値が複数でも、1つの変数で受けることができます。この場合、戻り値はtuple型となり、それぞれの要素に関数の戻り値が格納されます。次の例も乱数を使っていますので実行のたびに結果は変わります。

In
```
output = my_func3(data)
print(output)
```

```
print(type(output))
print(f"mean:{output[0]:.2f}, std:{output[1]:.2f}")
```

Out

```
(-0.16322970916322901, 1.0945199101120617)
<class 'tuple'>
mean:-0.16, std:1.09
```

2.15.3 位置引数とキーワード引数

Pythonではいくつかの方法で関数に引数を渡すことができます。まず、これまでの方法では、関数実行時の引数は、関数定義時の引数の並び順に対応して渡されていました。この方法を**位置引数**と言います。

In

```
def my_func4(alpha, beta, gamma):  # 関数定義
    print(f"ALPHA={alpha}, BETA={beta}, GAMMA={gamma}")

my_func4(1, 2, 3)  # 関数実行
```

Out

```
ALPHA=1, BETA=2, GAMMA=3
```

以下のように、変数名を明示的に指定して引数を渡すこともできます。この方法は、**キーワード引数**と言います。この場合、引数を記述する順番は任意となります。

In

```
my_func4(beta=2, alpha=1, gamma=3)
```

Out

```
ALPHA=1, BETA=2, GAMMA=3
```

位置引数とキーワード引数を同時に使うこともできます。ただしこの場合には、位置引数はキーワード引数よりも先に配置しなくてはなりません。

In

```
my_func4(1, gamma=3, beta=2)
```

Out

```
ALPHA=1, BETA=2, GAMMA=3
```

2.15.4 ローカル変数

引数として使われた変数は、その関数の中だけでしか使うことはできません。同様に、関数の中で定義された（作られた）変数もその関数の中でしか使うことはできません。このような変数を**ローカル変数**と呼びます。

例えば、次の関数では、引数の **x** と関数の中で定義されている **y** はローカル変数となります。

In
```
def add_10(x):
    y = x + 10
    print(f"local: x = {x}, y = {y}")


add_10(1000)
```

Out
```
local: x = 1000, y = 1010
```

それでは次のような場合はどうなるでしょうか。関数の中で定義されている **x** と **y** と同じ名前の変数が関数の外でも定義され、別の値が入れられています。

In
```
x = 1
y = 2
add_10(1000)                         # (A)
print(f"global: x = {x}, y = {y}")  # (B)
```

Out
```
local: x = 1000, y = 1010
global: x = 1, y = 2
```

この場合、関数の中と外の **x** と **y** は、名前は同じでも別な変数になります。**(A)** では、関数の内部のローカル変数である **x** と **y** の値が表示され、**(B)** では、関数の外側で定義した **x** と **y** の値が表示されます。

2.16 ファイル保存

2.16.1 1つの ndarray 型の保存

1つの ndarray 型変数をファイルに保存するには、**np.save("ファイル名 .npy", 変数名)** を使います。ファイルの拡張子は、**.npy** です。読み出しは、**np.load("ファイル名.npy")** で行います。

In
```
import numpy as np


data = np.array([1, 1, 2, 3, 5, 8, 13])
print(data)


np.save("datafile.npy", data)   # ファイル保存
data = np.array([])             # データの消去
print(data)


data = np.load("datafile.npy")  # ファイル読み出し
print(data)
```

Out
```
[ 1  1  2  3  5  8 13]
[]
[ 1  1  2  3  5  8 13]
```

2.16.2 複数の ndarray 型の保存

複数の ndarray 型の変数を 1 つのファイルに保存するには、**np.savez("ファイル名 .npz", 変数名 1= 変数名 1, 変数名 2= 変数名 2, ...)** を使います。

In
```
x0 = np.array([1, 2, 3])
x1 = np.array([10, 20, 30])
```

```
np.savez("datafile2.npz", x0=x0, x1=x1)  # ファイル保存
x0 = np.array([])                        # x0の消去
x1 = np.array([])                        # x1の消去
data = np.load("datafile2.npz")  # (A) ファイル読み出し
print(data.files)                # 格納している全変数名の表示
x0 = data["x0"]                  # x0の取り出し
x1 = data["x1"]                  # x1の取り出し
print(x0)
print(x1)
```

Out

```
['x0', 'x1']
[1 2 3]
[10 20 30]
```

(A) のようにデータを **np.load** で読み出すと、保存したすべての変数が **data** に格納され、**data["変数名"]** によって、それぞれの変数を参照することができます。**data.files** で格納してある変数の全リストを見ることができます。

第3章

グラフの描画

データの視覚化は、正しい理解のためにとても重要です。この章では、基本的なグラフの描画方法について解説します。

3.1 2次元のグラフを描く

3.1.1 ランダムなグラフを描く

グラフを描くためには、プログラムの最初に **%matplotlib inline** を加えます。これは、Jupyter Notebook 内にグラフを表示するためのコードです。次に、グラフを描くためのライブラリ **matplotlib** の **pyplot** を **import** して、**plt** と省略して使えるようにします。まず、リスト 3-1-(1) のコードでランダムなグラフを描いてみましょう。実行すると実行結果のようにグラフが表示されます。

In

```
# リスト 3-1-(1)
%matplotlib inline
import numpy as np
import matplotlib.pyplot as plt

# データ生成 ----------
np.random.seed(seed=1)  # 乱数を固定
x = np.arange(10)       # x を作成
y = np.random.rand(10)  # y を作成

# グラフ描画 ----------
plt.plot(x, y)          # 折れ線グラフの登録
plt.show()              # グラフの表示
```

Out

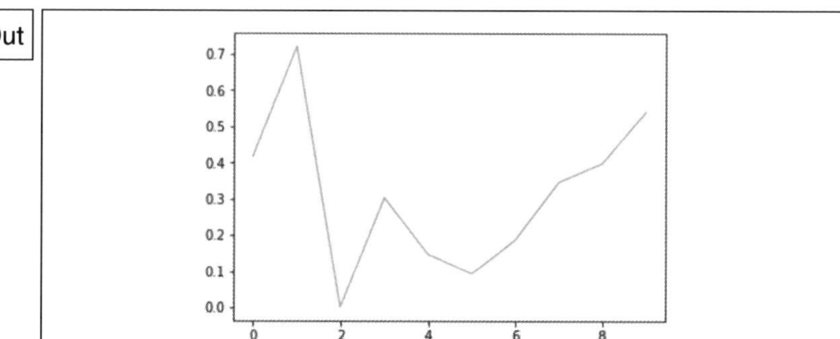

plt.plot(x, y) でグラフが登録され、**plt.show()** で描画されます。Jupyter Notebook では、**plt.show()** がなくてもグラフは表示されますが、他の実行環境でも対応できるように、本書では含めることにします。

3.1.2 プログラムリストのルール

ここでプログラムリスト番号のルールを決めておきましょう。リスト番号は、3-1-(1)、3-1-(2)、3-1-(3)、3-2-(1) のように付けます。括弧の前の数字（章番号 - 通し番号）が同じリストは、関連したリスト（変数を共有するリスト）とし、括弧内の数字の順番で実行することを想定します。3-1-(1) で作った変数や関数は、3-1-(2) や 3-1-(3) で使うことがあるということです。そして、3-2-(1) のように括弧の前の数字が変われば、それまでに使われていた変数や関数は一切使わないということにします。

なお、これまでに定義した変数や関数等を消去しリセットするには、**%reset** を使います。

In

```
%reset
```

実行すると、出力で以下のように確認してきますので［**y**］キーを押します。

Out

```
Once deleted, variables cannot be recovered. Proceed (y/[n])?
```

3.1.3 3 次関数 $f(x) = (x-2)\,x\,(x+2)$ を描く

次に $f(x) = (x-2)\,x\,(x+2)$ のグラフを描いてみましょう。この関数は、x = -2、0、2 で 0 となることが式の形からわかりますが、全体でどのような形をしているかは、グラフを描いてみないとよくわかりません。

まず、関数 $f(x)$ を定義しましょう（リスト 3-2-(1)）。

In

```
# リスト 3-2-(1)
%matplotlib inline
import numpy as np
import matplotlib.pyplot as plt


def f(x):
    return (x - 2) * x * (x + 2)
```

定義が済んだら、この関数の **x** に数字を入れてみましょう（リスト 3-2-(2)）。すると、以下のように対応する **f** の値が返ってきます。

In

```
# リスト 3-2-(2)
print(f(1))
```

Out

```
-3
```

x が ndarray の配列でも、それぞれの要素に対応した **f** を一度に ndarray で返してくれます（リスト 3-2-(3)）。ベクトルの四則演算は要素ごとで行われる性質があるからです。これはとても便利です。

In

```
# リスト 3-2-(3)
print(f(np.array([1, 2, 3])))
```

Out

```
[-3  0 15]
```

3.1.4 描画する範囲を決める

それでは、グラフを描く **x** の範囲を -3 から 3 とし、その範囲で計算する **x** を間隔 **0.5** で定義してみましょう（リスト 3-2-(4)）。

In
```
# リスト 3-2-(4)
x = np.arange(-3, 3.5, 0.5)
print(x)
```

Out
```
[-3.  -2.5 -2.  -1.5 -1.  -0.5  0.   0.5  1.   1.5  2.   2.5  3. ]
```

ここで、リスト 3-2-(4) の **np.arrange(-3, 3.5, 0.5)** についてですが、この 2 番目の引数を **3.5** でなく **x** の上限の **3** とすると、出力される配列の最後の数値が **2.5** となってしまうので、**3** よりも大きい **3.5** としていることに注意してください。

グラフの **x** を定義する場合には、**arange** だけでなく **linspace** という命令文も便利です。**linspace(n1, n2, n)** とすると、範囲 **n1** から **n2** の間を、等間隔で **n** 個に分けた点が得られます（リスト 3-2-(5)）。

In
```
# リスト 3-2-(5)
x = np.linspace(-3, 3, 10)
print(np.round(x, 2))
```

Out
```
[-3.   -2.33 -1.67 -1.   -0.33  0.33  1.    1.67  2.33  3.  ]
```

linspace のほうが、自然に **n2** を **x** に含められ、グラフの細かさも **n** でコントロールできます。

print 文中の **np.round(x, n)** は、**x** を小数点 **n** 桁に四捨五入するという命令文です。

ベクトルや行列を **print(x)** として表示すると、小数部分が長く表示されて煩雑になってしまうことがありますが、このようにするとスッキリと表示することができます。

3.1.5 グラフを描画する

それでは、**plt.plot** を使って、**f(x)** のグラフをリスト 3-2-(6) で描きましょう。実行結果のように表示されるはずです。簡単ですね。**f(x)** は、**x** と同じ長さのベクトルであり、その要素は各 **x** に対する **f** の値となっています。

In

```
# リスト 3-2-(6)
plt.plot(x, f(x))
plt.show()
```

Out

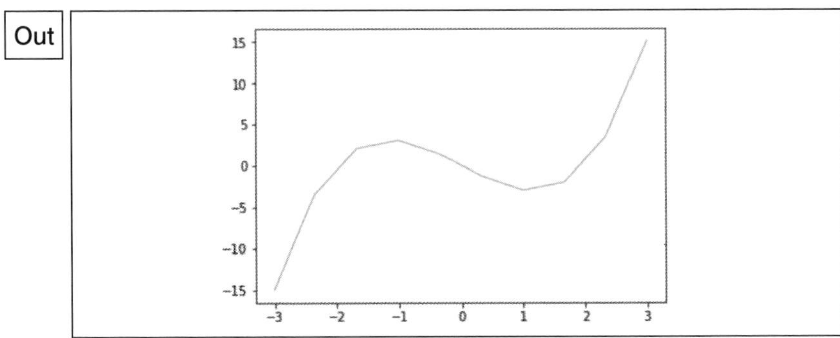

3.1.6 グラフを装飾する

前項のグラフは解像度が粗く、また、グリッドもないので、本当に x = -2、0、2 のときに $f(x)$ が 0 の値をとっているのかはわかりにくいですね。そこで、もう少し手を加えて見やすくしたグラフを次のリスト 3-2-(7) で描いてみましょう。それに加えて、リスト 3-2-(7) では $f_2(x) = (x-1)\,x\,(x+2)$ という少し形が違うグラフも比較のために重ねて描きます。

In

```
# リスト 3-2-(7)
# 関数を定義 ----------
def f2(x):
    return (x - 1) * x * (x + 2)                # (A) 関数 f2 の定義
```

```
# xを定義 ----------
x = np.linspace(-3, 3, 100)                          # (B) xを100個準備


# グラフ描画 ----------
plt.plot(x, f(x), "black", label="$f$")              # (C) fのグラフ
plt.plot(x, f2(x), "cornflowerblue", label="$f_2$")  # (D) f2のグラフ
plt.legend(loc="upper left")                         # (E) 凡例表示
plt.title("comparison of $f$ and $f_2$")             # (F) タイトル
plt.xlabel("x")                                      # (G) xラベル
plt.ylabel("y")                                      # (H) yラベル
plt.xlim(-3, 3)                                      # (I) x軸の範囲
plt.ylim(-15, 15)                                    # (J) y軸の範囲
plt.grid()                                           # (K) グリッド
plt.show()
```

Out

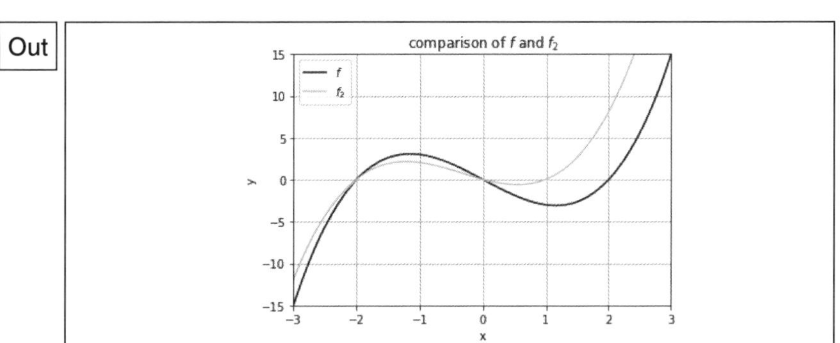

グラフは滑らかになり、グリッド線やラベル、タイトル、凡例が入りました。これなら、$f(x) = (x-2)\,x\,(x+2)$ が x 軸と交わる点は -2、0、2 であることは一目瞭然です。

リスト 3-2-(7) は、比較のために追加した関数 **f2(x)** の定義からはじまります **(A)**。次に、計算するデータ点 **x** を、前回よりも多めに 100 個準備します **(B)**。

グラフは **plt.plot** で表示しますが、3 番目の引数に、**" 色名 "** を加えることでグラフの色を指定することができます。**color=" 色名 "** と、キーワード引数の形式で指定することもできます。**black** は黒 **(C)**、**cornflowerblue** は薄い青を表します **(D)**。

使用できる色は、リスト 3-2-(8) のコードで確かめることができます。

In

```
# リスト 3-2-(8)
import matplotlib
matplotlib.colors.cnames
```

Out

```
{'aliceblue': '#F0F8FF',
 'antiquewhite': '#FAEBD7',
 'aqua': '#00FFFF',
 'aquamarine': '#7FFFD4',
(…中略…)
 'yellowgreen': '#9ACD32'}
```

基本色は、**r** 赤、**b** 青、**g** 緑、**c** シアン、**m** マゼンタ、**y** 黄色、**k** 黒、**w** 白と、アルファベット 1 文字で指定することもできます。本書では 2 色刷りという印刷の都合上、**black**、**gray**、**blue**、**cornflowerblue** を中心に使っていくことにします。

リスト 3-2-(7) の Out の左上に表示されている凡例は、リスト 3-2-(7) の **(C)** と **(D)** の **plot** の中の **label="文字列"** で内容を指定し、**(E)** の **plt.legend()** で表示しています。凡例の位置は **loc** を使って指定することができます。右上は "**upper right**"、左上は "**upper left**"、左下は "**lower left**"、右下は "**lower right**" で指定します。

グラフのタイトルは、**plt.title(" 文字列 ")** で指定します **(F)**。x 軸のラベルは、**plt.xlabel(" 文字列 ")**、y 軸のラベルは、**plt.ylabel(" 文字列 ")** で指定します **(G,H)**。x 軸の表示範囲は、**plt.xlim(n1,n2)** で **n1** から **n2** までと指定します **(I)**。y 軸の範囲は同様に **plt.ylim(n1,n2)** で指定します **(J)**。**label** や **title** の文字列は "**$**" でくくることで下付き文字などが表現できる tex 形式の数式として指定することができます。グリッドは **plt.grid()** で表示します **(K)**。

3.1.7 グラフを複数並べる

グラフを複数並べて表示したい場合は、リスト 3-2-(9) のように **plt.subplot(n1, n2, n)** を使うと **(C)**、全体を縦 **n1**、横 **n2** に分割したときの、**n** 番目のマスにグラフが描かれます。マスの番号は、左上から 1 番目、その右が 2 番目、というように割り振られています。一番右端まできたら、1 段下がった左端からはじまります。**plt.subplot** の **n** は特別で、0 からではなく 1 からはじまるので注意してください。0 とするとエラーとなってしまいます。

In

```
# リスト 3-2-(9)
plt.figure(figsize=(10, 3))                          # (A) 全体のサイズを指定
plt.subplots_adjust(wspace=0.5, hspace=0.5)          # (B) グラフの間隔を指定
for i in range(6):
    plt.subplot(2, 3, i + 1)                         # (C) グラフの位置を指定
    plt.title(i + 1)
    plt.plot(x, f(x), "black")
    plt.ylim(-10 - 2 * i, 10 + 2 * i)
    plt.grid()
plt.show()
```

Out

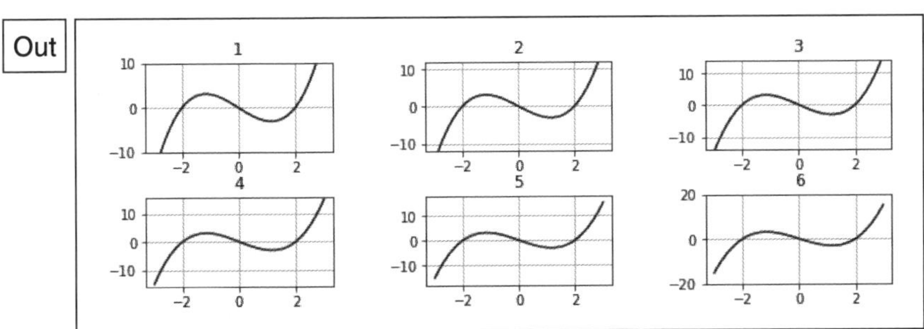

リスト 3-2-(9) の **(A)**、**plt.figure(figsize=(w, h))** は全体の描写領域の広さを指定します。横の長さが **w** で縦の長さが **h** です。**plt.subplot** でグラフを並べるとき、両隣の間隔や上下の間隔は **(B)**、**plt.subplots_adjust(wspace=w, hspace=h)** で調節できます。**w** が横の間隔、**h** が上下の間隔を調節するパラメータで、数値を大きくするほど間隔が広くなります。

3.2 3次元のグラフを描く

3.2.1 2つの変数の関数

2つの変数の関数を図示するにはどうしたらよいでしょう。例えば、式3-1のような関数です。

$$f(x_0, x_1) = (2x_0^2 + x_1^2)\exp(-(2x_0^2 + x_1^2)) \tag{3-1}$$

まず、リスト3-3-(1)で上記の関数を **f3** として定義します。そして、いろいろな **x0** と **x1** の値に対する **f3** の値を計算します。

In

```
# リスト 3-3-(1)
%matplotlib inline
import numpy as np
import matplotlib.pyplot as plt


# 関数 f3 を定義 ----------
def f3(x0, x1):
    # 式 3-1
    ans = (2 * x0 ** 2 + x1 ** 2) * np.exp(-(2 * x0 ** 2 + x1 ** 2))
    return ans


# 各 x0、x1 で f3 を計算 ----------
x0_n, x1_n = 9, 9
x0 = np.linspace(-2, 2, x0_n)  # (A) x0 を準備
x1 = np.linspace(-2, 2, x1_n)  # (B) x1 を準備
y = np.zeros((x1_n, x0_n))     # (C) 計算結果を入れる y を準備
for i0 in range(x0_n):
    for i1 in range(x1_n):
        y[i1, i0] = f3(x0[i0], x1[i1])  # (D) f3 を求め y に入れる
```

計算する **x0** の範囲は **(A)** で定義しています。**x0_n = 9** なので、**x0** は 9 個の要素からなっています（リスト 3-3-(2)）。**x1** も **x0** と同じ内容です **(B)**。

In
```
# リスト 3-3-(2)
print(x0)
```

Out
```
[-2.  -1.5 -1.  -0.5  0.   0.5  1.   1.5  2. ]
```

(C) で、計算結果を入れる 2 次元配列変数 **y** を準備して、**(D)** で **x0** と **x1** で定義された碁盤目の各点で **f3** を求めて **y[i1, i0]** に格納しています。ここで、要素のインデックスは、**x1** の内容を指し示すインデックス **i1** が先にきて、2 番目に **i0** がきていることに注意してください。行列の数値表示とグラフ表示の方向を対応させるためです。

それでは、**round** 関数で行列 **y** を小数点以下 1 桁に四捨五入し（見やすくするため）、表示させましょう（リスト 3-3-(3)）。

In
```
# リスト 3-3-(3)
print(np.round(y, 1))
```

Out
```
[[ 0.   0.   0.   0.   0.1  0.   0.   0.   0. ]
 [ 0.   0.   0.1  0.2  0.2  0.2  0.1  0.   0. ]
 [ 0.   0.   0.1  0.3  0.4  0.3  0.1  0.   0. ]
 [ 0.   0.   0.2  0.4  0.2  0.4  0.2  0.   0. ]
 [ 0.   0.   0.3  0.3  0.   0.3  0.3  0.   0. ]
 [ 0.   0.   0.2  0.4  0.2  0.4  0.2  0.   0. ]
 [ 0.   0.   0.1  0.3  0.4  0.3  0.1  0.   0. ]
 [ 0.   0.   0.1  0.2  0.2  0.2  0.1  0.   0. ]
 [ 0.   0.   0.   0.   0.1  0.   0.   0.   0. ]]
```

数値をよく見てみると、中心と周囲が **0** なので、どうやらドーナツ状に盛り上がった関数のようです。しかし、数値だけから関数の形をイメージすることは難しいですね。

3.2.2 数値を色で表現する：pcolor

2 次元配列の要素を色に置き換えて表示してみましょう。**plt.pcolor(2次元 ndarray)** を使います。

In

```
# リスト 3-3-(4)
plt.figure(figsize=(3.5, 3))
plt.gray()          # (A) 描画色を灰色の階調に指定
plt.pcolor(y)       # (B) 配列の値を色で表示
plt.colorbar()      # (C) カラーバーを表示
plt.show()
```

Out

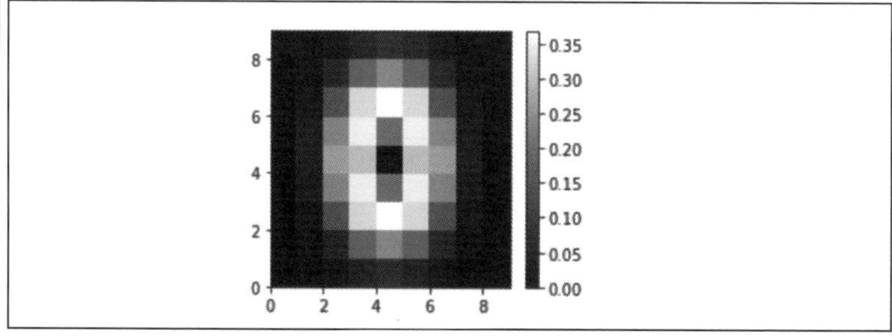

リスト 3-3-(4) の **(A)** は色を灰色の階調で表すことを指定しています。**plt.gray()** 以外にも、**plt.jet()**、**plt.pink()**、**plt.bone()** などで、様々な階調のパターンを指定することができます。**(B)** で色による配列の表示を行います。**(C)** は、配列表示の横にカラーバーを出す命令文です。

図 3.1 に、この関数の表示方法をまとめました。

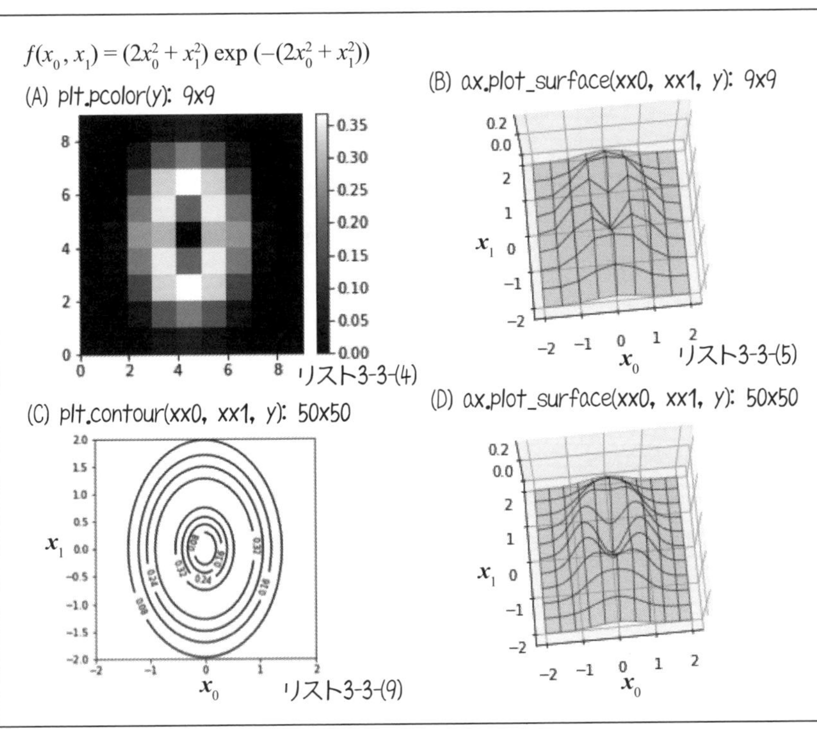

図 3.1：変数を 2 つ持つ関数の表示

3.2.3 関数の表面を面で表す：surface

次は、図 3.1(B) のように、サーフェス (surface) と呼ばれる 3 次元の立体的なグラフで表示する方法です（リスト 3-3-(5)）。

In

```
# リスト 3-3-(5)
xx0, xx1 = np.meshgrid(x0, x1)      # (A) グリッド座標の作成


plt.figure(figsize=(5, 3.5))
ax = plt.subplot(projection="3d")  # (B) 3D グラフの準備
ax.plot_surface(                    # (C) サーフェスの描画
    xx0,                 # x 座標のデータ
    xx1,                 # y 座標のデータ
    y,                   # z 座標のデータ
    rstride=1,           # 何行おきに線を引くか
    cstride=1,           # 何列おきに線を引くか
    alpha=0.3,           # 面の透明度
    color="blue",        # 面の色
    edgecolor="black",   # 線の色
)
ax.set_zticks((0, 0.2))             # (D) z 軸の目盛りの指定
ax.view_init(75, -95)               # (E) グラフの向きの指定
plt.show()
```

Out

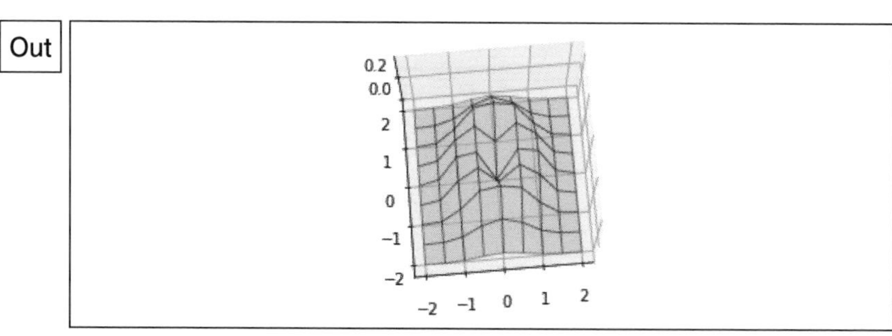

まず、リスト 3-3-(5) の **(A)** で **np.meshgrid** という関数を使って座標点 **x0**、**x1** か

ら描画用の座標点 **xx0**、**xx1** を作成します。

初めに、引数の **x0**、**x1** の中身を確かめてみましょう（リスト 3-3-(6)）。

In

```
# リスト 3-3-(6)
print(x0)
print(x1)
```

Out

```
[-2.  -1.5 -1.  -0.5  0.   0.5  1.   1.5  2. ]
[-2.  -1.5 -1.  -0.5  0.   0.5  1.   1.5  2. ]
```

np.meshgrid(x0, x1) で作成された **xx0** は、リスト 3-3-(7) で表示されるような 2 次元配列になります。

In

```
# リスト 3-3-(7)
print(xx0)
```

Out

```
[[-2.  -1.5 -1.  -0.5  0.   0.5  1.   1.5  2. ]
 [-2.  -1.5 -1.  -0.5  0.   0.5  1.   1.5  2. ]
 [-2.  -1.5 -1.  -0.5  0.   0.5  1.   1.5  2. ]
 [-2.  -1.5 -1.  -0.5  0.   0.5  1.   1.5  2. ]
 [-2.  -1.5 -1.  -0.5  0.   0.5  1.   1.5  2. ]
 [-2.  -1.5 -1.  -0.5  0.   0.5  1.   1.5  2. ]
 [-2.  -1.5 -1.  -0.5  0.   0.5  1.   1.5  2. ]
 [-2.  -1.5 -1.  -0.5  0.   0.5  1.   1.5  2. ]
 [-2.  -1.5 -1.  -0.5  0.   0.5  1.   1.5  2. ]]
```

xx1 は、リスト 3-3-(8) で表示されるような 2 次元配列になっています。

In

```
# リスト 3-3-(8)
print(xx1)
```

Out

```
[[-2.  -2.  -2.  -2.  -2.  -2.  -2.  -2.  -2. ]
 [-1.5 -1.5 -1.5 -1.5 -1.5 -1.5 -1.5 -1.5 -1.5]
 [-1.  -1.  -1.  -1.  -1.  -1.  -1.  -1.  -1. ]
```

```
[-0.5 -0.5 -0.5 -0.5 -0.5 -0.5 -0.5 -0.5 -0.5]
[ 0.   0.   0.   0.   0.   0.   0.   0.   0. ]
[ 0.5  0.5  0.5  0.5  0.5  0.5  0.5  0.5  0.5]
[ 1.   1.   1.   1.   1.   1.   1.   1.   1. ]
[ 1.5  1.5  1.5  1.5  1.5  1.5  1.5  1.5  1.5]
[ 2.   2.   2.   2.   2.   2.   2.   2.   2. ]]
```

xx0 と **xx1** は **y** と同じ大きさの行列となっていて、**xx0[i1, i0]** と **xx1[i1, i0]** を入力としたときの **f3** が、**y[i1, i0]** となる関係にあります。

グラフを 3 次元の座標系にするために、**subplot** の宣言時に **projection="3d"** の指定を行います（リスト 3-3-(5) の **(B)**）。そして、その戻り値を **ax** として保存しておきます。**ax** はグラフの " オブジェクト " というものであり、3 次元グラフを描く場合には、**ax. 関数名**という形式で、グラフの描画や調整を行います。このリストでは、描画領域の中にグラフを 1 枚だけ指定していますが、**subplot(n1, n2, n, projection="3d")** として複数のグラフを指定することもできます。

サーフェスの表示は、リスト 3-3-(5) の **(C)** の **ax.plot_surface(xx0, xx1, y)** で行っています。オプションの **rstride** と **cstride** には自然数を与えると、行と列で何個の要素ずつラインを引くかを指定できます。数が少ないほど線の間隔が密になります。**alpha** は、面の透明度を指定するオプションです。0 から 1 の実数で面の透明度を指定します。1 に近づくほど不透明になります。

z 軸の目盛りは、デフォルトのまま表示すると、数値が重なって表示されてしまいます。そこで、**ax.set_zticks((0, 0.2))** として、z 軸の目盛りを 0 と 0.2 のみに限定しています（リスト 3-3-(5) の **(D)**）。

(E) の **ax.view_init(a, b)** は、3 次元グラフの向きを調節します。**a** は、上下の回転角度を表し、0 だと真横から見たグラフ、90 だと真上から見たグラフになります。**b** は横の回転角度を表し、正の数値を与えると、時計回りに、負の数値を与えると、時計と逆回りにグラフが回転します。

さて、図 3.1(B) は、9 × 9 の解像度で関数を描いていましたが、解像度を 50 × 50 に上げて表示し、**rstride=5**、**cstride=5** として表示したものが図 3.1(D) です（3-3-(1) と 3-3-(5) を少し改良するだけですのでリストは記載していません）。解像度を上げると見栄えがよいですね。関数の形が直感的に理解でき、すっきりします。

3.2.4 等高線で表示する：contour

関数の高さを定量的に知るには、リスト 3-3-(9) で作成する等高線プロット（図 3.1 (C)）が便利です。

In

```
# リスト 3-3-(9)
# 各 x0、x1 で f3 を計算 ----------
x0_n, x1_n = 50, 50
x0 = np.linspace(-2, 2, x0_n)
x1 = np.linspace(-2, 2, x1_n)
xx0, xx1 = np.meshgrid(x0, x1)  # (A) グリッド座標の作成
y = f3(xx0, xx1)                # (B) グリッド座標に対する y を求める


# グラフ描画 ----------
plt.figure(figsize=(4, 4))
cont = plt.contour(  # (C) 等高線プロット
    xx0, xx1, y,     # データ
    levels=3,        # levels=[0.2, 0.5, ...] のようにも指定できる
    colors="black",  # 等高線の色
)
cont.clabel(fmt="%.2f", fontsize=8)  # (D) 等高線に数値を入れる
plt.xlabel("$x_0$", fontsize=14)
plt.ylabel("$x_1$", fontsize=14)
plt.show()
```

Out

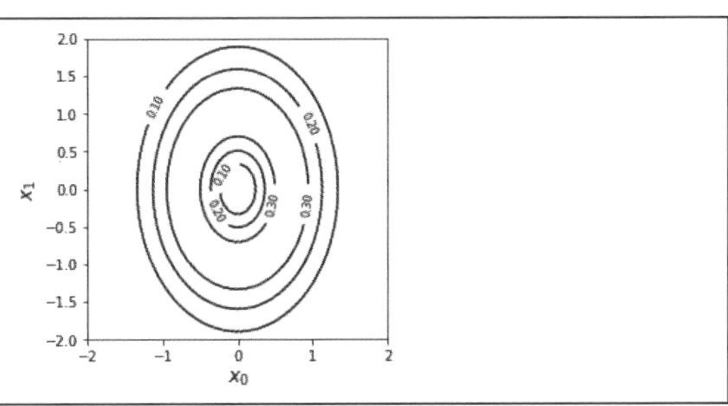

グラフの描画

リスト 3-3-(9) の前半では、解像度を 50 × 50 として **xx0**、**xx1** を作成しています（**(A)** まで）。等高線プロットは、解像度をある程度高くしないと正確に表示されないからです。

(B) では **xx0** と **xx1** に対する **y** を求めています。リスト 3-3-(1) では 2 重の for 文を使って **y** を求めましたが、グリッド座標を使うとこのように 1 行のコードで計算することができます。この方法については次項で詳しく説明します。

(C) の **plt.contour(xx0, xx1, y, levels=3, colors="black")** で等高線プロットを作成しています。**levels=3** は、表示する高さのレベルを 3 段階にするという指定です。**colors="black"** は、等高線の色を黒にするという指定です。

plt.contour の戻り値を **cont** に保存し、**cont.clabel(fmt="%.2f", fontsize=8)** とすることで、各等高線に数値を入れることができます **(D)**。**fmt="%.2f"** で数値のフォーマットを指定しています。**fontsize** オプションでは、文字の大きさを指定しています。

3.2.5 関数の複数の値を一度に計算する

リスト 3-3-(1) では、グラフを表示するために、関数の値 **y** を 2 重の for ループで計算していましたが、**np.meshgrid(x0, x1)** で作成した **xx0** と **xx1** を使うと、**y** を for ループなしで計算することができます。前項でもこの方法を使いましたが、この方法は第 4 章以降のコードでも使用しているので、ここで詳しく説明します。

まず、リスト 3-3-(1) での方法をまとめたものがリスト 3-3-(10) です。**(A)** で 2 次元配列の空の **y** を準備し、**(B)** で 2 重の for ループでグリッド状の **x0** と **x1** を選び、その値に対する **f3** の値を、**y** に格納しています。

In

```
# リスト 3-3-(10)
x0_n, x1_n = 9, 9
x0 = np.linspace(-2, 2, x0_n)
x1 = np.linspace(-2, 2, x1_n)

y = np.zeros((x1_n, x0_n))  # (A) 計算結果を入れる y を準備
for i0 in range(x0_n):
    for i1 in range(x1_n):
        y[i1, i0] = f3(x0[i0], x1[i1])  # (B) f3 を求め y に入れる
```

```
print(np.round(y, 1))
```

Out

```
[[0.  0.  0.  0.  0.1 0.  0.  0.  0. ]
 [0.  0.  0.1 0.2 0.2 0.2 0.1 0.  0. ]
 [0.  0.  0.1 0.3 0.4 0.3 0.1 0.  0. ]
 [0.  0.  0.2 0.4 0.2 0.4 0.2 0.  0. ]
 [0.  0.  0.3 0.3 0.  0.3 0.3 0.  0. ]
 [0.  0.  0.2 0.4 0.2 0.4 0.2 0.  0. ]
 [0.  0.  0.1 0.3 0.4 0.3 0.1 0.  0. ]
 [0.  0.  0.1 0.2 0.2 0.2 0.1 0.  0. ]
 [0.  0.  0.  0.  0.1 0.  0.  0.  0. ]]
```

この計算を、**np.meshgrid** を使って行うと、リスト 3-3-(11) のようにシンプルになります。**(A)** で **np.meshgrid(x0, x1)** によって **xx0** と **xx1** を作成し、**(B)** でそれを関数 **f3** の引数にして **y** を計算します。この **y** は、**xx0** や **xx1** と同じ大きさの 2 次元配列となり、リスト 3-3-(10) の結果に一致します。

In

```
# リスト 3-3-(11)
x0_n, x1_n = 9, 9
x0 = np.linspace(-2, 2, x0_n)
x1 = np.linspace(-2, 2, x1_n)

xx0, xx1 = np.meshgrid(x0, x1)  # (A) グリッド状の座標点を作成
y = f3(xx0, xx1)                # (B) すべての座標点に対して一括で y を計算
print(np.round(y, 1))
```

Out

```
[[0.  0.  0.  0.  0.1 0.  0.  0.  0. ]
 [0.  0.  0.1 0.2 0.2 0.2 0.1 0.  0. ]
 [0.  0.  0.1 0.3 0.4 0.3 0.1 0.  0. ]
 [0.  0.  0.2 0.4 0.2 0.4 0.2 0.  0. ]
 [0.  0.  0.3 0.3 0.  0.3 0.3 0.  0. ]
 [0.  0.  0.2 0.4 0.2 0.4 0.2 0.  0. ]
 [0.  0.  0.1 0.3 0.4 0.3 0.1 0.  0. ]
 [0.  0.  0.1 0.2 0.2 0.2 0.1 0.  0. ]
```

```
        [0. 0. 0.  0.  0.1 0.  0.  0. 0. ]]
```

このような計算が可能なのは、ここで使用した関数 **f3** が、行列でも対応できる演算（2.11 節参照）のみで作られていたからです。そのために、引数を行列にすると行列として値を返すことができるのです。ただし関数の作り方によっては、このように引数を行列へ拡張できない場合もあるので、注意が必要です。

第4章

機械学習に必要な数学の基本

第5章から機械学習の内容に入りますが、そのために必要な数学をまとめて本章で解説します。同時にPython での扱い方も説明していきます。数学が得意な方は、ここはスキップして、必要なときにだけ第4章に戻ってくるという形でもよいでしょう。

4.1 ベクトル

4.1.1 ベクトルとは

ベクトルとは、いくつかの数字を縦か横に並べて表したもので、第5章ですぐに登場します。縦に並べたものを**縦ベクトル**と呼び、例えば式4-1のような形式の変量です。

$$\mathbf{a}=\begin{bmatrix}1\\3\end{bmatrix},\qquad \mathbf{b}=\begin{bmatrix}2\\1\end{bmatrix} \tag{4-1}$$

横に数字を並べたものは**横ベクトル**と呼び、例えば、式4-2のような形式の変量です。

$$\mathbf{c}=[1\ 2],\qquad \mathbf{d}=[1\ 3\ 5\ 4] \tag{4-2}$$

ベクトルを構成する数字1つ1つを**要素**と呼び、ベクトルが持つ要素の数をベクトルの**次元**と呼びます。上の例では、$\mathbf{a}$ は2次元の縦ベクトル、$\mathbf{d}$ は4次元の横ベクトルとなります。本書ではベクトルを、$\mathbf{a}$ や $\mathbf{b}$ のように太文字の小文字で表します。

ベクトルに対して、これまでの普通の単体での数字を、**スカラー**と呼びます。本書では、スカラーは a、b のように小文字の斜体字で表します。

Tという記号をベクトルの右肩に書くことで、縦ベクトルを横ベクトルに、横ベクトルを縦ベクトルに変換するという意味になります。このTを**転置**と呼びます。例えば、転置は式4-3のようになります。

$$\mathbf{a}^{\mathrm{T}}=\begin{bmatrix}1\\3\end{bmatrix}^{\mathrm{T}}=[1\ 3],\quad \mathbf{d}^{\mathrm{T}}=[1\ 3\ 5\ 4]^{\mathrm{T}}=\begin{bmatrix}1\\3\\5\\4\end{bmatrix} \tag{4-3}$$

転置は、数学的に必要なとき以外にも、書籍の行間をとらないようにするために、$\mathbf{a} = \begin{bmatrix}1\\3\end{bmatrix}$ を $\mathbf{a} = [1\ 3]^{\mathrm{T}}$ などとして記述する場合もあります。

4.1.2 Python でベクトルを定義する

それでは、Python でベクトルを定義してみましょう。すでに第 2 章でも述べたように、ベクトルを使うためには、NumPy ライブラリを **import** します（リスト 4-1-(1)）。

In
```
# リスト 4-1-(1)
import numpy as np
```

そして、**np.array** を使って、リスト 4-1-(2) のようにベクトル **a** を定義しましょう。

In
```
# リスト 4-1-(2)
a = np.array([2, 1])
print(a)
```

Out
```
[2 1]
```

type を使うと、**a** は、numpy.ndarray 型であることがわかります（リスト 4-1-(3)）。

In
```
# リスト 4-1-(3)
type(a)
```

Out
```
numpy.ndarray
```

4.1.3 縦ベクトルを表す

それでは、縦ベクトルを表す方法はどうするのでしょうか。実は、1 次元の ndarray 型は、縦と横の区別がなく、常に横ベクトルとして表示されるのです。

しかし、特別な形の 2 次元の ndarray として縦ベクトルを表すこともできます。

ndarray 型は、リスト 4-1-(4) のようにして 2 × 2 の 2 次元の配列（行列）を表します。

In
```
# リスト 4-1-(4)
c = np.array([[1, 2], [3, 4]])
print(c)
```

Out
```
[[1 2]
 [3 4]]
```

この方式で 2 × 1 の 2 次元配列を作れば、縦ベクトルを表すことができます（リスト 4-1-(5)）。

In
```
# リスト 4-1-(5)
d = np.array([[1], [2]])
print(d)
```

Out
```
[[1]
 [2]]
```

ベクトルは、通常は 1 次元 ndarray 型で定義し、必要に応じて 2 次元 ndarray 型を使えばよいでしょう。

4.1.4 転置を表す

転置は、**変数名.T** で表します（リスト 4-1-(6)）。

In
```
# リスト 4-1-(6)
print(d.T)
print(d.T.T)
```

Out
```
[[1 2]]
[[1]
 [2]]
```

`d.T.T` として転置を 2 回繰り返すと、もとの `d` に戻ります。

転置の操作は、2 次元 ndarray 型で有効ですが、1 次元 ndarray 型には有効でないことに注意してください。

4.1.5 足し算と引き算

以下の 2 つのベクトル **a**、**b** を考えていきましょう（式 4-4）。

$$\mathbf{a} = \begin{bmatrix} 2 \\ 1 \end{bmatrix}, \qquad \mathbf{b} = \begin{bmatrix} 1 \\ 3 \end{bmatrix} \tag{4-4}$$

まず足し算です。ベクトルの足し算 **a** + **b** は、各要素を足し算するだけです（式 4-5）。

$$\mathbf{a} + \mathbf{b} = \begin{bmatrix} 2 \\ 1 \end{bmatrix} + \begin{bmatrix} 1 \\ 3 \end{bmatrix} = \begin{bmatrix} 2+1 \\ 1+3 \end{bmatrix} = \begin{bmatrix} 3 \\ 4 \end{bmatrix} \tag{4-5}$$

ベクトルは、図形的に解釈することができます。ベクトルの数値を座標と考え、ベクトルを原点からその座標に向かう矢印だと解釈します。すると、単に各要素を足すとしたベクトルの足し算は、**a** と **b** を隣り合う辺とした平行四辺形の「対角線を求める演算」として解釈できます（図 4.1）。

式で見たベクトルの足し算

$$\mathbf{a} = \begin{bmatrix} 2 \\ 1 \end{bmatrix}$$

$$\mathbf{b} = \begin{bmatrix} 1 \\ 3 \end{bmatrix}$$

$$\mathbf{a} + \mathbf{b} = \begin{bmatrix} 2 \\ 1 \end{bmatrix} + \begin{bmatrix} 1 \\ 3 \end{bmatrix} = \begin{bmatrix} 2+1 \\ 1+3 \end{bmatrix} = \begin{bmatrix} 3 \\ 4 \end{bmatrix}$$

ベクトルの足し算は、各要素で足し算する。

図形で見たベクトルの足し算

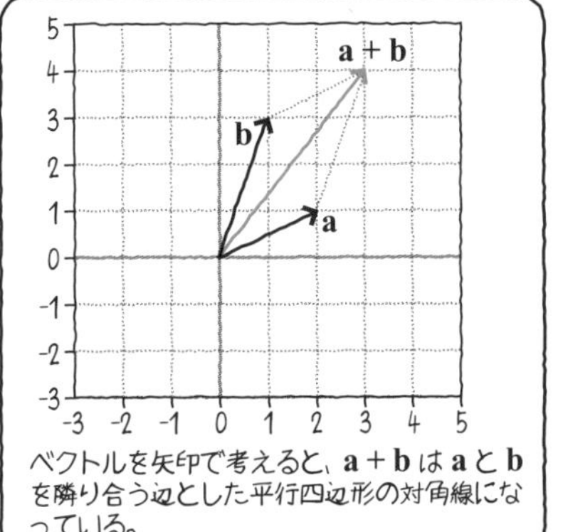

ベクトルを矢印で考えると、**a** + **b** は **a** と **b** を隣り合う辺とした平行四辺形の対角線になっている。

図 4.1：ベクトルの足し算

このように数式を図形的に理解していくことは、単に面白いというだけでなく、理論の理解を深めたり、更には新しく理論を作ったりする上でとても助けになるでしょう。

リスト 4-1-(7) のように `a + b` の足し算をすると、期待通りの答えが返ってきますので、`a` と `b` が list 型ではなく、ベクトルとして扱われていることがわかります（list 型を足し算すると連結が起こります)。

In

```
# リスト 4-1-(7)
a = np.array([2, 1])
b = np.array([1, 3])
print(a + b)
```

Out

```
[3 4]
```

ベクトルの引き算も、ベクトルの足し算と同様、各要素で引き算をします（式 4-6)。

$$\mathbf{a}-\mathbf{b}=\begin{bmatrix}2\\1\end{bmatrix}-\begin{bmatrix}1\\3\end{bmatrix}=\begin{bmatrix}2-1\\1-3\end{bmatrix}=\begin{bmatrix}1\\-2\end{bmatrix} \quad \textbf{(4-6)}$$

Python では、リスト 4-1-(8) のように計算できます。

In

```
# リスト 4-1-(8)
a = np.array([2, 1])
b = np.array([1, 3])
print(a - b)
```

Out

```
[ 1 -2]
```

さて、引き算は、図形的にどうなっているでしょうか？

$\mathbf{a}-\mathbf{b}$ は、$\mathbf{a}+(-\mathbf{b})$ として、$\mathbf{a}$ と $-\mathbf{b}$ の足し算とみなすことができます。図形的には、$-\mathbf{b}$ は $\mathbf{b}$ の反対方向を向いた矢印です。ですので、$\mathbf{a}+(-\mathbf{b})$ は、$\mathbf{a}$ と $-\mathbf{b}$ を隣り合う 2 辺とした平行四辺形の対角線となります（図 4.2)。

式で見たベクトルの引き算

$$\mathbf{a} = \begin{bmatrix} 2 \\ 1 \end{bmatrix}$$

$$\mathbf{b} = \begin{bmatrix} 1 \\ 3 \end{bmatrix} \qquad -\mathbf{b} = -\begin{bmatrix} 1 \\ 3 \end{bmatrix} = \begin{bmatrix} -1 \\ -3 \end{bmatrix}$$

$$\mathbf{a} - \mathbf{b} = \mathbf{a} + (-\mathbf{b}) = \begin{bmatrix} 2 \\ 1 \end{bmatrix} + \begin{bmatrix} -1 \\ -3 \end{bmatrix} = \begin{bmatrix} 2-1 \\ 1-3 \end{bmatrix} = \begin{bmatrix} 1 \\ -2 \end{bmatrix}$$

ベクトルの引き算は、各要素で引き算する。

図形で見たベクトルの引き算

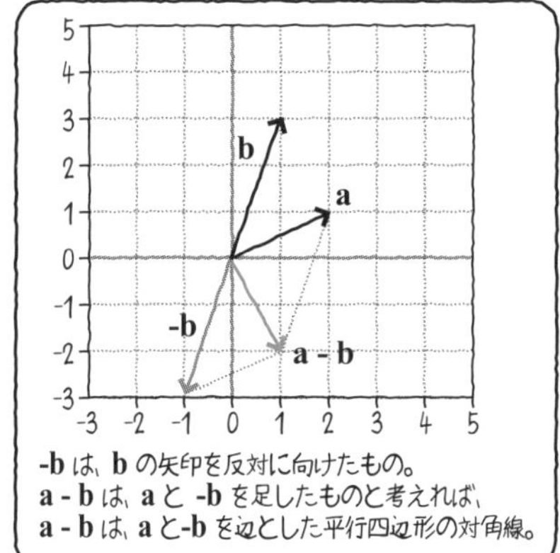

b
a
-b
a - b
-b は、b の矢印を反対に向けたもの。
a - b は、a と -b を足したものと考えれば、
a - b は、a と-b を辺とした平行四辺形の対角線。

図 4.2：ベクトルの引き算

4.1.6 スカラーとの掛け算

スカラーにベクトルを掛ける場合には、スカラーの値がベクトルの要素、すべてに作用します。例えば、**2a** は、式 4-7 のようになります。

$$2\mathbf{a} = 2\times\begin{bmatrix} 2 \\ 1 \end{bmatrix} = \begin{bmatrix} 2\times2 \\ 2\times1 \end{bmatrix} = \begin{bmatrix} 4 \\ 2 \end{bmatrix} \tag{4-7}$$

Python では、リスト 4-1-(9) のようになります。

In
```
# リスト 4-1-(9)
print(2 * a)
```

Out
```
[4 2]
```

図形的には、ベクトルの大きさがスカラー倍されます（図 4.3）。

式で見たベクトルのスカラー倍

$$\mathbf{a} = \begin{bmatrix} 2 \\ 1 \end{bmatrix}$$

$$2\mathbf{a} = 2\begin{bmatrix} 2 \\ 1 \end{bmatrix} = \begin{bmatrix} 2 \times 2 \\ 2 \times 1 \end{bmatrix} = \begin{bmatrix} 4 \\ 2 \end{bmatrix}$$

ベクトルのスカラー倍は、
各要素に同じスカラーを掛けたもの。

図形で見たベクトルのスカラー倍

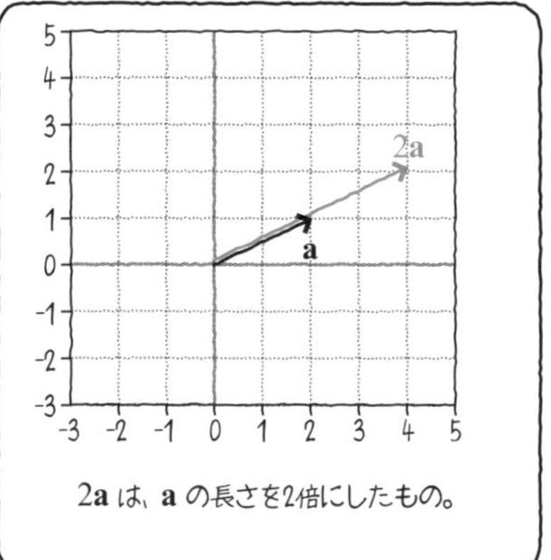

図 4.3：ベクトルのスカラー倍

4.1.7 内積

ベクトルには**内積**と呼ばれる、掛け算のベクトルバージョンのような演算があり、機械学習が扱う数学でよく出現します。内積は、同じ次元を持つ 2 つのベクトル同士の演算で、"・"で表します。対応する要素同士を掛け算し、その和をとります。例えば、$\mathbf{b} = [1\ 3]^{\mathrm{T}}$、$\mathbf{c} = [4\ 2]^{\mathrm{T}}$とすると、その内積は、式 4-8 のようになります。

$$\mathbf{b} \cdot \mathbf{c} = \begin{bmatrix} 1 \\ 3 \end{bmatrix} \cdot \begin{bmatrix} 4 \\ 2 \end{bmatrix} = 1 \times 4 + 3 \times 2 = 10 \tag{4-8}$$

Python では、**変数名 1.dot(変数名 2)** 、または、**変数名 1 @ 変数名 2** で内積を計算します。本書では、式の表現に近い後者の方法を使います（リスト 4-1-(10)）。

In

```
# リスト 4-1-(10)
b = np.array([1, 3])
c = np.array([4, 2])
print(b @ c)
```

Out

```
10
```

ところで、内積とは何を表しているのでしょうか？　図形的には、図 4.4 に表したように、**b** を **c** に射影したベクトルを **b′** とし、**b′** と **c** の長さを掛け合わしたものが内積の値となります。

2つのベクトルが似たような方向を向いていると、内積は大きな値をとります。逆に、2つのベクトルが垂直に近いと、内積は小さい値になります。完全に垂直になると内積は0となります。つまり、内積は2つのベクトルの類似度に関係していると言えます。

式で見たベクトルの内積

$$\mathbf{b} = \begin{bmatrix} 1 \\ 3 \end{bmatrix}$$

$$\mathbf{c} = \begin{bmatrix} 4 \\ 2 \end{bmatrix}$$

$$\mathbf{b} \cdot \mathbf{c} = 1 \times 4 + 3 \times 2 = 10$$

ベクトルの内積は、各要素で掛け算をして、すべてを足したもの。

図形で見たベクトルの内積

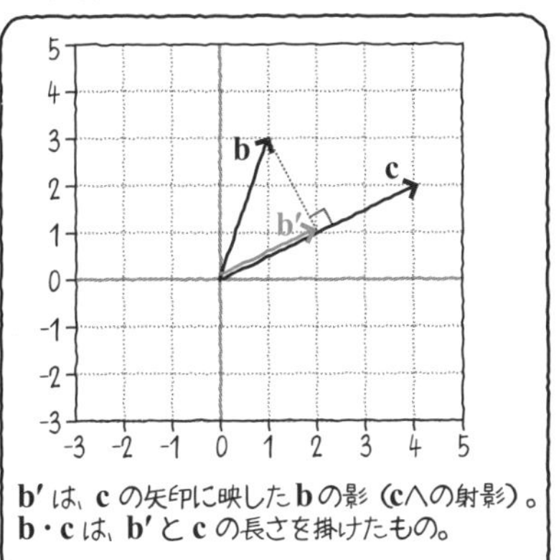
5
4
3
2
1
0
-1
-2
-3
-3 -2 -1 0 1 2 3 4 5
b
c
b′
b′は、c の矢印に映した b の影（c への射影）。
b・c は、b′ と c の長さを掛けたもの。

図 4.4：ベクトルの内積

しかし、内積はベクトルの大きさ自体にも関係していることに注意しましょう。2つのベクトルの向きが同じでも、片方のベクトルの大きさが2倍になれば、内積も2倍になります。

4.1.8 ベクトルの大きさ

ベクトルの大きさは、‖と‖ではさんで表します。2次元ベクトルの大きさは、式 4-9 のように計算できます。

$$\|\mathbf{a}\| = \left\| \begin{bmatrix} a_0 \\ a_1 \end{bmatrix} \right\| = \sqrt{a_0^2 + a_1^2} \tag{4-9}$$

3次元ベクトルの大きさは、式 4-10 のようになります。

$$\|\mathbf{a}\| = \left\| \begin{bmatrix} a_0 \\ a_1 \\ a_2 \end{bmatrix} \right\| = \sqrt{a_0^2 + a_1^2 + a_2^2} \tag{4-10}$$

一般的に D 次元のベクトルの大きさは、式 4-11 のようになります。

$$\|\mathbf{a}\| = \left\| \begin{bmatrix} a_0 \\ a_1 \\ \vdots \\ a_{D-1} \end{bmatrix} \right\| = \sqrt{a_0^2 + a_1^2 + \cdots + a_{D-1}^2} \tag{4-11}$$

Python では、**np.linalg.norm()** でベクトルの大きさを求めることができます（リスト 4-1-(11)）。

In

```
# リスト 4-1-(11)
a = np.array([1, 3])
print(np.linalg.norm(a))
```

Out

```
3.1622776601683795
```

4.2 和の記号

4.2.1 和の記号の意味

5.1 節から、和の記号 **Σ**（シグマ）が登場します。和の記号は機械学習の教科書のいたるところで出現します。

例えば、式 4-12 は、「n を 1 から 5 まで変えながらすべて足す」という意味です。

$$\sum_{n=1}^{5} n = 1 + 2 + 3 + 4 + 5 \tag{4-12}$$

Σ は長い足し算を簡潔に表す方法です。より一般的には、式 4-13 のようになり、「**Σ** 記号の右の $f(n)$ に対して、n を a から 1 ずつ増やし b になるまで変化させ、すべての

$f(n)$を足し合わせる」という意味を表します（図 4.5）。

$$\sum_{n=a}^{b} f(n) = f(a) + f(a+1) + \cdots + f(b) \tag{4-13}$$

$$\sum_{n=a}^{b} f(n) = f(a) + f(a+1) + \cdots + f(b)$$

$f(n)$ の n を、a から1ずつ増やし b になるまで変化させ、すべての $f(n)$ を足し合わせる

$$\sum_{n=1}^{5} n = 1 + 2 + 3 + 4 + 5 \tag{4-12}$$

$$\sum_{n=2}^{5} n^2 = 2^2 + 3^2 + 4^2 + 5^2 \tag{4-14}$$

$$\sum_{n=1}^{5} 3 = 3 + 3 + 3 + 3 + 3 = 3 \times 5 \tag{4-15}$$

n に関係ない数の和は、和の数で掛け算

$$\sum_{n=1}^{3} 2n^2 = 2\sum_{n=1}^{3} n^2 \tag{4-16}$$

スカラーは Σ の左側に出せる

$$\sum_{n=1}^{5} [2n^2 + 3n + 4] = 2\sum_{n=1}^{5} n^2 + 3\sum_{n=1}^{5} n + 4 \times 5 \tag{4-17}$$

展開できる

図 4.5：和の記号

例えば、$f(n) = n^2$で、$a = 2$、$b = 5$ の場合には、式 4-14 のようになります。和の記号はプログラムで言うところの for 文に似ていますね。

$$\sum_{n=2}^{5} n^2 = 2^2 + 3^2 + 4^2 + 5^2 \tag{4-14}$$

4.2.2 和の記号の入った数式を変形する

機械学習の問題を考えていく過程で、和の記号の入った数式を変形する機会が頻繁に出てきます。そのパターンを考えていきましょう。最も単純なパターンは、和の記

号の右側の関数 $f(n)$ に n が含まれていない、例えば、$f(n)=3$ のようなときです。この場合は、足す回数分を $f(n)$ に掛ければよいので、和の記号を消すことができます。例えば、式 4-15 のようになります。

$$\sum_{n=1}^{5} 3 = 3+3+3+3+3 = 3\times 5 = 15 \tag{4-15}$$

$f(n)$ が「スカラー× n の関数」となっている場合は、スカラーを和の記号の外側に出すことができます。例えば、式 4-16 のようになります。

$$\sum_{n=1}^{3} 2n^2 = 2\times 1^2 + 2\times 2^2 + 2\times 3^2 = 2(1^2+2^2+3^2) = 2\sum_{n=1}^{3} n^2 \tag{4-16}$$

和の記号が多項式に作用している場合、和の記号を各項に分けることができます。例えば、式 4-17 のようになります。

$$\sum_{n=1}^{5} [2n^2+3n+4] = 2\sum_{n=1}^{5} n^2 + 3\sum_{n=1}^{5} n + 4\times 5 \tag{4-17}$$

上記のようになるのは、多項式を足し合わせても、項別に足し算をして最後にそれらを加えても、答えは変わらないからです。

4.1.7 項で説明したベクトルの内積を、和の記号を使って書くこともできます。例えば、$\mathbf{w} = [w_0\ w_1 \ldots w_{D-1}]^{\mathrm{T}}$、$\mathbf{x} = [x_0\ x_1 \ldots x_{D-1}]^{\mathrm{T}}$ の内積は“・”を使って表し、式 4-18 のようになります（図 4.6)。

$$\mathbf{w}\cdot\mathbf{x} = w_0x_0 + w_1x_1 + \cdots + w_{D-1}x_{D-1} = \sum_{i=0}^{D-1} w_i x_i \tag{4-18}$$

行列表記(ベクトル表記)　成分表記

$$\mathbf{w}\cdot\mathbf{x} = w_0x_0 + w_1x_1 + \cdots + w_{D-1}x_{D-1} = \sum_{i=0}^{D-1} w_ix_i$$

$$\mathbf{w} = \begin{bmatrix} w_0 \\ w_1 \\ \vdots \\ w_{D-1} \end{bmatrix} \quad \mathbf{x} = \begin{bmatrix} x_0 \\ x_1 \\ \vdots \\ x_{D-1} \end{bmatrix}$$ とする

図 4.6：行列表記と成分表記

図 4.6 左は**行列表記（ベクトル表記）**、図 4.6 右は**成分表記**と呼び、式 4-18 は両者を行ったり来たりする変換式として解釈できます。

4.2.3 和を内積として計算する

Σ はプログラムで言うところの for 文のようなものだと言いましたが、式 4-18 から内積とも関係していますので、**Σ** は内積を使って計算することもできます。例えば、1 から 1000 までの和は、式 4-19 のようになります。

$$\sum_{n=1}^{1000} n = 1 + 2 + \cdots + 1000 = \begin{bmatrix} 1 \\ 1 \\ \vdots \\ 1 \end{bmatrix} \cdot \begin{bmatrix} 1 \\ 2 \\ \vdots \\ 1000 \end{bmatrix} \tag{4-19}$$

Python では、リスト 4-2-(1) のようにして計算できます。そして、このほうが `for` を使って計算するよりも計算処理が高速になります。

In

```
# リスト 4-2-(1)
import numpy as np


a = np.ones(1000)        # [1 1 1 ...     1]
b = np.arange(1, 1001)  # [1 2 3 ...  1000]
print(a @ b)
```

Out

```
500500.0
```

4.3 積の記号

和の記号 **Σ** と使い方の似た、**積の記号 Π**（プロダクト）というものもあります。この記号は、6.1 節のクラス分類で出てきます。**Π** の場合には、式 4-20 のようにすべての$f(n)$を掛け算します（図 4.7）。

$$\prod_{n=a}^{b} f(n) = f(a) \times f(a+1) \times \cdots \times f(b) \tag{4-20}$$

次の式 4-21 は、最も単純な例です。

$$\prod_{n=1}^{5} n = 1 \times 2 \times 3 \times 4 \times 5 \tag{4-21}$$

次の式 4-22 は、多項式に積の記号 **Π** が作用している例です。

$$\prod_{n=2}^{5} (2n+1) = (2 \cdot 2 + 1)(2 \cdot 3 + 1)(2 \cdot 4 + 1)(2 \cdot 5 + 1) \tag{4-22}$$

$$\prod_{n=a}^{b} f(n) = f(a) \times f(a+1) \times \cdots \times f(b)$$

$f(n)$ の n を、a から1ずつ増やし b になるまで変化させ、すべての $f(n)$ を掛け算する

$$\prod_{n=1}^{5} n = 1 \times 2 \times 3 \times 4 \times 5 \tag{4-21}$$

$$\prod_{n=2}^{5} (2n+1) = (2 \cdot 2 + 1)(2 \cdot 3 + 1)(2 \cdot 4 + 1)(2 \cdot 5 + 1) \tag{4-22}$$

図 4.7：積の記号

4.4 微分

機械学習の問題は、大抵の場合、ある関数が最小（または最大）をとる状態を探す問題（最適化問題）に帰着されます。関数の最小地点は、傾きが0になるという性質があることから、このような問題を解くには、関数の傾きを知ることが重要となります。その関数の傾きを導出する方法が、「微分」なのです。

本書では、誤差関数の最小値を求める5.1節から微分（偏微分）が出てきます。

4.4.1 多項式の微分

まず、式4-23の2次関数を考えましょう（図4.8左）。

$$f(w) = w^2 \tag{4-23}$$

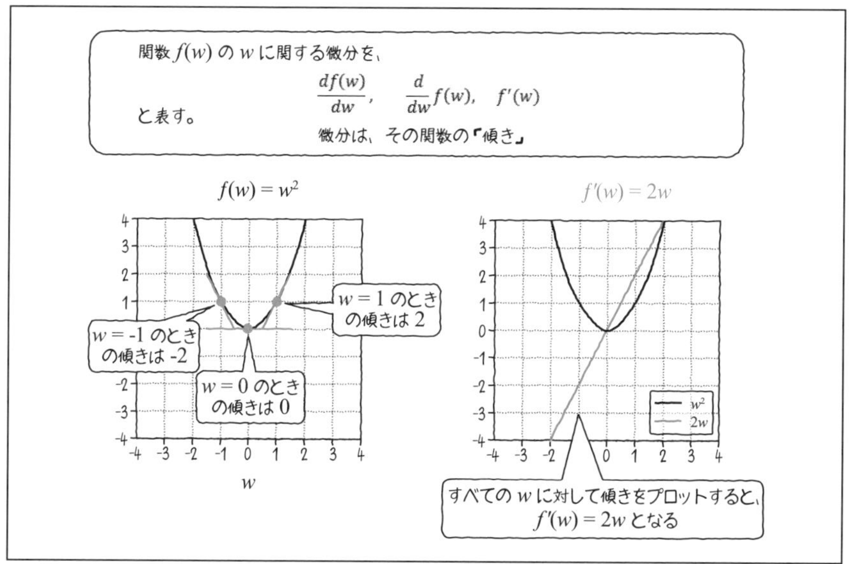

図4.8：関数の微分は傾きを表す

関数 $f(w)$ の「w に関する微分」は、式4-24のように、いろいろな表し方があります。

$$\frac{df(w)}{dw},\qquad \frac{d}{dw}f(w),\qquad f'(w) \tag{4-24}$$

微分はその関数の傾きを表します（図 4.8 右）。関数の傾きも w が変わると変化するので、w の関数になっています。この 2 次関数の場合は、式 4-25 のようになります。

$$\frac{d}{dw}w^2 = 2w \tag{4-25}$$

一般的に、w^nの形の関数は式 4-26 の公式を使って、微分を簡単に求めることができます（図 4.9）。

$$\frac{d}{dw}w^n = nw^{n-1} \tag{4-26}$$

n次式の微分公式

$$\frac{d}{dw}w^n = nw^{n-1} \tag{4-26}$$

例

$$\frac{d}{dw}w^2 = 2w \tag{4-25}$$

$$\frac{d}{dw}w^4 = 4w^{4-1} = 4w^3 \tag{4-27}$$

$$\frac{d}{dw}w = 1w^{1-1} = w^0 = 1 \tag{4-28}$$

$$\frac{d}{dw}(a^3 + xb^2 + 2) = 0 \tag{4-29}$$

$$\frac{d}{dw}(2w^3 + 3w^2 + 2) = 2\frac{d}{dw}w^3 + 3\frac{d}{dw}w^2 + \frac{d}{dw}2 = 6w^2 + 6w \tag{4-30}$$

図 4.9：べき関数の微分公式

例えば、4 次関数だったら、式 4-27 のようになります。

$$\frac{d}{dw}w^4 = 4w^{4-1} = 4w^3 \tag{4-27}$$

1 次関数であれば、式 4-28 のようになります。なお、1 次関数は直線ですので、どんな w でも傾きは変わりません。

$$\frac{d}{dw}w = 1w^{1-1} = w^0 = 1 \quad \textbf{(4-28)}$$

4.4.2 微分の記号の入った数式の変形

それでは、微分の記号の入った数式の変形について考えます。微分の記号d/dwは、和の記号$\boldsymbol{\Sigma}$と同じように右側に作用します。

$2w^5$のように、数字がw^nの前に掛けてある場合には、その部分は微分記号の左側に出すことができます。

$$\frac{d}{dw}2w^5 = 2\frac{d}{dw}w^5 = 2\times5w^4 = 10w^4$$

微分に関係がない部分（wの関数ではない部分）は、文字式であっても左側に出すことができます。

$f(w)$にwが含まれていなければ微分は0です。例えば、以下のようになります。

$$\frac{d}{dw}3 = 0$$

それでは、以下の式ではどうでしょうか？

$$f(w) = a^3 + xb^2 + 2$$

これもwが含まれていないので微分は0です（式4-29）。

$$\frac{d}{dw}f(w) = \frac{d}{dw}(a^3 + xb^2 + 2) = 0 \quad \textbf{(4-29)}$$

$f(w)$がwを含むいくつかの項で成り立っているとき、例えば、以下のようなときはどうでしょうか？

$$f(w) = 2w^3 + 3w^2 + 2$$

このような場合は、微分の演算を各項に別々に分けて行えます（式4-30）。

$$\frac{d}{dw}f(w) = 2\frac{d}{dw}w^3 + 3\frac{d}{dw}w^2 + \frac{d}{dw}2 = 6w^2 + 6w \tag{4-30}$$

4.4.3 入れ子の関数の微分

機械学習では、入れ子の関数の微分がほしいことが多々あります。入れ子の関数とは、例えば式 4-31、式 4-32 のような関数です。

$$f(w) = f\big(g(w)\big) = g(w)^2 \tag{4-31}$$

$$g(w) = aw + b \tag{4-32}$$

一番シンプルな方法は、式 4-32 を式 4-31 に代入し、その式を展開してから微分を計算するやり方です。

$$f(w) = (aw + b)^2 \ = \ a^2w^2 + 2abw + \ b^2 \tag{4-33}$$

$$\frac{d}{dw}f(w) = 2a^2w + 2ab \tag{4-34}$$

4.4.4 入れ子の関数の微分：連鎖律

しかし、入れ子の関数によっては、式が複雑で展開するのが大変な場合もあります。こんなときにとても便利なのが、**連鎖律**と呼ばれる公式です（図 4.10)。本書でも 5.1 節から登場します。

連鎖律の公式は、式 4-35 のようになります。

$$\frac{df}{dw} = \frac{df}{dg}\cdot\frac{dg}{dw} \tag{4-35}$$

式 4-31、式 4-32 に適用して、説明しましょう。

まず、df/dg の部分は、「fを g で微分する」という意味なので、微分の公式を当てはめて、式 4-36 のようになります。

$$\frac{df}{dg} = \frac{d}{dg}g^2 = 2g \tag{4-36}$$

後半のdg/dwは、gをwで微分するという意味ですので、式4-37のようになります。

$$\frac{dg}{dw} = \frac{d}{dw}(aw + b) = a \tag{4-37}$$

よって、式4-36と式4-37を式4-35に代入します。すると、式4-34で得た答えと同じ答えが得られました（式4-38）。

$$\frac{df}{dw} = \frac{df}{dg} \cdot \frac{dg}{dw} = 2ga = 2(aw + b)a = 2a^2w + 2ab \tag{4-38}$$

この連鎖律は、3重にも4重にも拡張することができます。例えば、式4-39のような数式で考えてみましょう。

$$f(w) = f\Big(g\big(h(w)\big)\Big) \tag{4-39}$$

この場合、式4-40のような公式を使います。

$$\frac{df}{dw} = \frac{df}{dg} \cdot \frac{dg}{dh} \cdot \frac{dh}{dw} \tag{4-40}$$

入れ子関数の微分公式：連鎖律

$f(w) = f\big(g(w)\big)$ のとき $\frac{df}{dw} = \frac{df}{dg} \cdot \frac{dg}{dw}$ (4-35)

例　$f\big(g(w)\big) = g(w)^2$,　$g(w) = aw + b$　のとき

$$\frac{df}{dg} = \frac{d}{dg}g^2 = 2g$$

$$\frac{dg}{dw} = \frac{d}{dw}(aw + b) = a$$ なので、

$$\frac{df}{dw} = \frac{df}{dg} \cdot \frac{dg}{dw} = 2ga = 2(aw + b)a = 2a^2w + 2ab \tag{4-38}$$

図 4.10：連鎖律

4.5 偏微分

4.5.1 偏微分とは

機械学習で実際に出てくるのは純粋な微分ではなく、偏微分というものです。本書の 5.1 節から出てきます。

複数の変数を持つ関数、例えば、式 4-41 のような、w_0とw_1の関数を考えます。

$$f(w_0, w_1) = w_0^2 + 2w_0w_1 + 3 \tag{4-41}$$

このうち 1 つの変数だけ、例えば、w_0だけに着目して、他の変数、ここではw_1を定数だとみなして微分することを、**偏微分**と言います（図 4.11）。

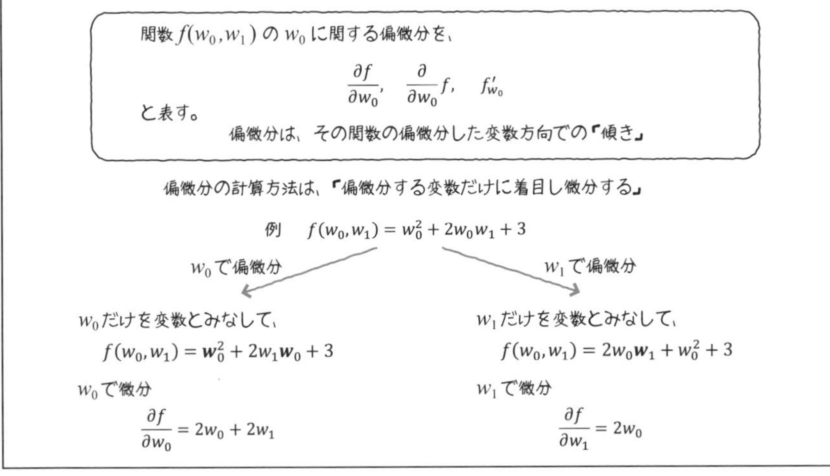

関数 $f(w_0,w_1)$ の w_0 に関する偏微分を、
$\frac{\partial f}{\partial w_0}$, $\frac{\partial}{\partial w_0}f$, f'_{w_0}
と表す。
偏微分は、その関数の偏微分した変数方向での「傾き」
偏微分の計算方法は、「偏微分する変数だけに着目し微分する」
例 $f(w_0,w_1) = w_0^2 + 2w_0w_1 + 3$
w_0 で偏微分
w_1 で偏微分
w_0 だけを変数とみなして、
$f(w_0,w_1) = \boldsymbol{w}_0^2 + 2w_1\boldsymbol{w}_0 + 3$
w_0 で微分
$\frac{\partial f}{\partial w_0} = 2w_0 + 2w_1$
w_1 だけを変数とみなして、
$f(w_0,w_1) = 2w_0\boldsymbol{w}_1 + w_0^2 + 3$
w_1 で微分
$\frac{\partial f}{\partial w_1} = 2w_0$

図 4.11：偏微分

「$\boldsymbol{f}$をw_0で偏微分する」を数式で表すと、式 4-42 のようになります。

$$\frac{\partial f}{\partial w_0}, \quad \frac{\partial}{\partial w_0}f, \quad f'_{w_0} \tag{4-42}$$

偏微分の計算方法は、「偏微分する変数だけに着目し微分する」だけです。

「偏微分」と聞くと難しそうな感じがするかもしれませんが、計算の手続きとしては普通の微分（常微分）と同じです。

例えば、式 4-41 の $\partial f/\partial w_0$ の場合は、w_0のみに着目して、式 4-43 のように考えます。

$$f(w_0, w_1) = \boldsymbol{w}_0^2 + 2w_1\boldsymbol{w}_0 + 3 \tag{4-43}$$

これに微分の公式を当てはめれば、式 4-44 を得ます。

$$\frac{\partial f}{\partial w_0} = 2w_0 + 2w_1 \tag{4-44}$$

式 4-41 で $\partial f/\partial w_1$の場合は、w_1のみに着目して、式 4-45 のように解釈します。

$$f(w_0, w_1) = 2w_0\boldsymbol{w}_1 + w_0^2 + 3 \tag{4-45}$$

これに微分の公式を当てはめれば、式 4-46 を得ることができます。

$$\frac{\partial f}{\partial w_1} = 2w_0 \tag{4-46}$$

4.5.2 偏微分と図形

それでは、偏微分とは、図形的には何を表しているのでしょうか？

$f(w_0, w_1)$の関数は、第 3 章で解説したように、3 次元のグラフや、等高線プロットで表せるグラフです。実際に描いてみると、風呂敷の対角の隅を持ち上げたような形であることがわかります（図 4.12）。

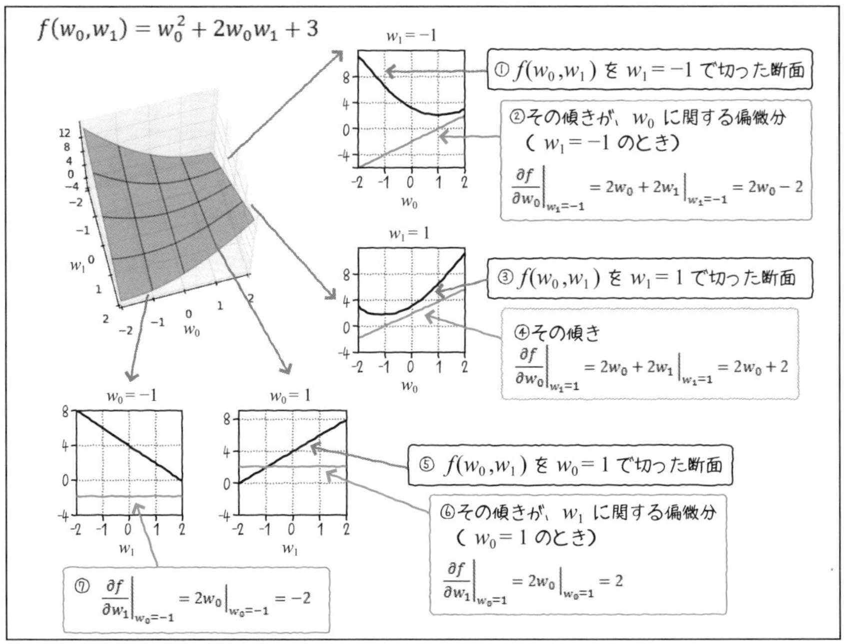

図 4.12：偏微分の意味

$\partial f/\partial w_0$を理解するためには、w_0の軸と平行になるように f を包丁で切ったときの断面を考えます（図 4.12 ①）。

断面は下に凸の 2 次関数です。この断面の曲線の傾きが、式 4-44 で求めた$\partial f/\partial w_0 = 2w_0 + 2w_1$になっています（図 4.12 ②）。

$w_1 = -1$の面で切ると、式 4-44 に$w_1 = -1$を代入した式が、この面での傾きの式になります。

「$\partial f/\partial w_0$に$w_1 = -1$を代入した値」という意味を数式で表すと、式 4-47 のようになります。

$$\left.\frac{\partial f}{\partial w_0}\right|_{w_1=-1} \tag{4-47}$$

式 4-44 の結果を使うと式 4-48 のように計算できます。（図 4.12 ②）。これは、傾き 2、切片－2 の直線の式ですね。

$$\left.\frac{\partial f}{\partial w_0}\right|_{w_1=-1} = 2w_0 + 2w_1|_{w_1=-1} = 2w_0 - 2 \tag{4-48}$$

w_0の軸に平行になる面は無数にあります。例えば、$w_1 = 1$の面で切ったとすると、f の断面は図 4.12 ③のようになり、断面の傾きは、式 4-49 のようになります（図 4.12 ④）。

$$\left.\frac{\partial f}{\partial w_0}\right|_{w_1=1} = 2w_0 + 2w_1|_{w_1=1} = 2w_0 + 2 \tag{4-49}$$

一方、$\partial f/\partial w_1$は、w_1の軸と平行になるようにfを切ったときの断面になります。ここの断面は直線です。例えば、$w_0 = 1$の面で切った断面は図 4.12 ⑤のようになり、その傾きは、式 4-50 のようになります（図 4.12 ⑥）。

$$\left.\frac{\partial f}{\partial w_1}\right|_{w_0=1} = 2w_0|_{w_0=1} = 2 \tag{4-50}$$

例えば、$w_0 = -1$の面で切った断面の傾きは、式 4-51 のようになります（図 4.12 ⑦）。

$$\left.\frac{\partial f}{\partial w_1}\right|_{w_0=-1} = 2w_0|_{w_0=-1} = -2 \tag{4-51}$$

以上のことをまとめると、w_0とw_1に関する偏微分は、それぞれ、w_0方向の傾き、w_1方向の傾きを与えるということになります。

この 2 つの傾きをセットにして、ベクトルとして解釈することができます。これを f の $\mathbf{w}$ に関する**勾配**（勾配ベクトル、gradient）と呼び、式 4-52 のように表します。勾配は、傾きの最も大きい方向とその大きさを表します。

$$\nabla_{\mathbf{w}} f = \begin{bmatrix} \dfrac{\partial f}{\partial w_0} \\ \dfrac{\partial f}{\partial w_1} \end{bmatrix} \tag{4-52}$$

4.5.3 勾配を図で表す

実際に勾配を図示してみましょう。リスト 4-3-(1) は、fを等高線で表示し（図 4.13 左）、$\mathbf{w}$ の空間をグリッド状に分けたときの各点における勾配 $\nabla_{\mathbf{w}} f$を矢印でプロットします（図 4.13 右）。

In
```
# リスト 4-3-(1)
%matplotlib inline
import numpy as np
import matplotlib.pyplot as plt

# 関数を定義 ----------
def f(w0, w1):                              # (A) f の定義
    return w0 ** 2 + 2 * w0 * w1 + 3    # 式 4-41

def df_dw0(w0, w1):                         # (B) f の w0 に関する偏微分
    return 2 * w0 + 2 * w1              # 式 4-44

def df_dw1(w0, w1):                         # (C) f の w1 に関する偏微分
    return 2 * w0                       # 式 4-46

# 表示データの計算 ----------
w0_min, w0_max = -2, 2
w1_min, w1_max = -2, 2
w0_n, w1_n = 17, 17
w0 = np.linspace(w0_min, w0_max, w0_n)
w1 = np.linspace(w1_min, w1_max, w1_n)
ww0, ww1 = np.meshgrid(w0, w1)              # (D) グリッド座標の作成
f_num = f(ww0, ww1)                         # (E) f の値の計算
df_dw0_num = df_dw0(ww0, ww1)               #     f の偏微分の計算
df_dw1_num = df_dw1(ww0, ww1)               #     f の偏微分の計算

# グラフ描画 ----------
```

```
plt.figure(figsize=(9, 4))
plt.subplots_adjust(wspace=0.3)
# 等高線表示
plt.subplot(1, 2, 1)
cont = plt.contour(                          # (F) fの等高線表示
    ww0, ww1, f_num, levels=10, colors="black")
cont.clabel(fmt="%d", fontsize=8)
plt.xticks(range(w0_min, w0_max + 1, 1))
plt.yticks(range(w1_min, w1_max + 1, 1))
plt.xlim(w0_min - 0.5, w0_max + 0.5)
plt.ylim(w1_min - 0.5, w1_max + 0.5)
plt.xlabel("$w_0$", fontsize=14)
plt.ylabel("$w_1$", fontsize=14)
# ベクトル表示
plt.subplot(1, 2, 2)
plt.quiver(                          # (G) fの勾配のベクトル表示
    ww0, ww1, df_dw0_num, df_dw1_num)
plt.xlabel("$w_0$", fontsize=14)
plt.ylabel("$w_1$", fontsize=14)
plt.xticks(range(w0_min, w0_max + 1, 1))
plt.yticks(range(w1_min, w1_max + 1, 1))
plt.xlim(w0_min - 0.5, w0_max + 0.5)
plt.ylim(w1_min - 0.5, w1_max + 0.5)
plt.show()
```

Out

```
# 実行結果は図 4.13 を参照
```

リスト 4-3-(1) では、まず **(A)** で関数 **f** を定義しています。そして、**(B)** で w_0 方向の偏微分を返す関数 **df_dw0** を定義し、**(C)** で、w_1 方向の偏微分を返す関数 **df_dw1** を定義しています。

(D) の **ww0, ww1 = np.meshgrid(w0, w1)** で、グリッド状に分けた **w0** と **w1** を 2 次元配列の **ww0** と **ww1** に格納しています。この **ww0** と **ww1** に対する **f** と偏微分の値が **(E)** で計算され、**f_num** と **df_dw0_num**、**df_dw1_num** に格納されます。**(F)** で **f_num** が等高線表示され、**(G)** で勾配がベクトル表示（矢印表示）されます。

(F) の **plt.contour()** は、見やすくするために、途中で行を変えて記述しています。このように、Python では、**()** に囲まれている中では任意の位置で行を変えることができます。**(G)** の **plt.quiver()** も同様です。

矢印を表示している命令文 **(G)** は、**plt.quiver(ww0, ww1, df_dw0_num, df_dw1_num)** で、座標点 **(ww0, ww1)** から方向 **(df_dw0_num, df_dw1_num)** の矢印を描写します。

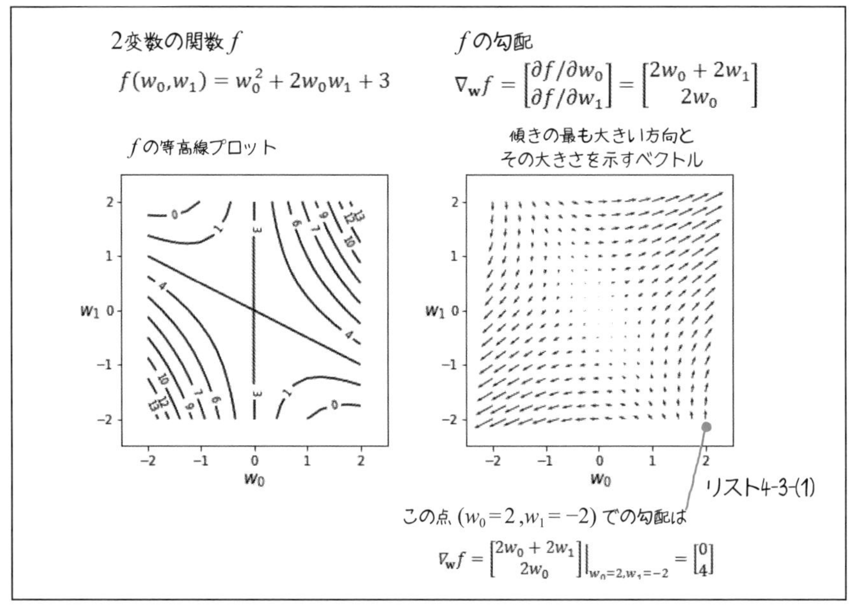

図 4.13：勾配ベクトル

図 4.13 左の f の等高線プロットの数値を見れば、f は右上と左下が高くて、左上と右下が低い地形であることがイメージできます。図 4.13 右がこの地形の勾配です。矢印は各点において斜面が高いほうを向いていることがわかります。また斜面が急なほど（等高線の間隔が狭いほど）矢印が長いこともわかります。

矢印をたどっていくと、どの地点からはじめても、グラフのより高い部分に向かいます。逆に、矢印を逆向きにたどると、地形のより低い部分に向かいます。このように、勾配は、その関数の最大点や最小点を探すのに大切な概念なのです。機械学習では、誤差関数の最小点を求めるために誤差関数の勾配を利用します（5.1 節）。

4.5.4 多変数の入れ子の関数の偏微分

多変数の関数が入れ子になっている場合ではどうでしょう？　この問題は、多層のニューラルネットワークの学習則を導出する際に出てきます（第7章）。

例えば、g_0とg_1がw_0とw_1の関数で、fがg_0とg_1の関数となっている場合です。つまり、式4-53のように表せる場合、「fのw_0に関する偏微分、w_1に関する偏微分は連鎖律を使うとどう表すことができるでしょうか」という問いです（図4.14）。

$$f\big(g_0(w_0,w_1),g_1(w_0,w_1)\big) \tag{4-53}$$

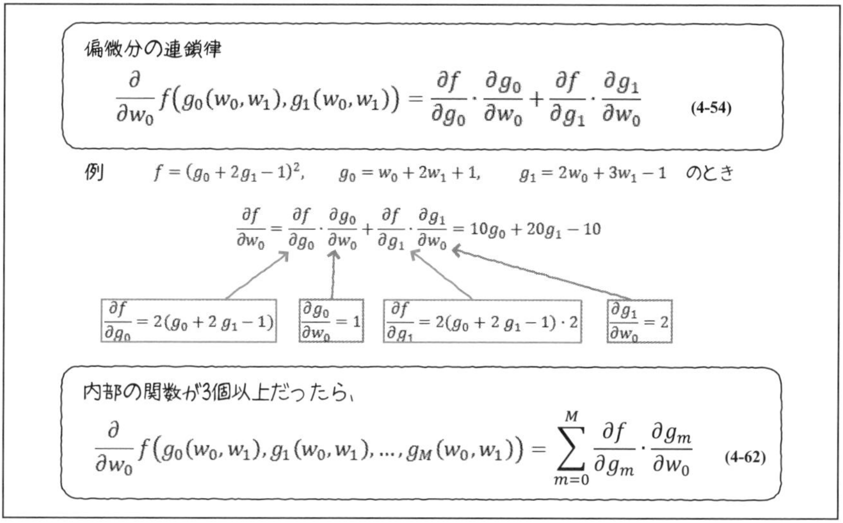

偏微分の連鎖律

$$\frac{\partial}{\partial w_0}f\big(g_0(w_0,w_1),g_1(w_0,w_1)\big)=\frac{\partial f}{\partial g_0}\cdot\frac{\partial g_0}{\partial w_0}+\frac{\partial f}{\partial g_1}\cdot\frac{\partial g_1}{\partial w_0} \tag{4-54}$$

例　$f=(g_0+2g_1-1)^2,\quad g_0=w_0+2w_1+1,\quad g_1=2w_0+3w_1-1$　のとき

$$\frac{\partial f}{\partial w_0}=\frac{\partial f}{\partial g_0}\cdot\frac{\partial g_0}{\partial w_0}+\frac{\partial f}{\partial g_1}\cdot\frac{\partial g_1}{\partial w_0}=10g_0+20g_1-10$$

$\frac{\partial f}{\partial g_0}=2(g_0+2g_1-1)$　$\frac{\partial g_0}{\partial w_0}=1$　$\frac{\partial f}{\partial g_1}=2(g_0+2g_1-1)\cdot 2$　$\frac{\partial g_1}{\partial w_0}=2$

内部の関数が3個以上だったら、

$$\frac{\partial}{\partial w_0}f\big(g_0(w_0,w_1),g_1(w_0,w_1),\dots,g_M(w_0,w_1)\big)=\sum_{m=0}^{M}\frac{\partial f}{\partial g_m}\cdot\frac{\partial g_m}{\partial w_0} \tag{4-62}$$

図4.14：偏微分の連鎖律

結論から述べると、w_0に関する偏微分は、式4-54のようになります。

$$\frac{\partial}{\partial w_0}f(g_0(w_0,w_1),g_1(w_0,w_1))=\frac{\partial f}{\partial g_0}\cdot\frac{\partial g_0}{\partial w_0}+\frac{\partial f}{\partial g_1}\cdot\frac{\partial g_1}{\partial w_0} \tag{4-54}$$

w_1に関する偏微分は、式4-55のようになります。

$$\frac{\partial}{\partial w_1}f(g_0(w_0,w_1),g_1(w_0,w_1))=\frac{\partial f}{\partial g_0}\cdot\frac{\partial g_0}{\partial w_1}+\frac{\partial f}{\partial g_1}\cdot\frac{\partial g_1}{\partial w_1} \tag{4-55}$$

例えば、fが式 4-56 で表されている場合に、$\partial f/\partial w_0$を求めるとしたら、どうでしょうか？

$$f = (g_0 + 2g_1 - 1)^2, \quad g_0 = w_0 + 2w_1 + 1, \quad g_1 = 2w_0 + 3w_1 - 1 \qquad \textbf{(4-56)}$$

上記の場合、式 4-54 の構成要素は、式 4-57、式 4-58、式 4-59、式 4-60 のようになります。

$$\frac{\partial f}{\partial g_0} = 2(g_0 + 2g_1 - 1) \qquad \textbf{(4-57)}$$

$$\frac{\partial f}{\partial g_1} = 2(g_0 + 2g_1 - 1) \cdot 2 \qquad \textbf{(4-58)}$$

$$\frac{\partial g_0}{\partial w_0} = 1 \qquad \textbf{(4-59)}$$

$$\frac{\partial g_1}{\partial w_0} = 2 \qquad \textbf{(4-60)}$$

これらを、式 4-54 に代入すると、式 4-61 のように求まります。式 4-57、式 4-58 でも連鎖律を使っていることに注意してください。

$$\frac{\partial f}{\partial w_0} = 2(g_0 + 2g_1 - 1) \cdot 1 + 2(g_0 + 2g_1 - 1) \cdot 2 \cdot 2 = 10g_0 + 20g_1 - 10 \qquad \textbf{(4-61)}$$

実際にニューラルネットの学習則を導く場合には、$f\big(g_0(w_0, w_1), g_1(w_0, w_1), \dots, g_M(w_0, w_1)\big)$のように、2 つ以上の関数の入れ子となります。この場合の連鎖律は、式 4-62 のようになります。

$$\frac{\partial f}{\partial w_0} = \frac{\partial f}{\partial g_0} \cdot \frac{\partial g_0}{\partial w_0} + \frac{\partial f}{\partial g_1} \cdot \frac{\partial g_1}{\partial w_0} + \cdots + \frac{\partial f}{\partial g_M} \cdot \frac{\partial g_M}{\partial w_0} = \sum_{m=0}^{M} \frac{\partial f}{\partial g_m} \cdot \frac{\partial g_m}{\partial w_0} \qquad \textbf{(4-62)}$$

4.5.5 和と微分の交換

機械学習では、計算の過程で、和の記号で表された関数を微分する機会が多々あります。例えば、式 4-63 のような形です（この項では偏微分も含めて単に微分とします）。

$$\frac{\partial}{\partial w}\sum_{n=1}^{3} nw^2 \tag{4-63}$$

ストレートに考えるなら、和を計算してから微分すればよいはずです。つまり、以下のようになります。

$$\frac{\partial}{\partial w}(w^2 + 2w^2 + 3w^2) = \frac{\partial}{\partial w}6w^2 = 12w$$

しかし、実は、各項の微分を計算してから、最後に和をとっても答えは変わりません。

$$\begin{aligned}\frac{\partial}{\partial w}(w^2 + 2w^2 + 3w^2) &= \frac{\partial}{\partial w}w^2 + \frac{\partial}{\partial w}2w^2 + \frac{\partial}{\partial w}3w^2 \\ &= 2w + 4w + 6w = 12w\end{aligned}$$

上記の計算過程を、和の記号を使って表せば、式 4-64 のようになります。

$$\frac{\partial}{\partial w}w^2 + 2\frac{\partial}{\partial w}w^2 + 3\frac{\partial}{\partial w}w^2 = \sum_{n=1}^{3}\frac{\partial}{\partial w}nw^2 \tag{4-64}$$

ですので、式 4-63 と式 4-64 を合わせて、式 4-65 のようなことが言えます。

$$\frac{\partial}{\partial w}\sum_{n=1}^{3} nw^2 = \sum_{n=1}^{3}\frac{\partial}{\partial w}nw^2 \tag{4-65}$$

もっと一般的に書けば、以下のようになり（図 4.15）、微分の記号は和の記号の内側に入れて、先に微分を計算することができるのです（式 4-66）。

$$\frac{\partial}{\partial w}\sum_{n} f_n(w) = \sum_{n}\frac{\partial}{\partial w}f_n(w) \tag{4-66}$$

微分と和の記号は順番を交換できる

$$\frac{\partial}{\partial w}\sum_n f_n(w) = \sum_n \frac{\partial}{\partial w} f_n(w) \qquad \textbf{(4-66)}$$

例　$J = \frac{1}{N}\sum_{n=0}^{N-1}(w_0 x_n + w_1 - t_n)^2$　のとき

微分の記号を和の記号の内側へ移動できる

$$\frac{\partial J}{\partial w_0} = \frac{\partial}{\partial w_0}\frac{1}{N}\sum_{n=0}^{N-1}(w_0 x_n + w_1 - t_n)^2 = \frac{1}{N}\sum_{n=0}^{N-1}\frac{\partial}{\partial w_0}(w_0 x_n + w_1 - t_n)^2$$

$$= \frac{2}{N}\sum_{n=0}^{N-1}(w_0 x_n + w_1 - t_n)x_n$$

図 4.15：微分と和の記号の交換

微分を先に計算してしまうほうが計算が楽になったり、微分だけしか計算できないことが多々ありますので、機械学習ではこの公式 4-66 が多用されます。

例えば、第 5 章で出てくる式 5-8 を考えましょう（式 4-67)。

$$J = \frac{1}{N}\sum_{n=0}^{N-1}(w_0 x_n + w_1 - t_n)^2 \qquad \textbf{(4-67)}$$

上記をw_0で微分する場合、公式 4-66 を使って微分の記号を和の記号の内側へ移動します（式 4-68)。

$$\begin{aligned}\frac{\partial J}{\partial w_0} &= \frac{\partial}{\partial w_0}\frac{1}{N}\sum_{n=0}^{N-1}(w_0 x_n + w_1 - t_n)^2 \\ &= \frac{1}{N}\sum_{n=0}^{N-1}\frac{\partial}{\partial w_0}(w_0 x_n + w_1 - t_n)^2\end{aligned} \qquad \textbf{(4-68)}$$

そして、微分を計算し、式 4-69 を得ます。

$$= \frac{1}{N}\sum_{n=0}^{N-1} 2(w_0 x_n + w_1 - t_n)x_n$$

$$= \frac{2}{N}\sum_{n=0}^{N-1}(w_0x_n + w_1 - t_n)x_n \tag{4-69}$$

ここで、$\frac{\partial}{\partial w_0}(w_0x_n + w_1 - t_n)^2 = 2(w_0x_n + w_1 - t_n)x_n$ の計算には、$f = g^2$、$g = w_0x_n + w_1 - t_n$とした連鎖律の公式を使いました。

4.6 行列

行列は5.2節から使います。行列を使うと、たくさんの連立方程式を1つの式で表すことができ、とても便利です。また、行列やベクトルで式を表すと、直感的な洞察がしやすくなります。

4.6.1 行列とは

数字を縦か横に並べたものを「ベクトル」と呼びましたが、縦にも横にも表のように並べたものを「行列」と呼びます。例えば、式4-70のようなものを、2 × 3の行列と呼びます（図4.16）。

$$\mathbf{A} = \begin{bmatrix} 1 & 2 & 3 \\ 4 & 5 & 6 \end{bmatrix} \tag{4-70}$$

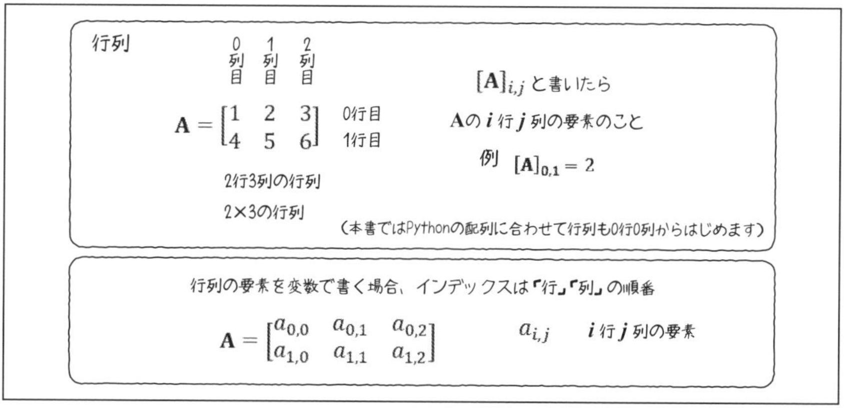

行列

0列目 1列目 2列目

$\mathbf{A} = \begin{bmatrix} 1 & 2 & 3 \\ 4 & 5 & 6 \end{bmatrix}$ 0行目 1行目

2行3列の行列

2×3の行列

$[\mathbf{A}]_{i,j}$ と書いたら

$\mathbf{A}$の i 行 j 列の要素のこと

例 $[\mathbf{A}]_{0,1} = 2$

（本書ではPythonの配列に合わせて行列も0行0列からはじめます）

行列の要素を変数で書く場合、インデックスは「行」「列」の順番

$\mathbf{A} = \begin{bmatrix} a_{0,0} & a_{0,1} & a_{0,2} \\ a_{1,0} & a_{1,1} & a_{1,2} \end{bmatrix}$

$a_{i,j}$ i 行 j 列の要素

図4.16：行列

通常は、行列は横の並びを上から 1 行目、2 行目と数え、縦の列を左から 1 列目、2 列目と数えます。しかし本書では、Python の配列のインデックスが 0 からはじまることに合わせて、**0 行 0 列から数えることにします**。つまり、横の並びを上から 0 行目、1 行目と数え、縦の列を左から 0 列目、1 列目と数えることにします。

式 4-70 の行列のサイズを表すときは、「2 行 3 列の行列」と言います。行列を 1 つの変数で表すとき、本書では、**A** のように太字の大文字を使います。その成分（要素）の値を表すときには、式 4-71 のように書きます。

$$[\mathbf{A}]_{i,j} \tag{4-71}$$

この場合、**A** の i 行目 j 列目の要素を表します。例えば、次のようになります。

$$[\mathbf{A}]_{0,1} = 2,\ \ [\mathbf{A}]_{1,2} = 6 \tag{4-72}$$

要素番号は 0 からはじまっていることに注意してください。

行列の要素を変数で表す場合には、要素はスカラーですから、小文字のイタリック体を使って、式 4-73 のように表します。

$$\mathbf{A} = \begin{bmatrix} a_{0,0} & a_{0,1} & a_{0,2} \\ a_{1,0} & a_{1,1} & a_{1,2} \end{bmatrix} \tag{4-73}$$

$a_{i,j}$のインデックスi,jは、「行」「列」の順番です。a_{01}のようにインデックス間の“,”を省略することもあります。

ベクトルも行列の一種とみなせます。例えば、次の縦ベクトルは、3 行 1 列の行列とみなせます。

$$\begin{bmatrix} 1 \\ 2 \\ 3 \end{bmatrix} \tag{4-74}$$

また、次の横ベクトルは、1 行 2 列の行列とみなすことができます。

$$[4\ 5] \tag{4-75}$$

4.6.2 行列の足し算と引き算

行列と連立方程式の関係を説明する前準備として、いくつか行列のルールを説明します。まず、行列の足し算です。例えば式 4-76 のような 2 × 3 の行列 **A**、**B** を考えてみます。

$$\mathbf{A} = \begin{bmatrix} 1 & 2 & 3 \\ 4 & 5 & 6 \end{bmatrix}, \quad \mathbf{B} = \begin{bmatrix} 7 & 8 & 9 \\ 10 & 11 & 12 \end{bmatrix} \tag{4-76}$$

上記の行列の足し算は、式 4-77 のように対応する要素で演算を行います（図 4.17）。

$$\mathbf{A} + \mathbf{B} = \begin{bmatrix} 1 & 2 & 3 \\ 4 & 5 & 6 \end{bmatrix} + \begin{bmatrix} 7 & 8 & 9 \\ 10 & 11 & 12 \end{bmatrix} = \begin{bmatrix} 1+7 & 2+8 & 3+9 \\ 4+10 & 5+11 & 6+12 \end{bmatrix} = \begin{bmatrix} 8 & 10 & 12 \\ 14 & 16 & 18 \end{bmatrix} \tag{4-77}$$

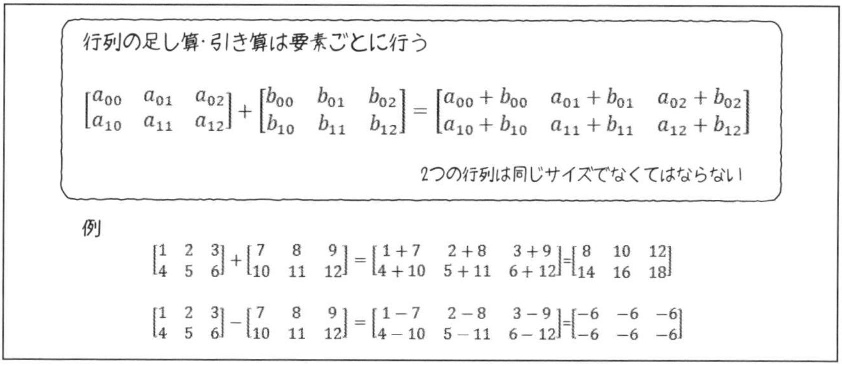

行列の足し算・引き算は要素ごとに行う

$$\begin{bmatrix} a_{00} & a_{01} & a_{02} \\ a_{10} & a_{11} & a_{12} \end{bmatrix} + \begin{bmatrix} b_{00} & b_{01} & b_{02} \\ b_{10} & b_{11} & b_{12} \end{bmatrix} = \begin{bmatrix} a_{00}+b_{00} & a_{01}+b_{01} & a_{02}+b_{02} \\ a_{10}+b_{10} & a_{11}+b_{11} & a_{12}+b_{12} \end{bmatrix}$$

2つの行列は同じサイズでなくてはならない

例

$$\begin{bmatrix} 1 & 2 & 3 \\ 4 & 5 & 6 \end{bmatrix} + \begin{bmatrix} 7 & 8 & 9 \\ 10 & 11 & 12 \end{bmatrix} = \begin{bmatrix} 1+7 & 2+8 & 3+9 \\ 4+10 & 5+11 & 6+12 \end{bmatrix} = \begin{bmatrix} 8 & 10 & 12 \\ 14 & 16 & 18 \end{bmatrix}$$

$$\begin{bmatrix} 1 & 2 & 3 \\ 4 & 5 & 6 \end{bmatrix} - \begin{bmatrix} 7 & 8 & 9 \\ 10 & 11 & 12 \end{bmatrix} = \begin{bmatrix} 1-7 & 2-8 & 3-9 \\ 4-10 & 5-11 & 6-12 \end{bmatrix} = \begin{bmatrix} -6 & -6 & -6 \\ -6 & -6 & -6 \end{bmatrix}$$

図 4.17：行列の足し算・引き算

引き算も同じです。対応する要素で引き算を行います（式 4-78）。

$$\mathbf{A} - \mathbf{B} = \begin{bmatrix} 1 & 2 & 3 \\ 4 & 5 & 6 \end{bmatrix} - \begin{bmatrix} 7 & 8 & 9 \\ 10 & 11 & 12 \end{bmatrix} = \begin{bmatrix} 1-7 & 2-8 & 3-9 \\ 4-10 & 5-11 & 6-12 \end{bmatrix} = \begin{bmatrix} -6 & -6 & -6 \\ -6 & -6 & -6 \end{bmatrix} \tag{4-78}$$

行列の足し算と引き算は、同じ大きさの行列同士でないとできません。第 2 章でも解説したように、Python で行列の計算をするには、ベクトルのときと同様に NumPy ライブラリを **`import`** します（リスト 4-4-(1)）。

In
```
# リスト 4-4-(1)
import numpy as np
```

そして、**np.array** を使ってリスト 4-4-(2) のように行列を定義します。

In
```
# リスト 4-4-(2)
A=np.array([[1, 2, 3], [4, 5, 6]])
print(A)
```

Out
```
[[1 2 3]
 [4 5 6]]
```

ベクトルの定義のときには、単に **np.array([1, 2, 3])** のように、一組の **[]** だけで定義しましたが、行列を定義するときには、まず行ごとに **[]** でくくり、更に全体を **[]** でくくるという2重の構造にします。**B** もリスト 4-4-(3) で定義します。

In
```
# リスト 4-4-(3)
B = np.array([[7, 8, 9], [10, 11, 12]])
print(B)
```

Out
```
[[ 7  8  9]
 [10 11 12]]
```

A + B、**A - B** は、リスト 4-4-(4) のように計算できます。

In
```
# リスト 4-4-(4)
print(A + B)
print(A - B)
```

Out
```
[[ 8 10 12]
 [14 16 18]]
[[-6 -6 -6]
 [-6 -6 -6]]
```

4.6.3 スカラー倍

行列にスカラーの値を掛ける場合は、すべての要素について掛け算を行います（図4.18）。例えば、式4-79のようになります。

$$2\mathbf{A} = 2\times\begin{bmatrix}1 & 2 & 3\\4 & 5 & 6\end{bmatrix} = \begin{bmatrix}2\times1 & 2\times2 & 2\times3\\2\times4 & 2\times5 & 2\times6\end{bmatrix} = \begin{bmatrix}2 & 4 & 6\\8 & 10 & 12\end{bmatrix} \tag{4-79}$$

図4.18：行列のスカラー倍

Pythonでは、リスト4-4-(5)のようになります。

In

```
# リスト 4-4-(5)
A = np.array([[1, 2, 3], [4, 5, 6]])
print(2 * A)
```

Out

```
[[ 2  4  6]
 [ 8 10 12]]
```

4.6.4 行列の積

行列同士の積（行列積）は、足し算や引き算と様相が異なります。ちょっと複雑ですので段階的に説明していきましょう。

まず、式4-80の1 × 3の行列**A**と3 × 1の行列**B**を考えます。これらは、横ベクトルと縦ベクトルとも解釈できますが、あえて行列として考えましょう（図4.19）。

$$\mathbf{A} = \begin{bmatrix} 1 & 2 & 3 \end{bmatrix},\ \mathbf{B} = \begin{bmatrix} 4 \\ 5 \\ 6 \end{bmatrix} \tag{4-80}$$

この 2 つの行列の積は、式 4-81 のように計算できます。

$$\mathbf{AB} = \begin{bmatrix} 1 & 2 & 3 \end{bmatrix} \begin{bmatrix} 4 \\ 5 \\ 6 \end{bmatrix} = 1\times4 + 2\times5 + 3\times6 = 32 \tag{4-81}$$

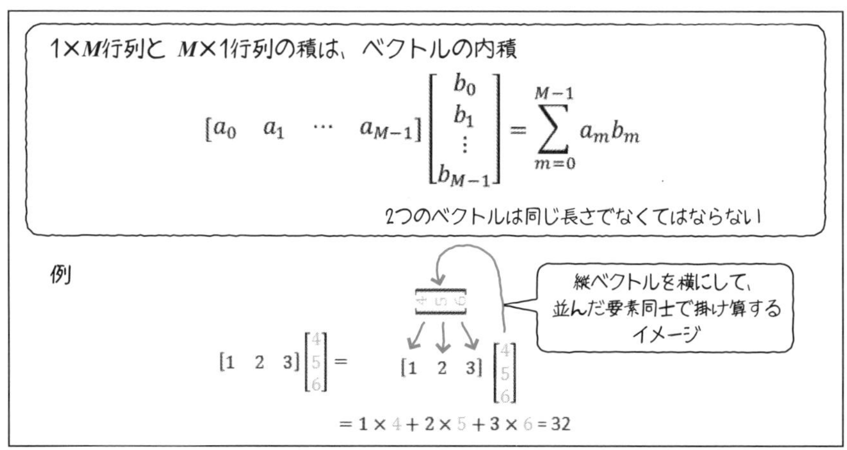

図 4.19：1 × M 行列と M × 1 行列の積

これは、**A** と **B** をベクトルとみなしたときの内積そのものです。Python で **A** と **B** の内積の計算はリスト 4-4-(6) のように行います。

In

```
# リスト 4-4-(6)
A = np.array([1, 2, 3])
B = np.array([4, 5, 6])
print(A @ B)
```

Out

```
32
```

A と **B** の内積を計算するには、`A @ B` とすることを 4.1.7 項で述べましたが、`A @ B` は、内積に限った演算ではなく、行列積を計算する演算なのです。しかし、そうだとすると、**A** と **B** が横ベクトルのままで行列積が計算できてしまっていたのは奇妙な感じがします。

実は、Python の行列積は、計算が可能なように行列の向きを自動的に調整するのです。この場合は、**B** は縦ベクトルとして解釈され、内積が計算されているのです。

ちなみに、通常の掛け算の記号 "*" を使うと、リスト 4-4-(7) のように、対応する要素同士で掛け算が行われます。

In
```
# リスト 4-4-(7)
A = np.array([1, 2, 3])
B = np.array([4, 5, 6])
print(A * B)
```

Out
```
[ 4 10 18]
```

"+" や "-" と同じですね。" / " も同じように、対応する要素同士での割り算が行われます（リスト 4-4-(8)）。

In
```
# リスト 4-4-(8)
A = np.array([1, 2, 3])
B = np.array([4, 5, 6])
print(A / B)
```

Out
```
[ 0.25  0.4   0.5 ]
```

次に、**A** が 2 × 3 の行列で、**B** が 3 × 2 の行列の場合です。

$$\mathbf{A}=\begin{bmatrix}1 & 2 & 3\\ -1 & -2 & -3\end{bmatrix},\ \mathbf{B}=\begin{bmatrix}4 & -4\\ 5 & -5\\ 6 & -6\end{bmatrix}$$

この場合、**A** を 2 行の横ベクトル、**B** を 2 列の縦ベクトルのように考え、それぞれの組み合わせで内積を計算し、対応する場所にその答えを並べます（図 4.20）。

4

機械学習に必要な数学の基本

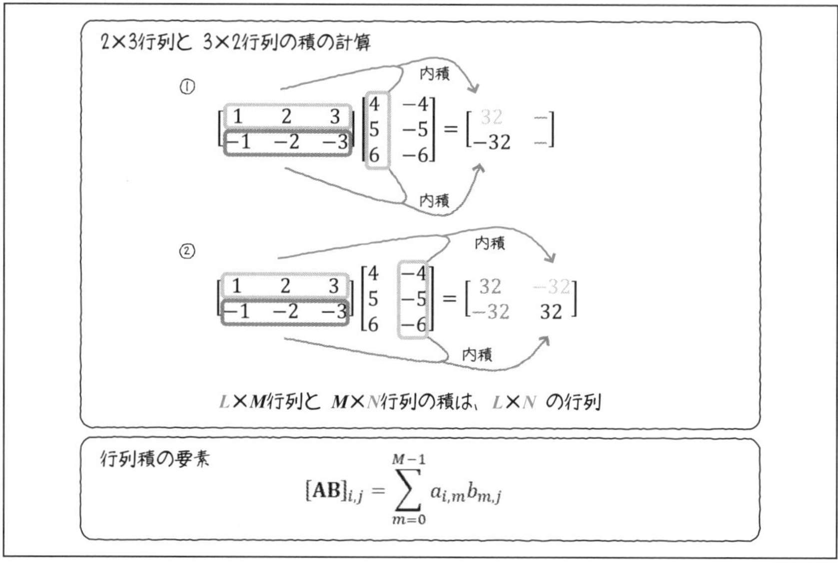

図 4.20：$L \times M$ 行列と $M \times N$ 行列の積

具体的には、式 4-82 のようになります。

$$
\begin{aligned}
\mathbf{AB} &= \begin{bmatrix} 1 & 2 & 3 \\ -1 & -2 & -3 \end{bmatrix} \begin{bmatrix} 4 & -4 \\ 5 & -5 \\ 6 & -6 \end{bmatrix} \\
&= \begin{bmatrix} 1\times4+2\times5+3\times6 & 1\times(-4)+2\times(-5)+3\times(-6) \\ (-1)\times4+(-2)\times5+(-3)\times6 & (-1)\times(-4)+(-2)\times(-5)+(-3)\times(-6) \end{bmatrix} \\
&= \begin{bmatrix} 32 & -32 \\ -32 & 32 \end{bmatrix}
\end{aligned} \tag{4-82}
$$

Python で計算するには、先ほどと同様、**A @ B** です（リスト 4-4-(9)）。

In

```
# リスト 4-4-(9)
A = np.array([[1, 2, 3], [-1, -2, -3]])
B = np.array([[4, -4], [5, -5], [6, -6]])
print(A @ B)
```

Out

```
[[ 32 -32]
 [-32  32]]
```

一般的には、**A** が $L \times M$ の行列で **B** が $M \times N$ の行列のとき、**AB** の大きさは $L \times N$ となります。**A** の列の数と **B** の行の数が等しくないと行列積は計算できません。

行列積の要素 i 、j は、式 4-83 の数式で与えられます（図 4.20 下）。

$$[\mathbf{AB}]_{i,j} = \sum_{m=0}^{M-1} a_{i,m} b_{m,j} \tag{4-83}$$

縦と横のサイズが等しい行列を**正方行列**と呼びます。**A** と **B** が正方行列の場合、**AB** も **BA** も計算できますが、一般に **AB = BA** は成り立ちませんので、行列積の順番は大切です。順番を変えても答えが変わらないスカラー同士の掛け算とは異なります。

4.6.5 単位行列

正方行列の場合、対角成分が 1 でそれ以外が 0 である特別な行列を **I** で表し、**単位行列**と呼びます。3 × 3 の単位行列は、式 4-84 のようになります（図 4.21）。

$$\mathbf{I} = \begin{bmatrix} 1 & 0 & 0 \\ 0 & 1 & 0 \\ 0 & 0 & 1 \end{bmatrix} \tag{4-84}$$

単位行列は、対角成分が1 の行列
他の行列を掛けても変わらない

$$\mathbf{I} = \begin{bmatrix} 1 & 0 & 0 \\ 0 & 1 & 0 \\ 0 & 0 & 1 \end{bmatrix} \qquad \mathbf{I} = \begin{bmatrix} 1 & 0 & 0 & 0 \\ 0 & 1 & 0 & 0 \\ 0 & 0 & 1 & 0 \\ 0 & 0 & 0 & 1 \end{bmatrix}$$

3×3　　　4×4

例

$$\begin{bmatrix} 1 & 2 & 3 \\ 4 & 5 & 6 \\ 7 & 8 & 9 \end{bmatrix}\begin{bmatrix} 1 & 0 & 0 \\ 0 & 1 & 0 \\ 0 & 0 & 1 \end{bmatrix} = \begin{bmatrix} 1+0+0 & 0+2+0 & 0+0+3 \\ 4+0+0 & 0+5+0 & 0+0+6 \\ 7+0+0 & 0+8+0 & 0+0+9 \end{bmatrix} = \begin{bmatrix} 1 & 2 & 3 \\ 4 & 5 & 6 \\ 7 & 8 & 9 \end{bmatrix} \tag{4-85}$$

図 4.21：単位行列

Python では、**np.identity(n)** で $n \times n$ の単位行列が生成されます（リスト 4-4-(10)）。

In
```
# リスト 4-4-(10)
print(np.identity(3))
```

Out
```
[[ 1.  0.  0.]
 [ 0.  1.  0.]
 [ 0.  0.  1.]]
```

各要素に "." が付いていますが、これは要素が小数も表せる float 型であることを意味しています。

単位行列は、スカラーで言うところの "1" に似ています。どんな数字に 1 を掛けても、その数字は変化しません。単位行列も同じように、どのような行列（サイズが同じ正方行列）に単位行列を掛けても行列は変化しません。

例えば 3 × 3 の行列で例を表すと、式 4-85 のようになります。

$$\begin{bmatrix} 1 & 2 & 3 \\ 4 & 5 & 6 \\ 7 & 8 & 9 \end{bmatrix} \begin{bmatrix} 1 & 0 & 0 \\ 0 & 1 & 0 \\ 0 & 0 & 1 \end{bmatrix} = \begin{bmatrix} 1+0+0 & 0+2+0 & 0+0+3 \\ 4+0+0 & 0+5+0 & 0+0+6 \\ 7+0+0 & 0+8+0 & 0+0+9 \end{bmatrix} = \begin{bmatrix} 1 & 2 & 3 \\ 4 & 5 & 6 \\ 7 & 8 & 9 \end{bmatrix} \tag{4-85}$$

Python では、リスト 4-4-(11) のように計算できます。

In
```
# リスト 4-4-(11)
A = np.array([[1, 2, 3], [4, 5, 6], [7, 8, 9]])
I = np.identity(3)
print(A @ I)
```

Out
```
[[ 1.  2.  3.]
 [ 4.  5.  6.]
 [ 7.  8.  9.]]
```

さて、これだけだと、「だから何？」という感じになってしまいますね。単位行列は、次の逆行列を説明するために必要だったのです。

4.6.6 逆行列

行列で割る、ということを考えます。スカラーの場合、3 で割るということは、3 の逆数である 1 / 3 を掛けることと同じことです。逆数とは、掛けると 1 になる数のことでした。aの逆数は 1 / aで、a^{-1}と表すこともできます（式 4-86）。

$$a \times a^{-1} = 1 \tag{4-86}$$

これと似たように、行列の場合でも、**逆行列**というものを考えることができます（図 4.22）。

逆行列は、掛けると単位行列Iになる行列

$$\mathbf{AA}^{-1} = \mathbf{A}^{-1}\mathbf{A} = \mathbf{I}$$

Aの逆行列を $\mathbf{A}^{-1}$と表します

2×2の行列 $\mathbf{A} = \begin{bmatrix} a & b \\ c & d \end{bmatrix}$ の逆行列は、

$$\mathbf{A}^{-1} = \frac{1}{ad - bc}\begin{bmatrix} d & -b \\ -c & a \end{bmatrix}$$

逆行列は正方行列でのみ定義できる

ad - bc = 0 となる2×2の行列は逆行列を持たない

例

$\mathbf{A} = \begin{bmatrix} 1 & 2 \\ 3 & 4 \end{bmatrix}$ の逆行列は、

$$\mathbf{A}^{-1} = \frac{1}{1 \cdot 4 - 2 \cdot 3}\begin{bmatrix} 4 & -2 \\ -3 & 1 \end{bmatrix} = -\frac{1}{2}\begin{bmatrix} 4 & -2 \\ -3 & 1 \end{bmatrix} = \begin{bmatrix} -2 & 1 \\ 1.5 & -0.5 \end{bmatrix} \text{であり、} \tag{4-89}$$

$$\mathbf{AA}^{-1} = \begin{bmatrix} 1 & 2 \\ 3 & 4 \end{bmatrix} \cdot -\frac{1}{2}\begin{bmatrix} 4 & -2 \\ -3 & 1 \end{bmatrix} = -\frac{1}{2}\begin{bmatrix} -2 & 0 \\ 0 & -2 \end{bmatrix} = \begin{bmatrix} 1 & 0 \\ 0 & 1 \end{bmatrix} \text{となる。} \tag{4-90}$$

図 4.22：逆行列

ただし、縦と横のサイズが等しい正方行列の場合に限ります。ある正方行列 $\mathbf{A}$ の逆行列$\mathbf{A}^{-1}$とは、掛けると単位行列 $\mathbf{I}$ になる行列として定義できます（式 4-87）。

$$\mathbf{AA}^{-1} = \mathbf{A}^{-1}\mathbf{A} = \mathbf{I} \tag{4-87}$$

一般的に行列積はその順番によって結果が変わりますが、逆行列の場合は順番は関係なく単位行列になるとします。

例えば、$\mathbf{A}$ が 2 × 2 の正方行列の場合で、$\mathbf{A} = \begin{bmatrix} a & b \\ c & d \end{bmatrix}$とすると、その逆行列は、

式 4-88 の公式で求まります。

$$\mathbf{A}^{-1} = \frac{1}{ad - bc}\begin{bmatrix} d & -b \\ -c & a \end{bmatrix} \tag{4-88}$$

例えば、$\mathbf{A} = \begin{bmatrix} 1 & 2 \\ 3 & 4 \end{bmatrix}$であれば、式 4-89 のようになります。

$$\mathbf{A}^{-1} = \frac{1}{1 \cdot 4 - 2 \cdot 3}\begin{bmatrix} 4 & -2 \\ -3 & 1 \end{bmatrix} = -\frac{1}{2}\begin{bmatrix} 4 & -2 \\ -3 & 1 \end{bmatrix} = \begin{bmatrix} -2 & 1 \\ 1.5 & -0.5 \end{bmatrix} \tag{4-89}$$

試しに、$\mathbf{AA}^{-1}$を計算してみると、式 4-90 のような単位行列になることがわかります。

$$\mathbf{AA}^{-1} = \begin{bmatrix} 1 & 2 \\ 3 & 4 \end{bmatrix} \cdot -\frac{1}{2}\begin{bmatrix} 4 & -2 \\ -3 & 1 \end{bmatrix} = -\frac{1}{2}\begin{bmatrix} -2 & 0 \\ 0 & -2 \end{bmatrix} = \begin{bmatrix} 1 & 0 \\ 0 & 1 \end{bmatrix} \tag{4-90}$$

Python では、**np.linalg.inv(A)** で **A** の逆行列を求めることができます（リスト 4-4-(12)）。

In

```
# リスト 4-4-(12)
A = np.array([[1, 2], [3, 4]])
invA = np.linalg.inv(A)
print(invA)
```

Out

```
[[-2.   1. ]
 [ 1.5 -0.5]]
```

上記のように、式 4-89 と同じ値が得られました。

ここで注意しないといけないことは、逆行列が存在しない行列もあるということです。2 × 2 の正方行列だと、$ad - bc = 0$となるような行列には逆行列が存在しません。式 4-88 の分数の分母が 0 となってしまうからです。

例えば、$\begin{bmatrix} 2 & -2 \\ -1 & 1 \end{bmatrix}$のような行列には、$ad - bc = 2 - 2 = 0$となってしまうので、逆行列は存在しないのです。

逆行列を求める公式は、3 × 3 や 4 × 4 など大きな行列の場合にも存在しますが、手作業で計算するには複雑です。機械学習のプログラム中では、**np.linalg.inv(A)** のようにライブラリの力を借りて求めるのが一般的でしょう。

4.6.7 転置

縦ベクトルを横ベクトルに、横ベクトルを縦ベクトルにする演算、転置 T を 4.1 節ですでに説明していますが、これは行列にも拡張できます。

例えば、式 4-91 のような場合で考えてみましょう。

$$\mathbf{A} = \begin{bmatrix} 1 & 2 & 3 \\ 4 & 5 & 6 \end{bmatrix} \tag{4-91}$$

式 4-91 の場合、**A** の転置$\mathbf{A}^\mathrm{T}$は行と列を入れ替えた、式 4-92 のような結果になります（図 4.23）。

$$\mathbf{A}^\mathrm{T} = \begin{bmatrix} 1 & 4 \\ 2 & 5 \\ 3 & 6 \end{bmatrix} \tag{4-92}$$

$$\mathbf{A} = \begin{bmatrix} 1 & 2 & 3 \\ 4 & 5 & 6 \end{bmatrix} \text{ の転置行列は、 } \mathbf{A}^\mathrm{T} = \begin{bmatrix} 1 & 4 \\ 2 & 5 \\ 3 & 6 \end{bmatrix}$$

転置行列は、行と列を交換した行列で、
例えば、
Aの転置行列を
$\mathbf{A}^\mathrm{T}$と表します

公式

$$(\mathbf{AB})^\mathrm{T} = \mathbf{B}^\mathrm{T}\mathbf{A}^\mathrm{T} \tag{4-94}$$

$$(\mathbf{ABC})^\mathrm{T} = \mathbf{C}^\mathrm{T}(\mathbf{AB})^\mathrm{T} = \mathbf{C}^\mathrm{T}\mathbf{B}^\mathrm{T}\mathbf{A}^\mathrm{T} \tag{4-95}$$

図 4.23：転置

Python で試してみるには、リスト 4-4-(13) のようになります。

In

```
# リスト 4-4-(13)
A = np.array([[1, 2, 3], [4, 5, 6]])
print(A)
print(A.T)
```

Out

```
[[1 2 3]
 [4 5 6]]
```

```
[[1 4]
 [2 5]
 [3 6]]
```

一般的な場合を成分表示で表すと、式 4-93 のように転置によってインデックスの順番が入れ替わります。

$$[\mathbf{A}]_{ij} = [\mathbf{A}^{\mathrm{T}}]_{ji} \tag{4-93}$$

AB をまとめて転置にする場合、式 4-94 の関係式が成り立ちます（図 4.23）。

$$(\mathbf{AB})^{\mathrm{T}} = \mathbf{B}^{\mathrm{T}}\mathbf{A}^{\mathrm{T}} \tag{4-94}$$

転置にすると行列積の順番が逆になるのです。例えば、2 × 2 の行列だとしたら、以下のようにして、式 4-94 が成り立つことを確かめられます。

$$(\mathbf{AB})^{\mathrm{T}} = \left[\begin{bmatrix} a_{11} & a_{12} \\ a_{21} & a_{22} \end{bmatrix}\begin{bmatrix} b_{11} & b_{12} \\ b_{21} & b_{22} \end{bmatrix}\right]^{\mathrm{T}} = \begin{bmatrix} a_{11}b_{11} + a_{12}b_{21} & a_{21}b_{11} + a_{22}b_{21} \\ a_{11}b_{12} + a_{12}b_{22} & a_{21}b_{12} + a_{22}b_{22} \end{bmatrix}$$
$$\mathbf{B}^{\mathrm{T}}\mathbf{A}^{\mathrm{T}} = \begin{bmatrix} b_{11} & b_{21} \\ b_{12} & b_{22} \end{bmatrix}\begin{bmatrix} a_{11} & a_{21} \\ a_{12} & a_{22} \end{bmatrix} = \begin{bmatrix} a_{11}b_{11} + a_{12}b_{21} & a_{21}b_{11} + a_{22}b_{21} \\ a_{11}b_{12} + a_{12}b_{22} & a_{21}b_{12} + a_{22}b_{22} \end{bmatrix}$$

式 4-94 を使うと、式 4-95 のような公式も簡単に導き出せます。

$$(\mathbf{ABC})^{\mathrm{T}} = \mathbf{C}^{\mathrm{T}}(\mathbf{AB})^{\mathrm{T}} = \mathbf{C}^{\mathrm{T}}\mathbf{B}^{\mathrm{T}}\mathbf{A}^{\mathrm{T}} \tag{4-95}$$

AB をひとまとめにして、**AB** と **C** を転置し、最後に **AB** を転置しています。3 つの行列積でも転置によって、順番が逆になるのです。何やらパズルみたいですね。

4.6.8 行列と連立方程式

4.6 節の冒頭で述べたように、行列を使うとたくさんの連立方程式を 1 つの式で表すことができとても便利です。ここまでは、その行列を使う準備をしてきましたが、いよいよその準備が整いました。2 つの連立方程式を 1 つの行列式で表し、更に行列の演算を使って答えを求めてみましょう。具体的には、式 4-96、式 4-97 の連立方程式を考えます（図 4.24）。

$$y = 2x \qquad \text{(4-96)}$$

$$y = -x + 3 \qquad \text{(4-97)}$$

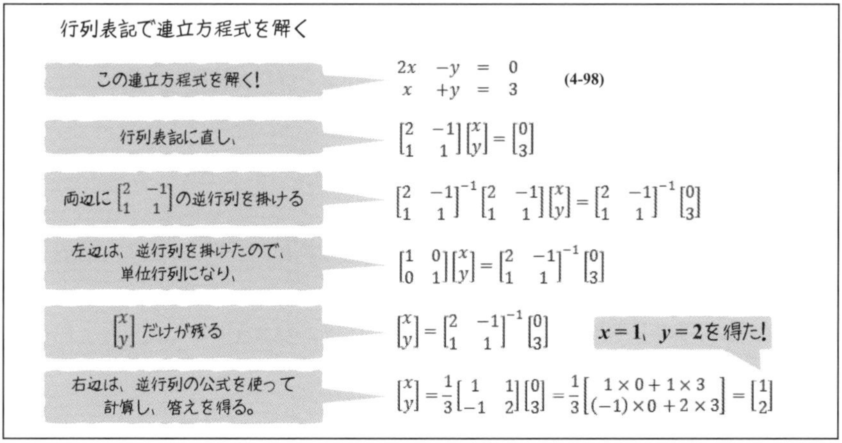

行列表記で連立方程式を解く

この連立方程式を解く！

$$\begin{array}{cccc} 2x & -y & = & 0 \\ x & +y & = & 3 \end{array} \qquad \text{(4-98)}$$

行列表記に直し、

$$\begin{bmatrix} 2 & -1 \\ 1 & 1 \end{bmatrix}\begin{bmatrix} x \\ y \end{bmatrix} = \begin{bmatrix} 0 \\ 3 \end{bmatrix}$$

両辺に $\begin{bmatrix} 2 & -1 \\ 1 & 1 \end{bmatrix}$ の逆行列を掛ける

$$\begin{bmatrix} 2 & -1 \\ 1 & 1 \end{bmatrix}^{-1}\begin{bmatrix} 2 & -1 \\ 1 & 1 \end{bmatrix}\begin{bmatrix} x \\ y \end{bmatrix} = \begin{bmatrix} 2 & -1 \\ 1 & 1 \end{bmatrix}^{-1}\begin{bmatrix} 0 \\ 3 \end{bmatrix}$$

左辺は、逆行列を掛けたので、単位行列になり、

$$\begin{bmatrix} 1 & 0 \\ 0 & 1 \end{bmatrix}\begin{bmatrix} x \\ y \end{bmatrix} = \begin{bmatrix} 2 & -1 \\ 1 & 1 \end{bmatrix}^{-1}\begin{bmatrix} 0 \\ 3 \end{bmatrix}$$

$\begin{bmatrix} x \\ y \end{bmatrix}$ だけが残る

$$\begin{bmatrix} x \\ y \end{bmatrix} = \begin{bmatrix} 2 & -1 \\ 1 & 1 \end{bmatrix}^{-1}\begin{bmatrix} 0 \\ 3 \end{bmatrix}$$

$x = 1$、$y = 2$ を得た！

右辺は、逆行列の公式を使って計算し、答えを得る。

$$\begin{bmatrix} x \\ y \end{bmatrix} = \frac{1}{3}\begin{bmatrix} 1 & 1 \\ -1 & 2 \end{bmatrix}\begin{bmatrix} 0 \\ 3 \end{bmatrix} = \frac{1}{3}\begin{bmatrix} 1 \times 0 + 1 \times 3 \\ (-1) \times 0 + 2 \times 3 \end{bmatrix} = \begin{bmatrix} 1 \\ 2 \end{bmatrix}$$

図 4.24：行列表記で連立方程式を解く

上記の連立方程式であれば、式 4-96 を式 4-97 に代入して簡単に、$x = 1$、$y = 2$ と求めることができますが、あえて行列で求めてみましょう。まず、式 4-96 と式 4-97 を式 4-98 のように変形します。

$$\begin{array}{cccc} 2x & -y & = & 0 \\ x & +y & = & 3 \end{array} \qquad \text{(4-98)}$$

上記は、式 4-99 のように行列で表すことができます。

$$\begin{bmatrix} 2 & -1 \\ 1 & 1 \end{bmatrix}\begin{bmatrix} x \\ y \end{bmatrix} = \begin{bmatrix} 0 \\ 3 \end{bmatrix} \qquad \text{(4-99)}$$

上記のように表せるのは、なぜでしょうか？　式 4-99 の左辺を計算すると、式 4-100 のように「2 つの縦ベクトルが等しい」という式になります。

$$\begin{bmatrix} 2x - y \\ x + y \end{bmatrix} = \begin{bmatrix} 0 \\ 3 \end{bmatrix} \qquad \text{(4-100)}$$

左辺と右辺のベクトルが等しいということは、対応する要素同士が等しいということですから、式 4-100 は式 4-98 と同じ意味になるのです。

さて、x と y の値を求めるには、式 4-99 を変形して、以下のような形にします。

$$\begin{bmatrix} x \\ y \end{bmatrix} = \begin{bmatrix} ? \\ ? \end{bmatrix}$$

そこでまず、式 4-99 の両辺に、$\begin{bmatrix} 2 & -1 \\ 1 & 1 \end{bmatrix}$の逆行列を左から掛けます（式 4-101）。

$$\begin{bmatrix} 2 & -1 \\ 1 & 1 \end{bmatrix}^{-1} \begin{bmatrix} 2 & -1 \\ 1 & 1 \end{bmatrix} \begin{bmatrix} x \\ y \end{bmatrix} = \begin{bmatrix} 2 & -1 \\ 1 & 1 \end{bmatrix}^{-1} \begin{bmatrix} 0 \\ 3 \end{bmatrix} \tag{4-101}$$

左辺の前半は逆行列の性質により単位行列になります（式 4-102）。

$$\begin{bmatrix} 1 & 0 \\ 0 & 1 \end{bmatrix} \begin{bmatrix} x \\ y \end{bmatrix} = \begin{bmatrix} 2 & -1 \\ 1 & 1 \end{bmatrix}^{-1} \begin{bmatrix} 0 \\ 3 \end{bmatrix} \tag{4-102}$$

単位行列に、$[x\ y]^{\mathrm{T}}$を掛けてもそのままなので、以下のようになります。

$$\begin{bmatrix} x \\ y \end{bmatrix} = \begin{bmatrix} 2 & -1 \\ 1 & 1 \end{bmatrix}^{-1} \begin{bmatrix} 0 \\ 3 \end{bmatrix}$$

$\begin{bmatrix} 2 & -1 \\ 1 & 1 \end{bmatrix}^{-1}$は、公式 4-88 を用いて、以下のようになります。

$$\begin{bmatrix} 2 & -1 \\ 1 & 1 \end{bmatrix}^{-1} = \frac{1}{2\times1-(-1)\times1} \begin{bmatrix} 1 & 1 \\ -1 & 2 \end{bmatrix} = \frac{1}{3} \begin{bmatrix} 1 & 1 \\ -1 & 2 \end{bmatrix}$$

よって、式 4-103 を得ます。

$$\begin{bmatrix} x \\ y \end{bmatrix} = \frac{1}{3} \begin{bmatrix} 1 & 1 \\ -1 & 2 \end{bmatrix} \begin{bmatrix} 0 \\ 3 \end{bmatrix} = \frac{1}{3} \begin{bmatrix} 1\times0+1\times3 \\ (-1)\times0+2\times3 \end{bmatrix} = \begin{bmatrix} 1 \\ 2 \end{bmatrix} \tag{4-103}$$

対応する要素を見れば、$x=1$、$y=2$と、正しい値が得られたことがわかります。

流れとしては、$x=?$ の形を目指して変形する方程式と似ています。方程式$ax=b$は、両辺に a の逆数を掛けることで、$x=b/a$の形に変形します。行列表記の場合は、逆行列を両辺に左から掛けることで、$\mathbf{Ax}=\mathbf{B}$の形を$\mathbf{x}=\mathbf{A}^{-1}\mathbf{B}$の形に変形するのです。

2 変数の 2 つの連立方程式の場合、普通の方法で解いてしまってもそれほど手間はかかりませんが、変数の数や式の数が増えたとき、特に式の数自体が D 個などと変数で表されている場合には、この行列表記がとても力を発揮します。

4.6.9 行列と写像

ベクトルの足し算や引き算に図形的な解釈があるように、行列にも図形的な解釈があります。行列は「ベクトルを別なベクトルに変換する規則」ととらえることができます。また、ベクトルという数字の組を“座標”、つまり、“空間内のある点”と解釈すれば､行列は「ある点を別な点に移動させる規則」としてとらえることもできます。

このようにグループ（ベクトルや点）からグループ（ベクトルや点）への対応関係を与える規則を**写像**と言い、行列は**線形写像**というタイプの写像に分類されます。

例えば、前項で考えていた行列の方程式 4-99 の左辺に着目しましょう。

$$\begin{bmatrix} 2 & -1 \\ 1 & 1 \end{bmatrix}\begin{bmatrix} x \\ y \end{bmatrix}$$

上記の式を展開すると、式 4-104 のようになるので、行列 $\begin{bmatrix} 2 & -1 \\ 1 & 1 \end{bmatrix}$ は、点 $\begin{bmatrix} x \\ y \end{bmatrix}$ を点 $\begin{bmatrix} 2x-y \\ x+y \end{bmatrix}$ へ移動させる写像と解釈できます。

$$\begin{bmatrix} 2 & -1 \\ 1 & 1 \end{bmatrix}\begin{bmatrix} x \\ y \end{bmatrix} = \begin{bmatrix} 2x-y \\ x+y \end{bmatrix} \tag{4-104}$$

例えば、ベクトル $[1,0]^{\mathrm{T}}$は、式 4-104 に代入すると、$[2,1]^{\mathrm{T}}$に変換されますので、「点 $[1,0]^{\mathrm{T}}$はこの行列によって $[2,1]^{\mathrm{T}}$に移動する」と言えます。同様に考えて「点 $[0,1]^{\mathrm{T}}$は、$[-1,1]^{\mathrm{T}}$に、$[1,2]^{\mathrm{T}}$は、$[0,3]^{\mathrm{T}}$に移動する」と言えます。このようにして、様々な点からの移動の様子を図示したのが､図 4.25 左です。外へ向かって広がる渦巻のようです。

図 4.25 右は、$\begin{bmatrix} 2 & -1 \\ 1 & 1 \end{bmatrix}$ の逆行列による写像を図示したものです。これは、中心へ向かう渦巻のようですが、もとの行列の写像とちょうど逆向きの移動になっていることがわかります。

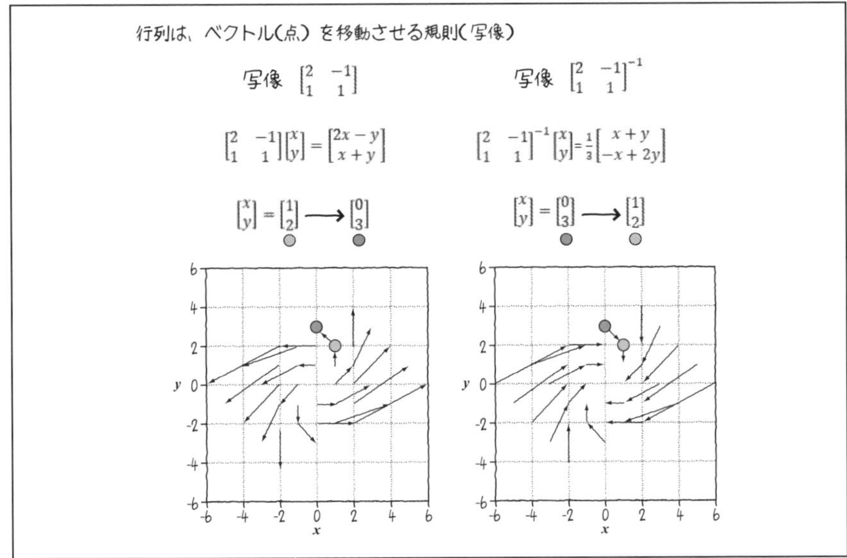

図 4.25：行列によるベクトルの写像

さて、式 4-99 は、「行列 $\begin{bmatrix} 2 & -1 \\ 1 & 1 \end{bmatrix}$ による写像で $\begin{bmatrix} 0 \\ 3 \end{bmatrix}$ に移される点は、どの点でしょう？」という問題として解釈できます。

$$\begin{bmatrix} 2 & -1 \\ 1 & 1 \end{bmatrix}\begin{bmatrix} x \\ y \end{bmatrix} = \begin{bmatrix} 0 \\ 3 \end{bmatrix}$$

そして、その答えは、以下のようになるのでした（式 4-102 と式 4-103）。

$$\begin{bmatrix} x \\ y \end{bmatrix} = \begin{bmatrix} 2 & -1 \\ 1 & 1 \end{bmatrix}^{-1}\begin{bmatrix} 0 \\ 3 \end{bmatrix} = \begin{bmatrix} 1 \\ 2 \end{bmatrix}$$

これは、「移動してきた点 $\begin{bmatrix} 0 \\ 3 \end{bmatrix}$ を、逆行列 $\begin{bmatrix} 2 & -1 \\ 1 & 1 \end{bmatrix}^{-1}$ によって移動前に戻すと、点 $\begin{bmatrix} 1 \\ 2 \end{bmatrix}$ だった」と解釈できます。

4.7 指数関数と対数関数

第 6 章のクラス分類の問題には、シグモイド関数、ソフトマックス関数が欠かせませんが、これらは、exp (x) を含んだ指数関数で作られています。そして、これらの関数を微分することも求められてきます。また、5.4 節の線形基底関数モデルで使うガウス基底関数もexp $(-x^2)$ の形をした指数関数の仲間です。

4.7.1 指数

指数は、「その数を何回掛けるか」という掛け算の回数から出発した概念ですが、自然数だけでなく0でも、負の数でも、実数でも、拡張できるところが面白いところです。指数の定義・公式を図 4.26 にまとめました。

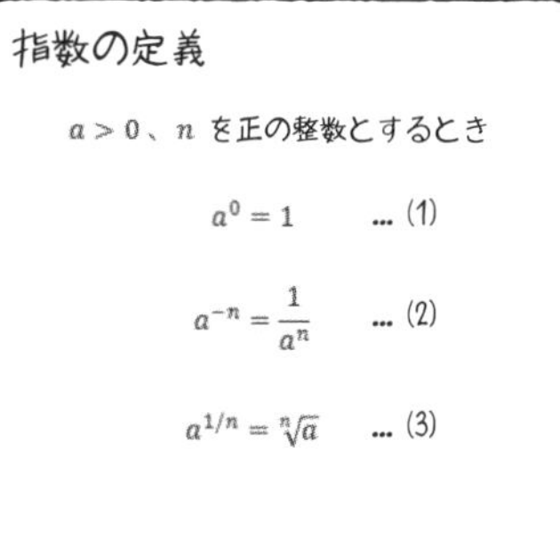

指数の定義
$a>0$、n を正の整数とするとき
$a^0=1$ ... (1)
$a^{-n}=\frac{1}{a^n}$ ... (2)
$a^{1/n}=\sqrt[n]{a}$ ... (3)

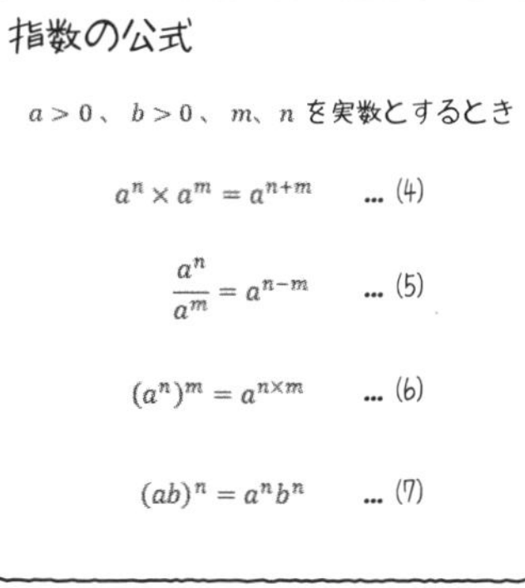

指数の公式
$a>0$、$b>0$、m、n を実数とするとき
$a^n \times a^m = a^{n+m}$ ... (4)
$\frac{a^n}{a^m}=a^{n-m}$ ... (5)
$(a^n)^m=a^{n\times m}$ ... (6)
$(ab)^n=a^n b^n$ ... (7)

図 4.26：指数の定義・公式

指数関数は、式 4-105 で定義される関数です。

$$y=a^x \tag{4-105}$$

aを使っていることを明確にするならば、「aを底とする指数関数」と言います。ここで、底aは、0より大きく1ではない数、とします。

式 4-105 をグラフで描くと$a>1$のときは単調増加のグラフになり、(リスト 4-5-(1)、図 4.27)、$0<a<1$のときは単調減少のグラフになります。関数の出力は、常に正の数となります。

In
```
# リスト 4-5-(1)
%matplotlib inline
import numpy as np
import matplotlib.pyplot as plt
```

```
# 表示データの計算 ----------
x = np.linspace(-4, 4, 100)
y = 2 ** x
y2 = 3 ** x
y3 = 0.5 ** x


# グラフ描画 ----------
plt.figure(figsize=(5, 5))
plt.plot(x, y, "black", linewidth=3, label="$y=2^x$")
plt.plot(x, y2, "cornflowerblue", linewidth=3, label="$y=3^x$")
plt.plot(x, y3, "gray", linewidth=3, label="$y=0.5^x$")
plt.legend(loc="lower right")
plt.xlim(-4, 4)
plt.ylim(-2, 6)
plt.grid()
plt.show()
```

Out

```
# 実行結果は図 4.27 を参照
```

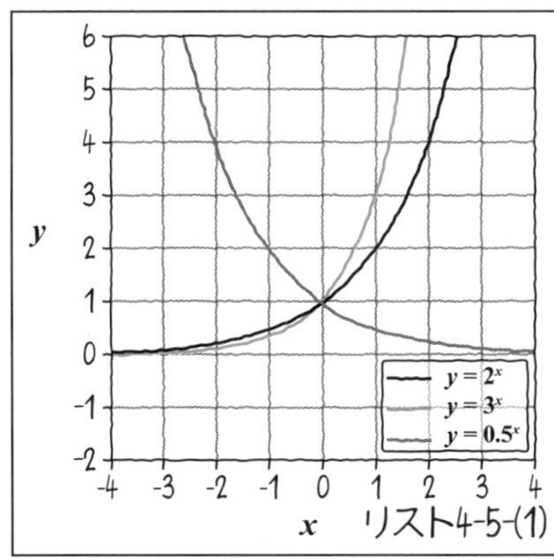

aを底とした指数関数

$$y = a^x$$

$a > 1$のときxが増えると必ずyも増加する単調増加の関数となり、$0 < a < 1$のときは、単調減少の関数となる。

底aが大きくなればなるほど、グラフは急激に増加する。

グラフは常に0よりも上なので、指数関数は、負の数でも正の数でも、すべてを正の数に変換する関数と言える。

図 4.27：指数関数

4.7.2 対数

対数の公式を図 4.28 にまとめました。**対数関数**は、指数関数の入力と出力を逆にしたものです。つまり、指数関数の逆関数です。

対数の定義

aを1ではない正の実数とするとき

$x = a^y$とすると

$$y = \log_a x \quad \cdots (1)$$

特別な場合

$$\log_a a = 1 \quad \cdots (2)$$

$$\log_a 1 = 0 \quad \cdots (3)$$

対数の公式

a、bを1ではない正の実数とするとき

$$\log_a xy = \log_a x + \log_a y \quad \cdots (4)$$

$$\log_a \frac{x}{y} = \log_a x - \log_a y \quad \cdots (5)$$

$$\log_a x^y = y \log_a x \quad \cdots (6)$$

$$\log_a x = \frac{\log_b x}{\log_b a} \quad \cdots (7)$$

図 4.28：対数の定義と公式

以下の数式 4-106 を考えます。

$$x = a^y \tag{4-106}$$

まず、この式を、$y =$の形に変形すると式 4-107 になります。

$$y = \log_a x \tag{4-107}$$

グラフを描くと（リスト 4-5-(2)）、$y = a^x$のグラフと$y = x$の線で対称になっていることがわかります（図 4.29）。

In

```
# リスト 4-5-(2)
# 表示データの計算 ----------
x = np.linspace(-8, 8, 100)
y = 2 ** x
# np.log(0) はエラーになるので 0 は含めない
x2 = np.linspace(0.001, 8, 100)
```

```
# 底を 2 とした log を公式 (7) で計算
y2 = np.log(x2) / np.log(2)


# グラフ描画 ----------
plt.figure(figsize=(5, 5))
plt.plot(x, y, "black", linewidth=3)
plt.plot(x2, y2, "cornflowerblue", linewidth=3)
plt.plot(x, x, "black", linestyle="--", linewidth=1)
plt.xlim(-8, 8)
plt.ylim(-8, 8)
plt.grid()
plt.show()
```

Out

```
# 実行結果は図 4.29 を参照
```

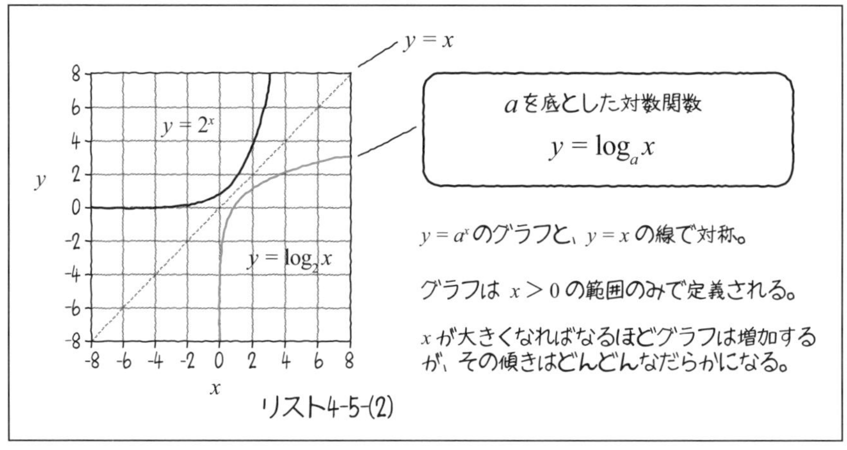

図 4.29：対数関数

対数は、大きすぎる数や小さすぎる数を扱いやすい大きさの数にしてくれる便利な関数です。例えば、$100000000 = 10^8$を $a = 10$ の対数で表せば、$\log_{10} 10^8 = 8$となりますし、$0.00000001 = 10^{-8}$は$\log_{10} 10^{-8} = -8$となります。

底を明記せず$\log x$と書けば、底にe を使ったことになります。e は $e = 2.718 \cdots$ と続く無理数で、**自然対数の底**、または、**ネイピア数**と呼ばれています。なぜ、こんな中途半端な数が特別扱いされているのか、その理由は 4.7.3 項の指数関数の微分のところで説明します。

機械学習では、非常に大きな数や小さな数を扱います。プログラムでこのような数を扱うと、オーバーフロー（桁あふれ）を起こしてしまうときがあります。そのような数は、対数をとって扱うことで、オーバーフローを防ぐことができます。

また、対数は、掛け算を足し算に変換します。図 4.28(4) を発展させた公式が式 4-108 です。

$$\log \prod_{n=1}^{N} f(n) = \sum_{n=1}^{N} \log f(n) \tag{4-108}$$

この変換で計算が楽になることがあります。そのような理由から、第 6 章で出てくる尤度（ゆうど）という掛け算で表された確率は、対数をとった「対数尤度」で考えるのが常套手段になっています。

ある関数$f(x)$ があって、$f(x)$を最小にするx^*を求めたい場合がよくあります。このとき、対数をとった$\log f(x)$も、$x = x^*$のときに最小になります。対数は単調増加関数であるので、最小値は変わっても、最小値をとる値は変わらないのです（リスト 4-5-(3)、図 4.30）。このことは、最大値を探す場合でも成り立ちます。$f(x)$の最大値をとる値は、$f(x)$の対数をとっても変わりません。

In

```
# リスト 4-5-(3)
# 表示データの計算 ----------
x = np.linspace(-4, 4, 100)
y = (x - 1) ** 2 + 2
logy = np.log(y)

# グラフ描画 ----------
plt.figure(figsize=(4, 4))
plt.plot(x, y, "black", linewidth=3)
plt.plot(x, logy, "cornflowerblue", linewidth=3)
plt.xticks(range(-4, 5, 1))
plt.yticks(range(-4, 9, 1))
plt.xlim(-4, 4)
plt.ylim(-4, 8)
plt.grid()
```

```
plt.show()
```

Out

```
# 実行結果は図 4.30 を参照
```

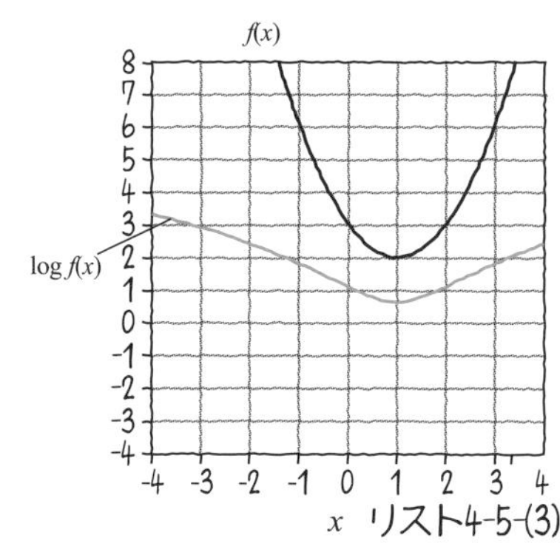

図 4.30：対数をとっても最小値の位置は変わらない

この性質により、$f(x)$を最小にするx^*を求めたいときに、$\log f(x)$を最小にするようなx^*を求めるというテクニックがよく使われます。本書では 第 6 章で使います。特に、式 4-108 のように、$f(x)$が積の形で表されているときには、log をとって和の形にすることで、ずっと微分しやすい形になるので便利なのです。

4.7.3 指数関数の微分

指数関数 $y = a^x$のxに関する微分は、式 4-109 のようになります（リスト 4-5-(4)、図 4.31 左）。

$$y' = (a^x)' = a^x \log a \tag{4-109}$$

ここでは簡易的にdy/dxをy' と表しました。関数$y = a^x$は微分をすると、もとの式に $\log a$ が掛け算された形になります。

$a = 2$とすると、$\log 2$ は約 0.69 なので、$y = a^x$のグラフが若干下に縮みます。

In

```
# リスト 4-5-(4)
# 表示データの計算 ----------
x = np.linspace(-4, 4, 100)
a = 2
y = a ** x
dy = np.log(a) * y

# グラフ描画 ----------
plt.figure(figsize=(4, 4))
plt.plot(x, y, "gray", linestyle="--", linewidth=3)
plt.plot(x, dy, "black", linewidth=3)
plt.xlim(-4, 4)
plt.ylim(-1, 8)
plt.grid()
plt.show()
```

Out

```
# 実行結果は図 4.31 を参照
```

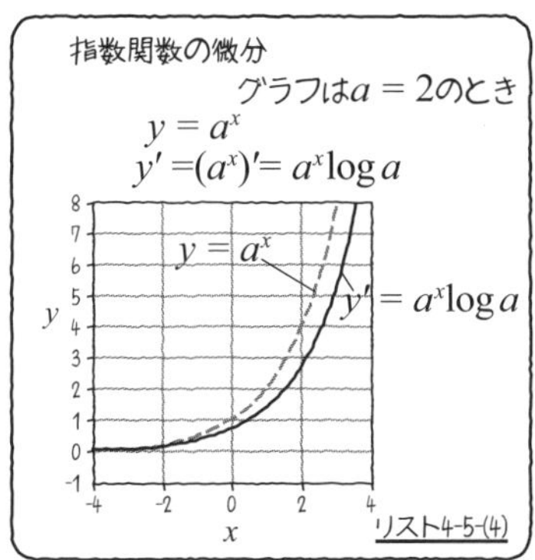

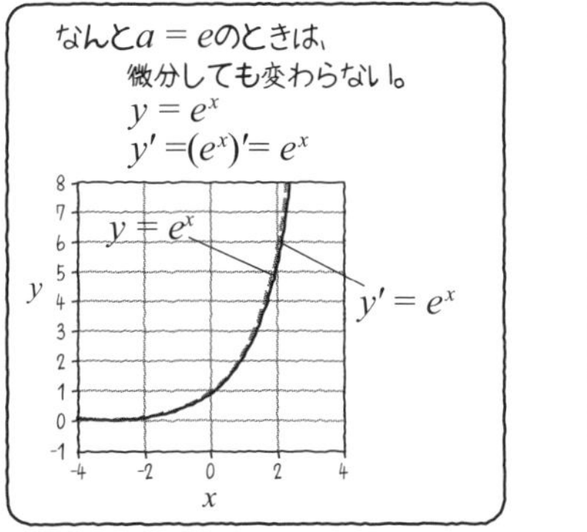

図 4.31：指数関数の微分

特別なのは、$a = e$ のときです。$\log e = 1$となるので、式 4-110 のようになります。

$$y' = (e^x)' = e^x \tag{4-110}$$

つまり、$a = e$ のときは、微分しても関数の形が変わらないのです（図 4.31 右）。この性質は微分の計算をするときにとても便利です。

そのような理由で e を底とした指数関数がいろいろな場面で使われているのでしょう。4.7.5 項から述べるシグモイド関数やソフトマックス関数、ガウス関数でも一般的に e が使われています。

4.7.4 対数関数の微分

対数関数の微分は、反比例の式 4-111 になります（リスト 4-5-(5)、図 4.32）。

$$y' = (\log x)' = \frac{1}{x} \tag{4-111}$$

In

```
# リスト 4-5-(5)
# 表示データの計算 ----------
x = np.linspace(0.0001, 4, 100)  # 0 以下では定義できない
y = np.log(x)
dy = 1 / x

# グラフ描画 ----------
plt.figure(figsize=(4, 4))
plt.plot(x, y, "gray", linestyle="--", linewidth=3)
plt.plot(x, dy, "black", linewidth=3)
plt.xlim(-1, 4)
plt.ylim(-8, 8)
plt.grid()
plt.show()
```

Out

```
# 実行結果は図 4.32 を参照
```

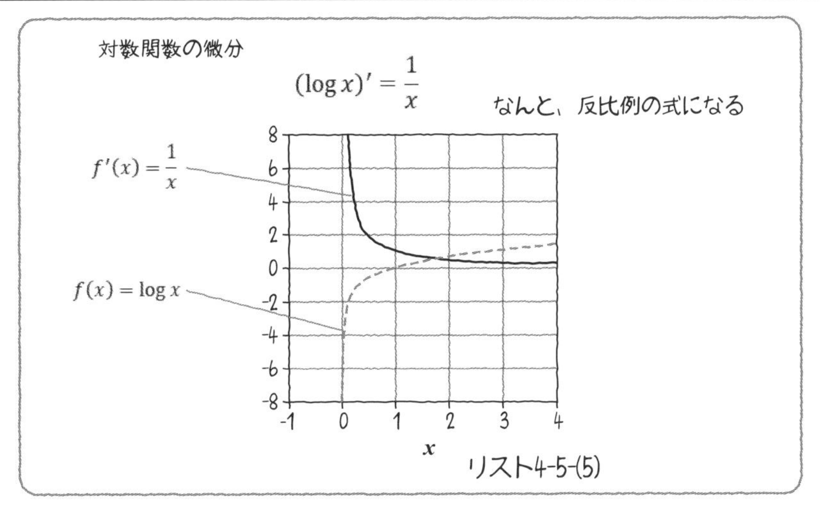

図 4.32：対数関数の微分

6.1 節では、$\{\log(1-x)\}'$ という形の微分も出てきますが、$z=1-x$とおいて、

$$y = \log z, \qquad z = 1 - x$$

としておけば、連鎖律を使って、式 4-112 のように導き出せます。

$$\frac{dy}{dx} = \frac{dy}{dz} \cdot \frac{dz}{dx} = \frac{1}{z} \cdot (-1) = -\frac{1}{1-x} \tag{4-112}$$

4.7.5 シグモイド関数

シグモイド関数は、式 4-113 のように定義される滑らかな階段のような関数です。

$$y = \frac{1}{1+e^{-x}} \tag{4-113}$$

e^{-x}は$\exp(-x)$とも書けるので、式 4-114 のように表される場合もあります。

$$y = \frac{1}{1+\exp(-x)} \tag{4-114}$$

グラフに描くと（リスト 4-5-(6)）、図 4.33 のようになります。

In

```
# リスト 4-5-(6)
# 表示データの計算 ----------
x = np.linspace(-10, 10, 100)
y = 1 / (1 + np.exp(-x))  # 式4-114

# グラフ描画 ----------
plt.figure(figsize=(4, 4))
plt.plot(x, y, "black", linewidth=3)
plt.xlim(-10, 10)
plt.ylim(-1, 2)
plt.grid()
plt.show()
```

Out

```
# 実行結果は図 4.33 を参照
```

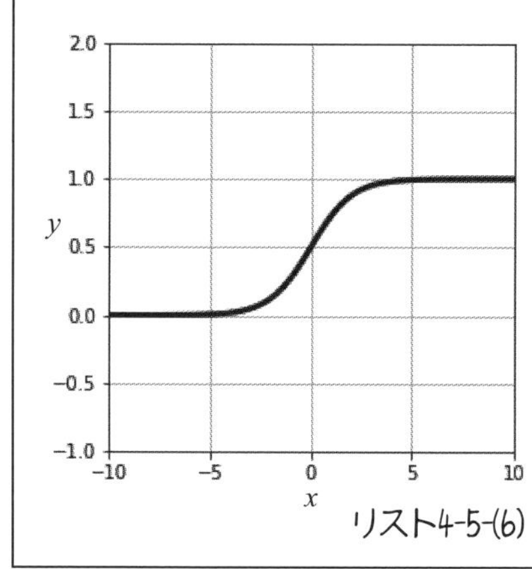

シグモイド関数

$$y = \frac{1}{1 + \exp(-x)}$$

x で微分すると

$$y' = y(1 - y)$$

x の負の無限から正の無限までの数を、0から1の間に変換する単調増加の関数。実数を確率に変換するときなどで使われる。

図 4.33：シグモイド関数

シグモイド関数は、負から正の実数を 0 から 1 までの間に変換しますので確率を表すときによく使われます（この関数は、出力の範囲が 0 から 1 になるように無理やり作ったものではなく、ある条件のもとで自然に導出されます）。

シグモイド関数は、第 6 章の分類問題で登場します。また、第 7 章のニューラルネットワークでも、ニューロンの特性を表す重要な関数として登場します。第6章や第7章でシグモイド関数の微分を使う場面がありますので、ここで導き出しましょう。

微分の公式4-115を考えます。これが、式4-113に当てはまるように、$f(x) = 1 + \exp(-x)$と考えます。

$$\left(\frac{1}{f(x)}\right)' = -\frac{f'(x)}{f(x)^2} \quad \textbf{(4-115)}$$

この$f(x)$の微分は$f'(x) = -\exp(-x)$です。よって、式4-116を得ます。

$$y' = \left(\frac{1}{1+\exp(-x)}\right)' = -\frac{-\exp(-x)}{(1+\exp(-x))^2} = \frac{\exp(-x)}{(1+\exp(-x))^2} \quad \textbf{(4-116)}$$

式4-116を、少し変形します（式4-117）。

$$\begin{aligned} y' &= \frac{1}{1+\exp(-x)} \cdot \frac{1+\exp(-x)-1}{1+\exp(-x)} \\ &= \frac{1}{1+\exp(-x)} \cdot \left\{1 - \frac{1}{1+\exp(-x)}\right\} \end{aligned} \quad \textbf{(4-117)}$$

ここで、$1/(1+\exp(-x))$は、yそのものであったので、yで書き換えると、式4-118のようにすっきりした形になります。

$$y' = y(1-y) \quad \textbf{(4-118)}$$

4.7.6 ソフトマックス関数

例えば、3つの数、$x_0 = 2$、$x_1 = 1$、$x_2 = -1$があって、これらの数の大小関係を保ったまま、それぞれを確率を表すy_0、y_1、y_2に変換したいとします。確率ですので、0から1までの数値でなくてはいけません。また、すべてを足したら1となっている必要があります。

このようなときに使われるのがソフトマックス関数です。まず、各x_iのexpの和uを求めておきます（式4-119）。

$$u = \exp(x_0) + \exp(x_1) + \exp(x_2) \quad \textbf{(4-119)}$$

変換式は、式 4-119 を使って式 4-120 のようになります。

$$y_0 = \frac{\exp(x_0)}{u},\ y_1 = \frac{\exp(x_1)}{u},\ y_2 = \frac{\exp(x_2)}{u} \quad \textbf{(4-120)}$$

実際にプログラムでソフトマックス関数を作り、テストしてみましょう（リスト 4-5-(7)）。

In

```
# リスト 4-5-(7)
# ソフトマックス関数 ----------
def softmax(x0, x1, x2):
    u = np.exp(x0) + np.exp(x1) + np.exp(x2)  # 式 4-119
    y0 = np.exp(x0) / u                        # 式 4-120
    y1 = np.exp(x1) / u
    y2 = np.exp(x2) / u
    return y0, y1, y2


# テスト ----------
y = softmax(2, 1, -1)
print(np.round(y, 4))  # 小数点以下 4 桁の概数を表示
print(np.sum(y))       # 和を表示
```

Out

```
[0.7054 0.2595 0.0351]
1.0
```

先ほどの例の$x_0 = 2$、$x_1 = 1$、$x_2 = -1$ が、$y_0 = 0.7054$、$y_1 = 0.2595$、$y_2 = 0.0351$ に変換されました。確かに、順番を保ったまま 0 から 1 の数値が割り当てられています。すべてを足すと 1 になることも確かめられました。

ソフトマックス関数を図示するとどのようになるでしょうか？　入力と出力が 3 次元ですので、そのまま図示するというわけにはいきません。そこで、x_2だけ$x_2 = 1$と固定して、いろいろなx_0とx_1を入力したときのy_0とy_1をプロットしてみましょう（リスト 4-5-(8)、図 4.34）。

In

```
# リスト 4-5-(8)
# 表示データの計算 ----------
x0_n, x1_n = 20, 20            # サーフェス表示の解像度
x0 = np.linspace(-4, 4, x0_n)
x1 = np.linspace(-4, 4, x1_n)
xx0, xx1 = np.meshgrid(x0, x1)  # グリッド座標の作成
y = softmax(xx0, xx1, 1)        # ソフトマックス関数の値を計算


# グラフ描画 ----------
plt.figure(figsize=(8, 3))
for i in range(2):
    ax = plt.subplot(1, 2, i + 1, projection="3d")
    ax.plot_surface(
        xx0, xx1, y[i],
        rstride=1, cstride=1, alpha=0.3,
        color="blue", edgecolor="black",
    )
    ax.set_xlabel("$x_0$", fontsize=14)
    ax.set_ylabel("$x_1$", fontsize=14)
    ax.view_init(40, -125)


plt.show()
```

Out

```
# 実行結果は図 4.34 を参照
```

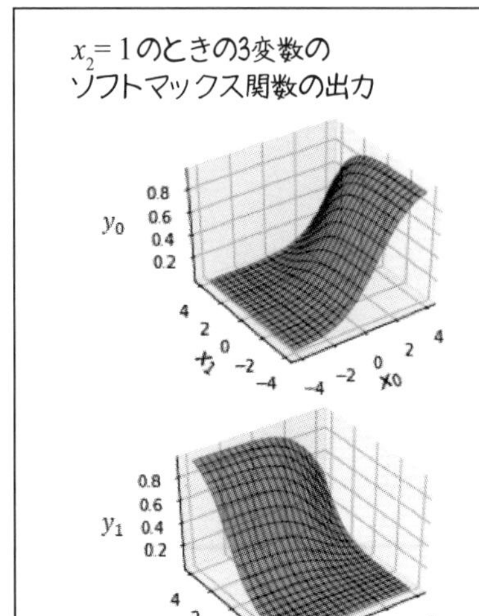

$x_2 = 1$のときの3変数の
ソフトマックス関数の出力
y_0
y_1
x0
K変数のソフトマックス関数
$y_i = \frac{\exp(x_i)}{\sum_{j=0}^{K-1} \exp(x_j)}$
x_iで偏微分すると
$\frac{\partial y_j}{\partial x_i} = y_j(I_{ij} - y_i)$
I_{ij}は、$i=j$のときに 1、$i \neq j$のときに 0
複数の入力の値 x_i の大小関係を保ちながら、
確率としての値 y_i（各値は0から1で、和が1）
に変換する関数。
リスト4-5-(7, 8)

図 4.34：ソフトマックス関数

x_2を 1 に固定して、x_0 とx_1を動かすと、y_0、y_1 は 0 と 1 の間の値で変化します（図 4.34 左)。x_0が大きくなれば、y_0は 1 に近づき、x_1が大きくなればy_1 が 1 に近づきます。y_2は図示していませんが、y_2は、1 からy_0とy_1を引いた残りですので、何とか想像できるでしょう。

ソフトマックス関数は、3 つの変数だけでなくそれ以上の変数にも使えます。変数の数を K としたら、式 4-121 のように表すことができます。

$$y_i = \frac{\exp(x_i)}{\sum_{j=0}^{K-1} \exp\,(x_j)} \tag{4-121}$$

ソフトマックス関数の偏微分は、第 7 章で出てきますので、ここで求めておきます。まず、y_0をx_0で偏微分してみましょう（式 4-122)。

$$\frac{\partial y_0}{\partial x_0} = \frac{\partial}{\partial x_0}\frac{\exp(x_0)}{u} \tag{4-122}$$

ここで注意しなくてはならないのは、uもx_0の関数だということです。ですので、式 4-123 の微分の公式を使って、$f(x) = u = \exp(x_0) + \exp(x_1) + \exp(x_2)$、$g(x) = \exp(x_0)$とします。

$$\left(\frac{g(x)}{f(x)}\right)' = \frac{g'(x)f(x) - g(x)f'(x)}{f(x)^2} \tag{4-123}$$

ここで式 4-124 のように、$f'(x) = \partial f/\partial x_0$、$g'(x) = \partial g/\partial x_0$と考えます。

$$\begin{aligned} f'(x) &= \frac{\partial}{\partial x_0} f(x) = \exp(x_0) \\ g'(x) &= \frac{\partial}{\partial x_0} g(x) = \exp(x_0) \end{aligned} \tag{4-124}$$

よって、式 4-123 は、式 4-125 のようになります。

$$\begin{aligned} \frac{\partial y_0}{\partial x_0} = \left(\frac{g(x)}{f(x)}\right)' &= \frac{\exp(x_0)\,u - \exp(x_0)\exp(x_0)}{u^2} \\ &= \frac{\exp(x_0)}{u}\left(\frac{u - \exp(x_0)}{u}\right) \\ &= \frac{\exp(x_0)}{u}\left(\frac{u}{u} - \frac{\exp(x_0)}{u}\right) \end{aligned} \tag{4-125}$$

ここで、$y_0 = \exp(x_0)/u$であったことを使って、式 4-126 のように表します。

$$\frac{\partial y_0}{\partial x_0} = y_0(1 - y_0) \tag{4-126}$$

驚いたことに、シグモイド関数の微分（式 4-118）と同じ形になりました。

それでは、次に、y_0をx_1で偏微分してみましょう（式 4-127）。

$$\frac{\partial y_0}{\partial x_1} = \frac{\partial}{\partial x_1}\frac{\exp(x_0)}{u} \tag{4-127}$$

ここでも、$f(x) = u = \exp(x_0) + \exp(x_1) + \exp(x_2)$、$g(x) = \exp(x_0)$として、公式 4-123 を使います。

$$\left(\frac{g(x)}{f(x)}\right)' = \frac{g'(x)f(x) - g(x)f'(x)}{f(x)^2} \tag{4-123}$$

ここで、$f'(x) = \partial f/\partial x_1$、$g'(x) = \partial g/\partial x_1$と、$x_1$による偏微分を考えます。

$$f'(x) = \frac{\partial}{\partial x_1} f(x) = \exp\,(x_1)$$
$$g'(x) = \frac{\partial}{\partial x_1} \exp\,(x_0) = 0$$

よって式 4-128 のようになります。

$$\begin{aligned} \frac{\partial y_0}{\partial x_1} &= \frac{g'(x)f(x) - g(x)f'(x)}{f(x)^2} = \frac{-\exp(x_0)\exp\,(x_1)}{u^2} \\ &= -\frac{\exp(x_0)}{u} \cdot \frac{\exp(x_1)}{u} \end{aligned} \tag{4-128}$$

ここで、$y_0 = \exp(x_0)\,/u$、$y_1 = \exp(x_1)\,/u$であったことを使うと、式 4-129 が得られます。

$$\frac{\partial y_0}{\partial x_1} = -y_0 y_1 \tag{4-129}$$

式 4-126 と式 4-129 をまとめて、式 4-130 のように表すこともできます。

$$\frac{\partial y_j}{\partial x_i} = y_j\left(I_{ij} - y_i\right) \tag{4-130}$$

ここで、I_{ij}は、$i = j$のときに 1、$i \neq j$のときに 0 となる関数です。I_{ij}は、δ_{ij}とも表され、クロネッカーのデルタと呼ばれています。

4.7.7 ソフトマックス関数とシグモイド関数

それにしても、ソフトマックス関数とシグモイド関数は似ています。これは、どういう関係なのでしょうか？　ここで、その関係を考えてみましょう。2 変数の場合のソフトマックス関数は、式 4-131 のようになります。

$$y = \frac{e^{x_0}}{e^{x_0} + e^{x_1}} \quad \textbf{(4-131)}$$

分母分子にe^{-x_0}を掛けて整理すると、$e^a e^{-b} = e^{a-b}$という公式を使って、式 4-132 を得ることができます。

$$y = \frac{e^{x_0} e^{-x_0}}{e^{x_0} e^{-x_0} + e^{x_1} e^{-x_0}} = \frac{e^{x_0 - x_0}}{e^{x_0 - x_0} + e^{x_1 - x_0}} = \frac{1}{1 + e^{-(x_0 - x_1)}} \quad \textbf{(4-132)}$$

ここで、$x = x_0 - x_1$とおけば、式 4-133 のようにシグモイド関数になりました。

$$y = \frac{1}{1 + e^{-x}} \quad \textbf{(4-133)}$$

つまり、2 変数のソフトマックス関数の入力x_0、x_1を、その差$x = x_0 - x_1$で表したものがシグモイド関数なのです。シグモイド関数を多変数に拡張したものがソフトマックス関数だとも言えます。

4.7.8 ガウス関数

ガウス関数は、式 4-134 のような関数です。

$$y = \exp(-x^2) \quad \textbf{(4-134)}$$

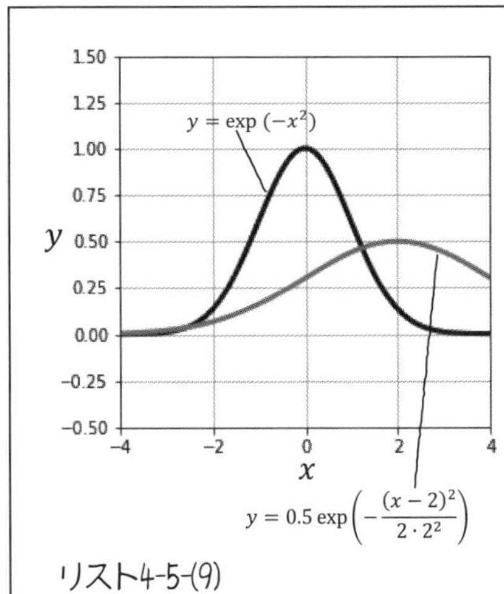

ガウス関数

$$y = a \exp\left(-\frac{(x-\mu)^2}{2\sigma^2}\right)$$

μ：中心(平均)
σ：広がり(標準偏差)
a：高さ

xで積分して1にするには、

$$a = \frac{1}{(2\pi\sigma^2)^{1/2}}$$ とする。

ガウス分布を表す関数だが、それ以外にも、基底関数としてよく使われる。

図 4.35：ガウス関数

図 4.35 左黒線のようにガウス関数は、$x = 0$を中心とした、釣鐘のような形をしています。ガウス関数は曲線を近似する基底関数として第 5 章で登場します。

この関数の中心（平均）をμで表し、広がりの大きさ（標準偏差）をσ、高さをaで調節できる形にすると、式 4-135 のようになります（図 4.35 左灰色線）。

$$y = a \exp\left(-\frac{(x-\mu)^2}{2\sigma^2}\right) \quad \textbf{(4-135)}$$

早速、グラフで描いてみましょう（リスト 4-5-(9)、図 4.35 左）。

In

```
# リスト 4-5-(9)
# ガウス関数 ----------
def gauss(mu, sigma, a):
    # 式 4-135
    y = a * np.exp(-((x - mu) ** 2) / (2 * sigma ** 2))
    return y


# グラフ描画 ----------
x = np.linspace(-4, 4, 100)
```

```
plt.figure(figsize=(4, 4))
plt.plot(x, gauss(0, 1, 1), "black", linewidth=3)
plt.plot(x, gauss(2, 2, 0.5), "gray", linewidth=3)
plt.xlim(-4, 4)
plt.ylim(-0.5, 1.5)
plt.grid()
plt.show()
```

Out

```
# 実行結果は図 4.35 を参照
```

ガウス関数で確率分布を表すことがありますが、その場合には、x に関した積分が1になるように、式 4-135 の a を、式 4-136 のようにします。

$$a = \frac{1}{(2\pi\sigma^2)^{1/2}} \tag{4-136}$$

4.7.9 2次元のガウス関数

ガウス関数を2次元に拡張することができます。2次元のガウス関数は、第9章の混合ガウスモデルで出てきます。

入力を2次元ベクトル $\mathbf{x} = [\mathrm{x}_0, x_1]^\mathrm{T}$としたとき、ガウス関数の基本形は、式 4-137 のようになります。

$$y = \exp\left\{-(x_0^2 + x_1^2)\right\} \tag{4-137}$$

グラフで表すと図 4.36 のように、原点を中心とした同心円状の釣鐘のような形になります。

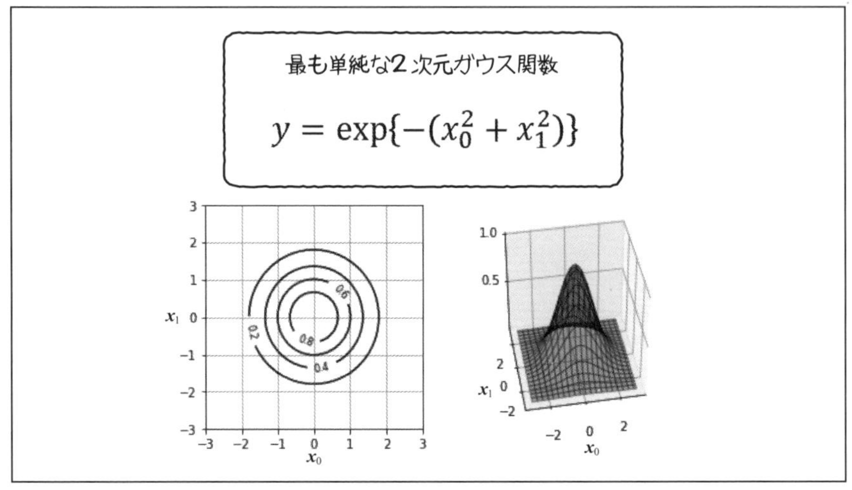

図 4.36：単純な 2 次元ガウス関数

これを基本形として、中心を移動させたり、長細くしたりするために、いくつかのパラメータを加えた形が、式 4-138 です。

$$y = a \cdot \exp\left\{-\frac{1}{2}(\mathbf{x}-\boldsymbol{\mu})^{\mathrm{T}}\boldsymbol{\Sigma}^{-1}(\mathbf{x}-\boldsymbol{\mu})\right\} \tag{4-138}$$

こうなると、exp の中にベクトルや行列が入っていたりするので、少し面食らうかもしれませんが、大丈夫です。1 つ 1 つ解説していきます。

まず、関数の形を表すパラメータは$\boldsymbol{\mu}$と$\boldsymbol{\Sigma}$です。$\boldsymbol{\mu}$は、平均ベクトル（中心ベクトル）と呼ばれるパラメータで、関数の広がりの中心を表します（式 4-139)。

$$\boldsymbol{\mu} = [\mu_0\ \mu_1]^{\mathrm{T}} \tag{4-139}$$

$\boldsymbol{\Sigma}$は、共分散行列と呼ばれるもので、以下のように表される 2 × 2 の行列です。

$$\boldsymbol{\Sigma} = \begin{bmatrix} \sigma_0^2 & \sigma_{01} \\ \sigma_{01} & \sigma_1^2 \end{bmatrix} \tag{4-140}$$

その行列要素の σ_0^2 と σ_1^2 には、正の数値を割り当てることができ、それぞれ $\boldsymbol{x_0}$ 方向と $\boldsymbol{x_1}$ 方向の関数の広がりの大きさを調節します。$\boldsymbol{\sigma_{01}}$ には正から負の実数を割り当て、関数の広がり方向の傾きを調節します。正の数だと右上がりに傾いた楕円状に、負の数だと左上がりに傾いた楕円状に広がった形になります（x_0を横軸、x_1を縦軸とした場合）。

式 4-138 のexpの中身には、ベクトルや行列が入っていますが、整理するとスカラー量になります。例えば、単純になるように$\boldsymbol{\mu} = [\mu_0\ \mu_1]^{\mathrm{T}} = [0\ 0]^{\mathrm{T}}$ だとして、$(\mathbf{x} - \boldsymbol{\mu})^{\mathrm{T}}\boldsymbol{\Sigma}^{-1}(\mathbf{x} - \boldsymbol{\mu})$を計算してみると、式 4-141 のようになり、expの中身の実体は、x_0とx_1でできた 2 次式（2 次形式）であることがわかります。

$$
\begin{aligned}
&(\mathbf{x} - \boldsymbol{\mu})^{\mathrm{T}}\boldsymbol{\Sigma}^{-1}(\mathbf{x} - \boldsymbol{\mu}) = \mathbf{x}^{\mathrm{T}}\boldsymbol{\Sigma}^{-1}\mathbf{x} \\
&= [x_0 \quad x_1] \cdot \frac{1}{\sigma_0^2\sigma_1^2 - \sigma_{01}^2} \begin{bmatrix} \sigma_1^2 & -\sigma_{01} \\ -\sigma_{01} & \sigma_0^2 \end{bmatrix} \begin{bmatrix} x_0 \\ x_1 \end{bmatrix} \\
&= \frac{1}{\sigma_0^2\sigma_1^2 - \sigma_{01}^2}(\sigma_1^2 x_0^2 - 2\sigma_{01}x_0x_1 + \sigma_0^2 x_1^2)
\end{aligned}
\tag{4-141}
$$

a は、関数の大きさをコントロールするパラメータとも考えられますが、2 次元のガウス関数で確率分布を表す場合には、式 4-142 のようにセットします。

$$
a = \frac{1}{2\pi}\frac{1}{|\boldsymbol{\Sigma}|^{1/2}} \tag{4-142}
$$

上記のようにすることで、入力空間での積分値が 1 となり、関数が確率分布を表すことができます。

式 4-142 の$|\boldsymbol{\Sigma}|$は、$\boldsymbol{\Sigma}$の行列式と言われる量で、2 × 2 の行列の場合には、式 4-143 の公式で計算される量です。

$$
|\mathbf{A}| = \begin{vmatrix} a & b \\ c & d \end{vmatrix} = ad - bc \tag{4-143}
$$

よって$|\boldsymbol{\Sigma}|$は、式 4-144 のように表せます。

$$
|\boldsymbol{\Sigma}| = \sigma_0^2\sigma_1^2 - \sigma_{01}^2 \tag{4-144}
$$

それでは、Python のプログラムで描いてみましょう。まず、ガウス関数をリスト 4-6-(1) で定義します。

In

```
# リスト 4-6-(1)
%matplotlib inline
import numpy as np
```

```
import matplotlib.pyplot as plt


# ガウス関数 ----------
def gauss(x0, x1, mu, sigma):
    x = np.array([x0, x1])
    # 式 4-142
    a = 1 / (2 * np.pi) * 1 / (np.linalg.det(sigma) ** (1 / 2))
    # 式 4-138
    inv_sigma = np.linalg.inv(sigma)
    y = a * np.exp(
        (-1 / 2) * (x - mu).T @ inv_sigma @ (x - mu))
    return y
```

引数の入力データ **x0** と **x1** は、単一の数値(ベクトルや行列には対応していません)、**mu** は大きさ 2 のベクトル、**sigma** は 2 × 2 の行列です。ここに、適当な数値を代入して **gauss(x0, x1, mu, sigma)** をテストします（リスト 4-6-(2))。

In

```
# リスト 4-6-(2)
x0, x1 = 2, 1
mu = np.array([1, 2])                # 平均ベクトル
sigma = np.array([[1, 0], [0, 1]])  # 共分散行列
y = gauss(x0, x1, mu, sigma)
print("y =", np.round(y, 6))
```

Out

```
y = 0.05855
```

上記の結果から、入力した値に対する関数の値が返ってくることが確かめられました。この関数を、等高線表示と 3D 表示させたものがリスト 4-6-(3) です。

In

```
# リスト 4-6-(3)
# パラメータ ----------
mu = np.array([1, 0.5])              # (A) 平均ベクトル
sigma = np.array([[2, 1], [1, 1]])  # (B) 共分散行列
x0_min, x0_max = -3, 3               # x0 の計算範囲
```

```
x1_min, x1_max = -3, 3                # x1の計算範囲

# データ生成 ----------
x0_n, x1_n = 40, 40  # グラフ表示の解像度
x0 = np.linspace(x0_min, x0_max, x0_n)
x1 = np.linspace(x1_min, x1_max, x1_n)
f = np.zeros((x1_n, x0_n))
for i0 in range(x0_n):
    for i1 in range(x1_n):
        f[i1, i0] = gauss(x0[i0], x1[i1], mu, sigma)
xx0, xx1 = np.meshgrid(x0, x1)  # グリッド座標の作成

# グラフ描画 ----------
plt.figure(figsize=(7, 3))
# 等高線表示
plt.subplot(1, 2, 1)
cont = plt.contour(xx0, xx1, f, levels=15, colors="black")
plt.xlabel("$x_0$", fontsize=14)
plt.ylabel("$x_1$", fontsize=14)
plt.xlim(x0_min, x0_max)
plt.ylim(x1_min, x1_max)
plt.grid()
# サーフェス表示
ax = plt.subplot(1, 2, 2, projection="3d")
ax.plot_surface(
    xx0, xx1, f,
    rstride=2, cstride=2, alpha=0.3, color="blue", edgecolor="black",
)
ax.set_zticks([0.05, 0.10])
ax.set_xlabel("$x_0$", fontsize=14)
ax.set_ylabel("$x_1$", fontsize=14)
ax.view_init(40, -100)
plt.show()
```

```
Out  # 実行結果は図 4.37 を参照
```

プログラムを実行すると、図 4.37 のグラフが得られます。分布の中心は、プログラム中で設定した通り、(1, 0.5) にあることがわかります **(A)**。また $\sigma_{01}=1$ としたので、右上がりに広がる分布となりました **(B)**。

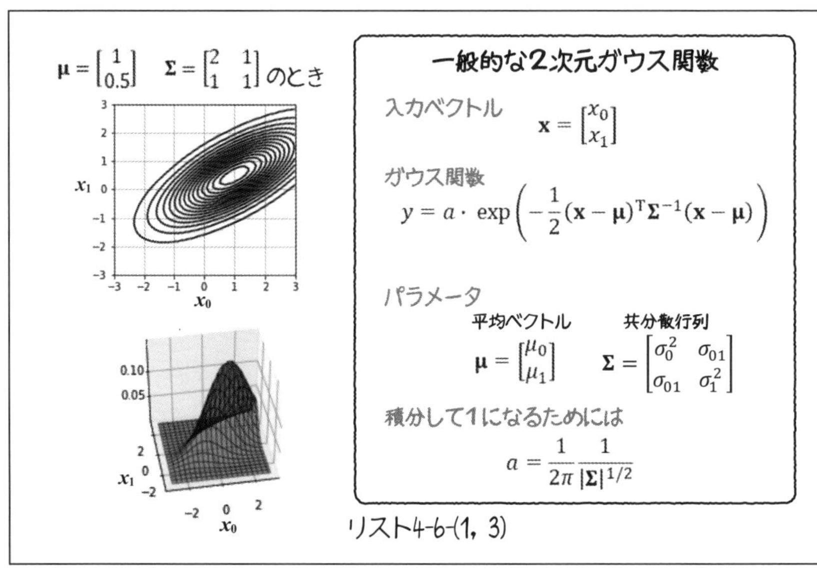

図 4.37：一般的な 2 次元ガウス関数

第5章

教師あり学習：回帰

いよいよ機械学習の内容に入ります。第4章で解説した数学を使って、機械学習の中でも最も重要な「教師あり学習」の問題を具体的に解説していきます。教師あり学習の問題は、更に、**回帰**と**分類**の問題に分けることができます。回帰は、入力に対して連続した数値を対応付ける問題であり、分類は、入力に対して順番のないクラス（ラベル）を対応付ける問題です。この章で回帰問題を、第6章で分類問題を解説します。

5.1 1次元入力の直線モデル

5.1.1 問題設定

ここで年齢 x と身長 t のセットのデータを考えましょう。あなたは、そのデータを16人分持っているとします。これをまとめて、式5-1のように、縦ベクトルで表します。

$$\mathbf{x} = \begin{bmatrix} x_0 \\ x_1 \\ \vdots \\ x_n \\ \vdots \\ x_{N-1} \end{bmatrix}, \qquad \mathbf{t} = \begin{bmatrix} t_0 \\ t_1 \\ \vdots \\ t_n \\ \vdots \\ t_{N-1} \end{bmatrix} \tag{5-1}$$

N は人数を表し、ここでは $N = 16$ です。通例では1から N の数字をデータに割り振りますが、本書では、Python の配列変数のインデックスに合わせて、N 個のデータに0から $N-1$ までの数字を割り振ることにします。

このとき、x_n を**入力変数**、t_nを**目標変数（ターゲット）**と呼びます。n は、各個人を表すデータのインデックスです。すべてのデータをまとめた $\mathbf{x}$ を**入力データ**、$\mathbf{t}$ を**目標データ**と呼ぶものとします。ここでの目的は、データベースにない人の年齢 x に対して、その人の身長 t を予測する関数を作ることになります。

まず、以下のリスト5-1-(1)で年齢と身長の人工データを作りましょう（図5.1）。どのように生成しているかは、本章の終わりで明らかになりますので、ここではあまり考えすぎずに進んだほうが楽しめるでしょう。

In

```
# リスト 5-1-(1)
%matplotlib inline
```

```
import numpy as np
import matplotlib.pyplot as plt


# データ生成 ----------
np.random.seed(seed=1)             # 乱数を固定する
X_min, X_max = 4, 30               # X の下限と上限（表示用）
N = 16                             # データの個数
X = 5 + 25 * np.random.rand(N)    # X の生成
prm = [170, 108, 0.2]              # データ生成のパラメータ
T = prm[0] - prm[1] * np.exp(-prm[2] * X) \
    + 4 * np.random.randn(N)      # (A) 目標データの生成
np.savez(                          # (B) データの保存
    "ch5_data.npz",
    X=X, T=T, X_min=X_min, X_max=X_max, N=N,
)
```

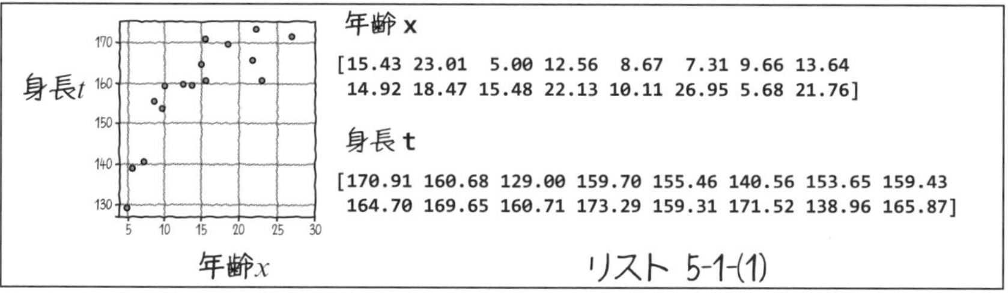

図 5.1：年齢と身長の人工データ（16 人分）

リスト 5-1-(1) では、16 人分の年齢 **X** をランダムに決定し、**(A)** によって **X** から **T** を決定しています。**(A)** の上の行の右端の "\" は、1 行を折り返すときに使う記号です。使用しているフォントによっては **"¥"** と表示される場合もあります（行中に **()** があって、その間の箇所で折り返しがなされる場合には、"\" は必要ありません）。**(B)** では生成したデータを **ch5_data.npz** に保存しています。

リスト 5-1-(2) のように実行すれば、**X** の中身が表示されます。

In
```
# リスト 5-1-(2)
print(X)
```

Out
```
[ 15.42555012  23.00811234   5.00285937  12.55831432   8.66889727
   7.30846487   9.65650528  13.63901818  14.91918686  18.47041835
  15.47986286  22.13048751  10.11130624  26.95293591   5.68468983
  21.76168775]
```

「小数点以下の表示が長すぎる」と思ったら、四捨五入をする **np.round** 関数を使うと、すっきりした形で表示できます（リスト 5-1-(3)）。

In
```
# リスト 5-1-(3)
print(np.round(X, 2))
```

Out
```
[ 15.43  23.01   5.    12.56   8.67   7.31   9.66  13.64  14.92  18.47
  15.48  22.13  10.11  26.95   5.68  21.76]
```

np.round の２番目の引数 **2** は小数点以下の数値を何桁で表すかを指定しています。同様に **T** も中身を確認してみましょう（リスト 5-1-(4)）。

In
```
# リスト 5-1-(4)
print(np.round(T, 2))
```

Out
```
[ 170.91  160.68  129.    159.7   155.46  140.56  153.65  159.43  164.7
  169.65  160.71  173.29  159.31  171.52  138.96  165.87]
```

早速、リスト 5-1-(5) で、**X** と **T** をグラフ表示してみましょう。図 5.1 が得られます。

In
```
# リスト 5-1-(5)
# データ表示 ----------
plt.figure(figsize=(4, 4))
plt.plot(
    X,                      # 入力データ
    T,                      # 目標データ
    "cornflowerblue",       # マーカーを水色にする
    marker="o",             # マーカーの形を o にする
    linestyle="None",       # マーカーを線で結ばない
```

```
    markeredgecolor="black",  # マーカーの輪郭を黒にする
)
plt.xlim(X_min, X_max)        # x 軸の範囲を指定
plt.grid()                    # グリッドを表示する
plt.show()
```

Out

```
# 実行結果は図 5.1 を参照
```

これで人工データができました。それでは、しばらくこのデータを使って解説を進めていきます。

5.1.2 直線モデル

図 5.1 のプロットを見ると、データにばらつきがあるので、新しい年齢データ x に対して身長 t をドンピシャリで的中させることは不可能であることがすぐにわかります。しかし、ある程度の誤差を許せば、この与えられたデータ上に直線を引くことで、あらゆる x に対してそれらしい t を予測することはできそうです（図 5.2）。

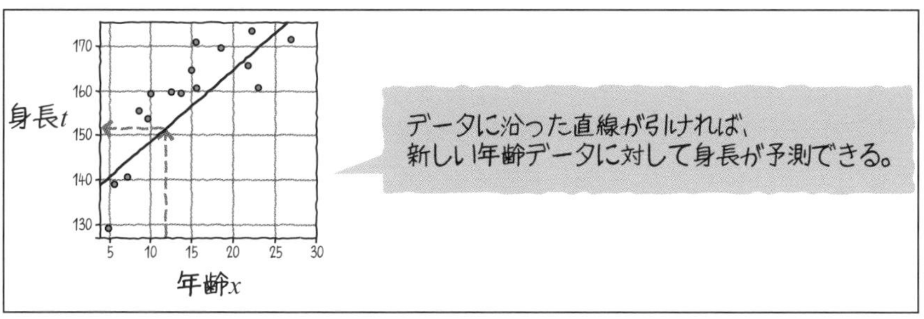

図 5.2：データに沿って直線を引く

直線の式は、式 5-2 のように表すことができます。

$$y(x) = w_0 x + w_1 \quad \text{(5-2)}$$

傾きを表す w_0 と切片を表す w_1 に適当な値を入れれば、様々な位置や傾きの直線が作れます。この式は、入力 x に対して $y(x)$ を出力する関数、とみなすこともできるので、$y(x)$ は x に対する t の予測値と解釈することができます。

そこで式 5-2 を**直線モデル**と呼ぶことにしましょう。さて、直線がデータに合うよ

うにするには、w_0 と w_1 をどのように決めればよいでしょうか？

5.1.3 平均二乗誤差

「データに合う」目安として、式 5-3 のように誤差 J を定義しましょう。

$$J = \frac{1}{N}\sum_{n=0}^{N-1}(y_n - t_n)^2 \tag{5-3}$$

ここで、y_n は、直線モデルに x_n を入れたときの出力を表します（式 5-4）。

$$y_n = y(x_n) = w_0 x_n + w_1 \tag{5-4}$$

式 5-3 の J は**平均二乗誤差**（mean squared error, MSE）と呼ばれるもので、図 5.3 に示すように、直線とデータ点の差の二乗の平均です。教科書によっては、N で割らない**二乗和誤差**（sum of squared error, SSE）が使われますが、どちらの場合でも導き出される結論は同じになります。本書では、誤差の大きさが N に依存しない平均二乗誤差を使って議論を進めることにします。

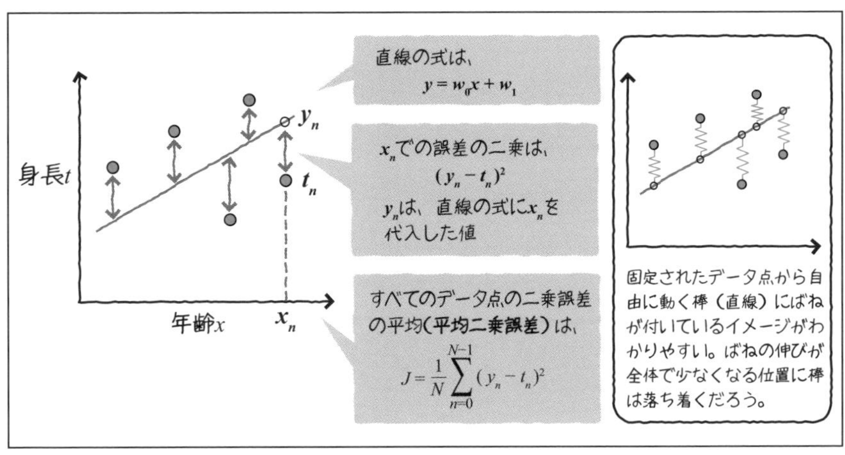

図 5.3：平均二乗誤差

w_0 と w_1 を決めると、それに対する平均二乗誤差 J を計算することができます。ある w_0 と w_1 のペアでは直線はデータから大きく外れて J は大きな値を持つかもしれません。逆に別な w_0 と w_1 では、線がデータに近くなり、J は小さな値を持つかもしれません。しかし、どのような w_0 と w_1 を選んでも、データが直線上に並んでいないので、J が完全に 0 になることはなさそうです。

このwと J の関係をリスト 5-1-(6) で、グラフに表してみましょう。ある範囲内の w_0 と w_1 の碁盤目の点で J の値を計算しプロットします。

In

```
# リスト 5-1-(6)
# 平均二乗誤差 (MSE) 関数 ----------
def mse_line(x, t, w):
    y = w[0] * x + w[1]           # 式 5-4、y を求める
    mse = np.mean((y - t) ** 2)  # 式 5-3、平均二乗誤差
    return mse


# 各 w0、w1 で平均二乗誤差 (MSE) を計算 ----------
w0_n, w1_n = 100, 100                      # グラフ表示の解像度
w0_min, w0_max = -25, 25                   # w0 の計算範囲
w1_min, w1_max = 120, 170                  # w1 の計算範囲
w0 = np.linspace(w0_min, w0_max, w0_n)  # w0 を準備
w1 = np.linspace(w1_min, w1_max, w1_n)  # w1 を準備
J = np.zeros((w1_n, w0_n))                 # MSE を入れる配列 J を準備
# グリッド状の点 (w0, w1) に対して J を計算
for i0 in range(w0_n):
    for i1 in range(w1_n):
        w = np.array([w0[i0], w1[i1]])
        J[i1, i0] = mse_line(X, T, w)
ww0, ww1 = np.meshgrid(w0, w1)          # グリッド座標の作成


# グラフ描画 ----------
plt.figure(figsize=(9.5, 4))
plt.subplots_adjust(wspace=0.5)
# サーフェス表示
ax = plt.subplot(1, 2, 1, projection="3d")
ax.plot_surface(
    ww0, ww1, J,
    rstride=10, cstride=10, alpha=0.3, color="blue", edgecolor="black",
```

```
)
ax.set_xticks([-20, 0, 20])      # x 軸の目盛り指定
ax.set_yticks([120, 140, 160])  # y 軸の目盛り指定
ax.view_init(20, -60)            # グラフの向きの指定
# 等高線表示
plt.subplot(1, 2, 2)
cont = plt.contour(
    ww0, ww1, J, colors="black",
    levels=[100, 1000, 10000, 100000],  # 描く等高線の値を指定
)
cont.clabel(fmt="%d", fontsize=8)
plt.grid()
plt.show()
```

Out

```
# 実行結果は図 5.4 を参照
```

出力結果を見ると（図 5.4）、**w** 空間での平均二乗誤差は、まるで谷のような形をしていることがわかります。直線の切片を表す w_1 は、120 cm から 170 cm までの 50 の範囲を設定しましたので、直線の傾きを表す w_0 についても -25 から 25 までの 50 の範囲を設定しています。

実際のグラフを見ると、w_0 方向の変化に対して J が大きく変化していることがわかります。傾きは少しでも変わると直線はデータ点から大きくずれてしまうからです。しかし、3D のグラフ（図 5.4 左）では、w_1 方向の変化がよくわかりません。そこで、等高線のグラフも右に表示しました（図 5.4 右）。すると、谷の底も切片 w_1 方向で高さが少しですが変化していることがわかります。どうやら、$w_0 = 3$、$w_1 = 135$ あたりで J が最小値をとっていそうです。

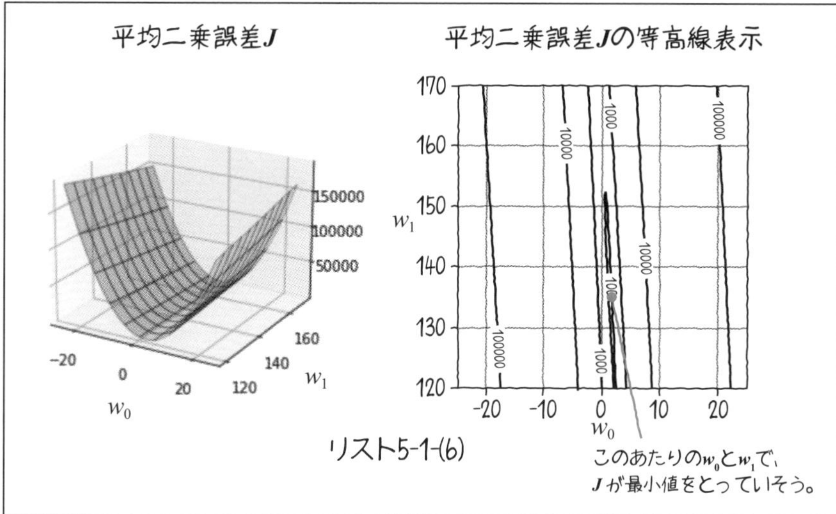

図 5.4：平均二乗誤差とパラメータの関係

5.1.4 パラメータを求める（勾配法）

それでは、Jが最も小さくなる w_0 と w_1 は、どのようにして求めることができるでしょうか？　最も単純で基本的な方法は、**勾配法**（**最急降下法**、steepest descent method）です。

勾配法では、w_0 と w_1 に対する J の地形をイメージします（図 5.5）。

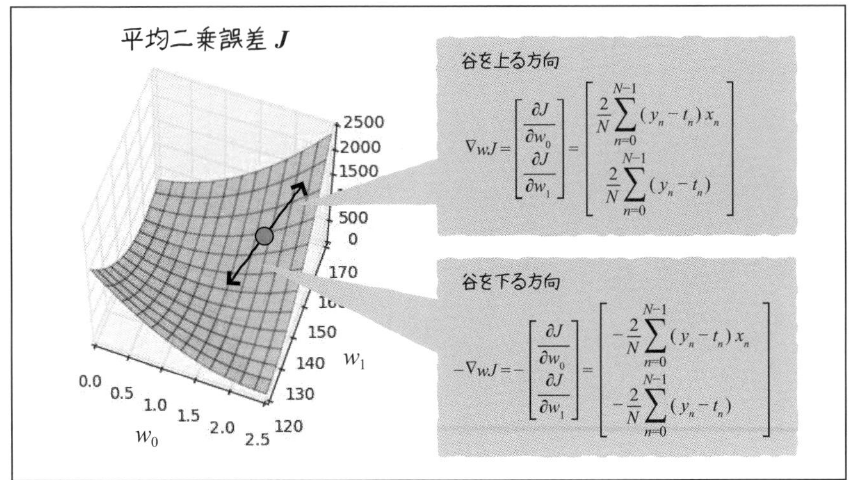

図 5.5：勾配（グラディエント）

まず初期位置として適当な w_0 と w_1 を決めます。これは J の地形上のある 1 点に対応します。この点での傾きを調べて、J が最も減少する方向へ w_0 と w_1 を少しだけ進めます。この手続きを何度も繰り返すことで、最終的に、J が最も小さくなる " お椀の底 " の w_0 と w_1 にたどり着くことができます。

ある地点 (w_0, w_1) に立って、周りをぐるっと見渡したとき、坂の上の方向は、J を w_0 と w_1 で偏微分したベクトル $\left[\frac{\partial J}{\partial w_0} \quad \frac{\partial J}{\partial w_1}\right]^{\mathrm{T}}$ で表されます（図 5.5、4.5 節「偏微分」を参照）。これを J の勾配（グラディエント）と呼び、$\nabla_{\mathbf{w}} J$ と表します。J を最小にするには、J の勾配の反対方向 $-\nabla_{\mathbf{w}} J = -\left[\frac{\partial J}{\partial w_0} \quad \frac{\partial J}{\partial w_1}\right]^{\mathrm{T}}$ に進んでいけばよいことになります。

w の更新方法（**学習則**）を行列表記で表すと、式 5-5 のようになります。

$$\mathbf{w}(\tau + 1) = \mathbf{w}(\tau) - \alpha \nabla_{\mathbf{w}} J|_{\mathbf{w}(\tau)} \tag{5-5}$$

一般的に、$\nabla_{\mathbf{w}} J$ は、**w** の関数になります。この **w** に現在の **w** の値 $\mathbf{w}(\tau)$ を代入した値を $\nabla_{\mathbf{w}} J|_{\mathbf{w}(\tau)}$ と表しました。このベクトルが、今いる地点 $\mathbf{w}(\tau)$ での勾配を表すことになります。α は、**学習率**と呼ばれる正の値をとるパラメータで、**w** の更新の幅を調節します。大きいほうが更新は大きくなりますが、収束が不安定になりますので適度に小さくする必要があります。

学習則を成分表記で表すと、式 5-6、5-7 のようになります。

$$w_0(\tau+1) = w_0(\tau) - \alpha \left.\frac{\partial J}{\partial w_0}\right|_{w_0(\tau), w_1(\tau)} \quad \textbf{(5-6)}$$

$$w_1(\tau+1) = w_1(\tau) - \alpha \left.\frac{\partial J}{\partial w_1}\right|_{w_0(\tau), w_1(\tau)} \quad \textbf{(5-7)}$$

それでは具体的にこの偏微分を計算してみましょう。まず、J（式 5-3）の y_n の部分を、直線の式 5-4 で置き換えると、式 5-8 のようになります。

$$J = \frac{1}{N}\sum_{n=0}^{N-1}(y_n - t_n)^2 = \frac{1}{N}\sum_{n=0}^{N-1}(w_0 x_n + w_1 - t_n)^2 \quad \textbf{(5-8)}$$

そして、式 5-6 の w_0 に関する偏微分の部分を連鎖律（4.4 節「微分」を参照）で計算すると、式 5-9 を得ます。

$$\frac{\partial J}{\partial w_0} = \frac{2}{N}\sum_{n=0}^{N-1}(w_0 x_n + w_1 - t_n)x_n = \frac{2}{N}\sum_{n=0}^{N-1}(y_n - t_n)x_n \quad \textbf{(5-9)}$$

式 5-9 の右辺では、式を見やすくするために、$w_0 x_n + w_1$ を y_n に戻しました。

同様にして、式 5-8 を w_1 で偏微分すると、式 5-10 のようになります。

$$\frac{\partial J}{\partial w_1} = \frac{2}{N}\sum_{n=0}^{N-1}(w_0 x_n + w_1 - t_n) = \frac{2}{N}\sum_{n=0}^{N-1}(y_n - t_n) \quad \textbf{(5-10)}$$

よって、式 5-6、式 5-7 の学習則は、式 5-11、式 5-12 のようになります。

$$w_0(\tau+1) = w_0(\tau) - \alpha\frac{2}{N}\sum_{n=0}^{N-1}(y_n - t_n)x_n \quad \textbf{(5-11)}$$

$$w_1(\tau+1) = w_1(\tau) - \alpha\frac{2}{N}\sum_{n=0}^{N-1}(y_n - t_n) \quad \textbf{(5-12)}$$

それでは、学習則が具体的にわかりましたので、これをプログラムで実装してみましょう。リスト 5-1-(7) で、まず勾配を計算する関数 **`dmse_line(x, t, w)`** を作成します。引数にデータ **`x`**、**`t`** とパラメータ **`w`** を渡すと、**`w`** における勾配 **`d_w0`**、**`d_w1`** を返す関数です。

In

```
# リスト 5-1-(7)
# 平均二乗誤差 (MSE) の勾配 ----------
def dmse_line(x, t, w):
    y = w[0] * x + w[1]
    d_w0 = 2 * np.mean((y - t) * x)  # 式 5-9
    d_w1 = 2 * np.mean(y - t)        # 式 5-10
    return d_w0, d_w1
```

試しに、**w = np.array([10, 165])** での勾配を求めてみましょう（リスト 5-1-(8)）。実行すると以下の計算結果が返ってきます。

In

```
# リスト 5-1-(8)
w = np.array([10, 165])
d_w = dmse_line(X, T, w)
print(np.round(d_w, 2))
```

Out

```
[5046.29  301.8 ]
```

出力された 2 つの数値は、それぞれ w_0、w_1 方向の傾きを表しています。どちらもかなり大きな傾きです。そして、w_0 方向の傾きは w_1 方向の傾きに比べて更に大きいですね。これは、図 5.4 における観察に一致します。

それでは、この **dmse_line** を使った勾配法 **fit_line_num(x, t, w_init)** を次のリスト 5-1-(9) で実装しましょう。**fit_line_num(x, t, w_init)** は、データ **x**、**t** を引数にして、**mse_line** を最小にする **w** を返します。**w** は初期値 **w_init** からスタートして、**dmse_line** で求めた勾配で **w** を更新していきます。この更新ステップの幅である学習率は **alpha = 0.001** としました。

w が平らなところへ到達したら（つまり勾配が十分に小さくなったら）、**w** の更新を終了します。具体的には、勾配の各要素の絶対値が **eps = 0.1** よりも小さくなったら、for 文から抜け出すようになっています。プログラムを実行すると、最後に得られた **w** の値等が表示され、**w** の更新履歴が図示されます。

In

```
# リスト 5-1-(9)
# 勾配法 ----------
def fit_line_num(x, t, w_init):
```

```
    # パラメータ
    alpha = 0.001      # 学習率
    tau_max = 100000  # 繰り返しの最大数
    eps = 0.1          # 繰り返し計算を終了するための閾値
    # 勾配法
    w = np.zeros((tau_max + 1, 2))  # 変化する w の履歴を入れる配列
    w[0, :] = w_init                # w の初期値をセット
    for tau in range(tau_max):
        dmse = dmse_line(x, t, w[tau, :])
        w[tau + 1, 0] = w[tau, 0] - alpha * dmse[0]  # 式 5-6
        w[tau + 1, 1] = w[tau, 1] - alpha * dmse[1]  # 式 5-7
        if max(np.absolute(dmse)) < eps:  # 終了判定
            break  # tau のループから抜ける
    w_final = w[tau + 1, :]   # 最終的に得られた w
    w_hist = w[: tau + 2, :]  # w の履歴で更新した分を抜き出す
    return w_final, dmse, w_hist


# メイン ----------
# 勾配法で w を計算
w_init = np.array([10.0, 165.0])                 # w の初期値
w, dmse, w_history = fit_line_num(X, T, w_init)  # w を計算
mse = mse_line(X, T, w)                          # MSE を計算
# 結果表示
print(f"繰り返し回数 {w_history.shape[0]-1}")
print(f"w0 = {w[0]:.6f}, w1 = {w[1]:.6f}")
print(f"dMSE = [{dmse[0]:.6f}, {dmse[1]:.6f}]")
print(f"MSE = {mse:.6f}")
print(f"SD = {np.sqrt(mse):.6f} cm")


# グラフ描画 ----------
plt.figure(figsize=(4, 4))
# 等高線表示
cont = plt.contour(
    ww0, ww1, J,      # リスト 5-1-(6) で作成済
```

```
    colors="black", levels=[100, 1000, 10000, 100000],
)
cont.clabel(fmt="%1.0f", fontsize=8)
# 等高線の上に、過去のすべての w をプロット
plt.plot(
    w_history[:, 0], w_history[:, 1], "gray",
    marker=".",                          # マーカーの形
    markersize=10,                       # マーカーの大きさ
    markeredgecolor="cornflowerblue",    # マーカーの輪郭の色
)
plt.grid()
plt.show()
```

Out

```
# 実行結果は図 5.6 を参照
```

結果を、図 5.6 に示しました。平均二乗誤差 J の等高線上に、**w** の更新の様子を青い線で図示しています。はじめは勾配の強い谷の方向へと進み、谷底に落ち着くと、谷底の中で中央付近にゆっくりと進み、勾配がほとんどなくなる地点に到達していることがわかります。

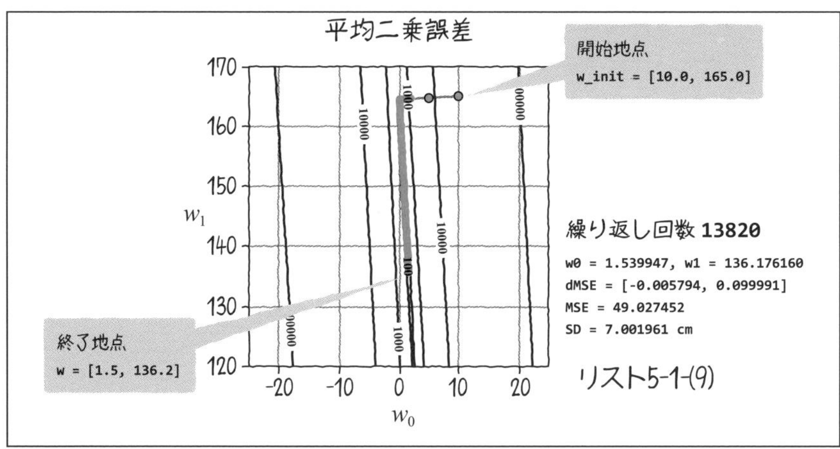

図 5.6：勾配法

それでは、求めた **W0** と **W1** は本当にデータにあった切片と傾きになっているのでしょうか？　リスト 5-1-(9) で求めた **W0** と **W1** の値を直線の式に代入し、データ分布

の上に重ねて描いてみましょう（リスト 5-1-(10)）。

In

```
# リスト 5-1-(10)
# 線の表示 ----------
def show_line(w):
    x = np.linspace(X_min, X_max, 100)
    y = w[0] * x + w[1]
    plt.plot(x, y, "gray", linewidth=4)


# メイン ----------
# グラフ描画
plt.figure(figsize=(4, 4))
show_line(w)  # w はリスト 5-1-(9) で計算済
plt.plot(
    X, T, "cornflowerblue",
    marker="o", linestyle="None", markeredgecolor="black",
)
plt.xlim(X_min, X_max)
plt.grid()
plt.show()
```

Out

```
# 実行結果は図 5.7 を参照
```

リスト 5-1-(10) で図 5.7 が描かれました。直線がちょうどよさそうなところに位置していますね。

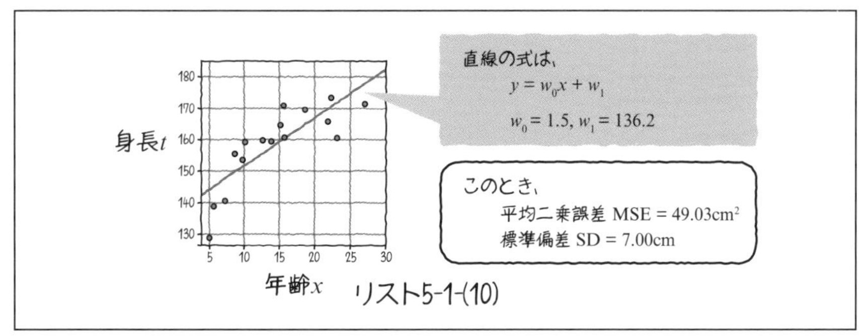
直線の式は、
$y = w_0 x + w_1$
$w_0 = 1.5, w_1 = 136.2$
このとき、
平均二乗誤差 MSE = 49.03cm²
標準偏差 SD = 7.00cm
身長t
年齢x
リスト5-1-(10)

図 5.7：勾配法による直線モデルのフィッティング結果

しかし、当然ですが完全にはデータに一致しません。それでは、どれくらいデータに一致していないと言えるでしょうか？

このときの平均二乗誤差は、49.03 cm^2 でしたが、これは文字通り誤差を二乗していますので、直感的に誤差がどれほどかはよくわかりません。そこで、二乗してある数値を二乗する前に戻すために、49.03 の平方根$\sqrt{49.03}$をとります。すると、この答えは 7.00 cm となります。これで、直線とデータのずれは、大体 7.00 cm ということになります。直感的にわかりやすい数値となりました。グラフを見ても、直線とデータの誤差は大体その程度であることが確認できると思います。

この平均二乗誤差の平方根を**標準偏差**（standard deviation, SD）と呼びます。「誤差が大体 7.00cm」という言葉の意味を、もう少しきちんと述べれば、「誤差が正規分布に従っていると仮定したとき、全体の 68% のデータ点で誤差が 7.00cm 以下となる」ということになります。正規分布の場合、平均からのずれがプラスマイナス SD の範囲に、分布の 68% が入るからです。

このように、Jの勾配さえ求めることができれば、勾配法で極小値を求めることができます。

注意すべき点は、一般的に勾配法で求まる解はあくまでも極小値であって、全体の最小値とは限らないということです。もし、Jがところどころに凹みのある形をしていれば、最小二乗法は初期値の近くの凹みの地点（極小値）で収束してしまいます。Jが複雑な形をしているときに、一番深い凹み（最小値）を求めることは難しい問題なのです。実践的には、様々な初期値から勾配法を何度も試し、その中で最もJが小さくなった地点を最小値として採用するという近似的手法が考えられます。

ただし、ここで紹介した直線モデルの場合は、Jが w_0 と w_1 の 2 次関数になっていることから、Jは凹みが 1 つしかない「お椀型」になることが保証されています。よって、どのような初期値からはじめても、学習率を適切に選んでおけば、常に全体から見た最小値に収束します。

5.1.5 直線モデルパラメータの解析解

勾配法は繰り返しの計算によって近似的な値を求める数値計算法です。このような解を**数値解**と呼びます。しかし、実は、直線モデルの場合では、方程式を解くことによって厳密な解を求めることができます。このような解を**解析解**と呼びます。解析解を使えば、繰り返しの計算ではなく、1回の計算で最適な $\mathbf{w}$ が求まります。計算時間も早く、解も正確なので、よいこと尽くしです。

また、解析解を導出することで、問題の本質をより深く理解することができ、多次元データへの対応、曲線モデルへの拡張、そして、カーネル法（残念ながら本書では扱いませんが、画期的な方法です）などの理解を助けてくれます。ということで、よいこと尽くしの解析解を導出しましょう。

それでは、再確認です。目的は、「J が極小となる地点 $\mathbf{w}$ を探すこと」です。その地点での傾きは0であるはずなので、傾きが0となる地点 $\mathbf{w}$、つまり、$\partial J/\partial w_0 = 0$と、$\partial J/\partial w_1 = 0$ を満たす w_0 と w_1 を見つければよいことになります。よって式5-9、式5-10を＝0とおいた式から出発します（式5-13、式5-14）。

$$\frac{\partial J}{\partial w_0} = \frac{2}{N}\sum_{n=0}^{N-1}(w_0 x_n + w_1 - t_n)x_n = 0 \tag{5-13}$$

$$\frac{\partial J}{\partial w_1} = \frac{2}{N}\sum_{n=0}^{N-1}(w_0 x_n + w_1 - t_n) = 0 \tag{5-14}$$

式5-13から考えていきます。まず、両辺を2で割ります（式5-15）。

$$\frac{1}{N}\sum_{n=0}^{N-1}(w_0 x_n + w_1 - t_n)x_n = 0 \tag{5-15}$$

式5-15の和の記号を各項に展開すると（4.2節「和の記号」を参照）、式5-16のようになります。

$$\frac{1}{N}\sum_{n=0}^{N-1} w_0 x_n^2 + \frac{1}{N}\sum_{n=0}^{N-1} w_1 x_n - \frac{1}{N}\sum_{n=0}^{N-1} t_n x_n = 0 \tag{5-16}$$

第 1 項の w_0 は n に関係ないので和の記号の外に出せます。第 2 項の w_1 も n に関係のない定数ですので和の記号の外に出せます。結果、全体の方程式は、式 5-17 のように変形できます。

$$w_0 \frac{1}{N}\sum_{n=0}^{N-1} x_n^2 + w_1 \frac{1}{N}\sum_{n=0}^{N-1} x_n - \frac{1}{N}\sum_{n=0}^{N-1} t_n x_n = 0 \tag{5-17}$$

すると、第 1 項の$\frac{1}{N}\sum_{n=0}^{N-1} x_n^2$は、入力データ x の二乗の平均を表し、第 2 項の$\frac{1}{N}\sum_{n=0}^{N-1} x_n$は、入力データ x の平均、そして、第 3 項の $\frac{1}{N}\sum_{n=0}^{N-1} t_n x_n$は、目標データ$t$と入力データ$x$の積の平均を表しているとみなせます。そこで、これらを以下のように表すことにします。

$$< x^2 > = \frac{1}{N}\sum_{n=0}^{N-1} x_n^2, \quad < x > = \frac{1}{N}\sum_{n=0}^{N-1} x_n, \quad < tx > = \frac{1}{N}\sum_{n=0}^{N-1} t_n x_n$$

一般的に $< f(x) >$ で $f(x)$ の平均を表します。すると、式 5-17 は、式 5-18 のようにすっきりと表すことができます。

$$w_0 < x^2 > + w_1 < x > - < tx > = 0 \tag{5-18}$$

同じようにして、式 5-14 を整理すれば、式 5-19 のようになります。

$$w_0 < x > + w_1 - < t > = 0 \tag{5-19}$$

ここで、$< t > = \frac{1}{N}\sum_{n=0}^{N-1} t_n$です。後は、式 5-18 と式 5-19 を連立方程式として w_0 と w_1 を求めます。式 5-19 から、以下のように変更して、式 5-18 に代入し、$w_0 =$ の形に整理しましょう。

$$w_1 = < t > - w_0 < x >$$

すると、式 5-20 を得ます。

$$w_0 = \frac{< tx > - < t >< x >}{< x^2 > - < x >^2} \tag{5-20}$$

この w_0 を使って w_1 も求まります（式 5-21）。

$$w_1 = \lt t \gt - w_0 \lt x \gt$$
$$= \lt t \gt - \frac{\lt tx \gt - \lt t \gt \lt x \gt}{\lt x^2 \gt - \lt x \gt^2} \lt x \gt \qquad \textbf{(5-21)}$$

この式 5-20、式 5-21 が w の解析解になります。式 5-20 の分母、$\lt \boldsymbol{x}^2 \gt$ と $\lt \boldsymbol{x} \gt^2$ は異なる数値であることに注意してください。$\lt \boldsymbol{x}^2 \gt$ は、$\boldsymbol{x}^2$ の平均、$\lt \boldsymbol{x} \gt^2$ は、$\lt \boldsymbol{x} \gt$ の 2 乗です。

早速、入力データ **X** と目標データ **T** の値をこの式に入れて **w** を求めてみますと（リスト 5-1-(11)）、確かに、勾配法で得られた結果とほぼ同じ値が得られました（図 5.8）。

In

```
# リスト 5-1-(11)
# 解析解 ----------
def fit_line(x, t):
    mx = np.mean(x)        # <x>
    mt = np.mean(t)        # <t>
    mtx = np.mean(t * x)   # <tx>
    mxx = np.mean(x * x)   # <x^2>
    w0 = (mtx - mt * mx) / (mxx - mx ** 2)  # 式 5-20
    w1 = mt - w0 * mx                       # 式 5-21
    w = np.array([w0, w1])
    return w


# メイン ----------
w = fit_line(X, T)       # 解析解で w を計算
mse = mse_line(X, T, w)  # MSE を計算
# 結果表示
print(f"w0 = {w[0]:.2f}, w1 = {w[1]:.2f}")
print(f"MSE = {mse:.2f}")
print(f"SD = {np.sqrt(mse):.2f} cm")


# グラフ描画 ----------
plt.figure(figsize=(4, 4))
```

```
show_line(w)
plt.plot(
    X, T, "cornflowerblue",
    marker="o", linestyle="None", markeredgecolor="black",
)
plt.xlim(X_min, X_max)
plt.grid()
plt.show()
```

Out

```
# 実行結果は図 5.8 を参照
```

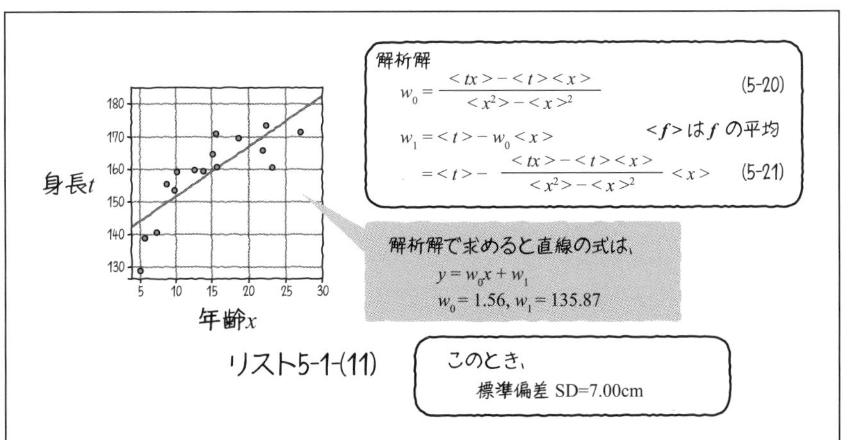

図 5.8：解析解による直線モデルのフィッティング結果

つまりは、直線でフィッティングするのなら解析解が導出できますので勾配法は使う必要がないということになります。もちろん、5.1.4 項で解説した勾配法は無駄ではありません。解析解が求まらないモデルで力を発揮します。それにしても、計算した理論式が予想通りにデータに合うというのは、「快感」ですね。

5.2 2次元入力の面モデル

5.2.1 問題設定

次は、入力が2次元の場合、$\mathbf{x} = (x_0, x_1)$ に拡張します。1次元のときでは、x_n は年齢のみを表していましたが、これに加えて、体重の情報も使って身長を予測していくことを考えます。

まず、体重のデータを人工的に作りましょう。データに含まれる人の体格指数（Body Mass Index, BMI）が平均23だと仮定し、以下の式5-22を使います。

$$体重(\mathrm{kg}) = 23 \times \left(\frac{身長(\mathrm{cm})}{100}\right)^2 + noise \tag{5-22}$$

簡単には、体重は身長の二乗に比例するという式です。体重データを生成するプログラムは、リスト5-2-(1)です。もともとの年齢 **X** を **X0** とし、体重のデータを **X1** として付加します。

In

```
# リスト 5-2-(1)
%matplotlib inline
import numpy as np
import matplotlib.pyplot as plt

# データのロード ----------
data = np.load("ch5_data.npz")
X0 = data["X"]  # これまでの X を X0 とする
N = data["N"]
T = data["T"]

# 2次元データ生成 ----------
np.random.seed(seed=1)  # 乱数を固定
X1 = 23 * (T / 100) ** 2 + 2 * np.random.randn(N)  # X1 を生成
X0_min, X0_max = 5, 30   # X0 の下限と上限（表示用）
```

```
X1_min, X1_max = 40, 75  # X1の下限と上限（表示用）
```

データをリスト 5-2-(2) で表示してみましょう。

In
```
# リスト 5-2-(2)
print(np.round(X0, 2))
print(np.round(X1, 2))
print(np.round(T, 2))
```

Out
```
[ 15.43  23.01   5.    12.56   8.67   7.31   9.66  13.64  14.92  18.47
  15.48  22.13  10.11  26.95   5.68  21.76]
[ 70.43  58.15  37.22  56.51  57.32  40.84  57.79  56.94  63.03  65.69
  62.33  64.95  57.73  66.89  46.68  61.08]
[ 170.91  160.68  129.    159.7   155.46  140.56  153.65  159.43  164.7
  169.65  160.71  173.29  159.31  171.52  138.96  165.87]
```

16人分の **X0**、**X1**、**T** が生成されていることがわかります。次のリスト 5-2-(3) で3次元プロットのグラフを表示します（図 5.9）。

In
```
# リスト 5-2-(3)
# 2次元データの表示 ----------
def show_data2d(ax, x0, x1, t):  # axは3dグラフ描画のため
    for i in range(len(x0)):
        ax.plot(  # データ点の下の直線の描画
            [x0[i], x0[i]],       # 直線の両端のx座標
            [x1[i], x1[i]],       # 直線の両端のy座標
            [120, t[i]],          # 直線の両端のz座標
            color="gray",
        )
    ax.plot(      # データ点の描画
        x0,                       # x座標
        x1,                       # y座標
        t,                        # z座標
        "cornflowerblue",         # 色
```

```
        marker="o",                # マーカーの形状
        linestyle="None",          # 点をつなげる線は描かない
        markeredgecolor="black",   # マーカーの輪郭の色
        markersize=6,              # マーカーのサイズ
        markeredgewidth=0.5,       # マーカーの輪郭線の太さ
    )
    ax.view_init(elev=35, azim=-75)  # グラフの向きの指定


# メイン ----------
plt.figure(figsize=(6, 5))
ax = plt.subplot(projection="3d")
show_data2d(ax, X0, X1, T)
plt.show()
```

Out

```
# 実行結果は図 5.9 を参照
```

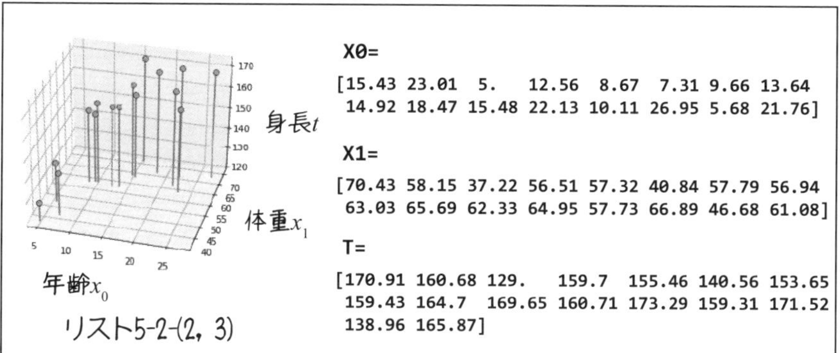

図 5.9：年齢と体重と身長の人工データ

年齢が上がれば上がるほど、また、体重が増えれば増えるほど、身長が高くなるという傾向を作りました。

5.2.2 データの表し方

ここで、数式を書く上でのデータの表し方を整理しておきましょう。データの番号はすでに n で表しているので、ベクトルの要素（0 = 年齢、1 = 体重、など）の番号

は m で表すことにします。

データ番号 n、要素番号 m の x を、$x_{n,m}$ と右下の添字として表します（混乱がなければ、n と m の間の "," も省略して、x_{nm} と表す場合もあります）。具体的には、$x_{3,1}$ などと書き、添字の左側の数字はデータ番号（個人の番号）が 3 であることを表し、右側の数字は要素番号が 1（＝体重）であることを表します。データ番号 n の x のすべての要素をまとめて書くときには、太字で、式 5-23 のように縦ベクトルで表すことにします。

$$\mathbf{x}_n = \begin{bmatrix} x_{n,0} \\ x_{n,1} \end{bmatrix} \tag{5-23}$$

$\mathbf{x}_n$ が 2 次元でなく、M 次元だったら、式 5-24 のように表します。

$$\mathbf{x}_n = \begin{bmatrix} x_{n,0} \\ x_{n,1} \\ \vdots \\ x_{n,M-1} \end{bmatrix} \tag{5-24}$$

それを更にすべてのデータ N をまとめて表すときには、式 5-25 の中央のように、行列で表すことにします。これは式 5-25 の一番右のように、式 5-24 で定義したデータベクトルを転置して、縦に並べたものとして解釈することができます。

$$\mathbf{X} = \begin{bmatrix} x_{0,0} & x_{0,1} & \cdots & x_{0,M-1} \\ x_{1,0} & x_{1,1} & \cdots & x_{1,M-1} \\ \vdots & \vdots & \ddots & \vdots \\ x_{N-1,0} & x_{N-1,1} & \cdots & x_{N-1,M-1} \end{bmatrix} = \begin{bmatrix} \mathbf{x}_0^{\mathrm{T}} \\ \mathbf{x}_1^{\mathrm{T}} \\ \vdots \\ \mathbf{x}_{N-1}^{\mathrm{T}} \end{bmatrix} \tag{5-25}$$

行列を表すときには、大文字の太字を使います。たまに、次元 m でまとめたいときもあるでしょう。そのようなときは、式 5-26 のようにして、横ベクトルで表すことにします。

$$\mathbf{x}_m = \begin{bmatrix} x_{0,m} & x_{1,m} & \cdots & x_{N-1,m} \end{bmatrix} \tag{5-26}$$

縦ベクトル $\mathbf{x}_n$ との区別は、添字が n なのか m なのかで判断します。また、添字に数字を使うとき、どちらの意味かがわかりにくくなる場合には、$\mathbf{x}_{n=1}$ や $\mathbf{x}_{m=0}$ などとして明確にします。

t についてすべての N でまとめたいときには、式 5-27 のように縦ベクトルで表すことにします。

$$\mathbf{t} = \begin{bmatrix} t_0 \\ t_1 \\ \vdots \\ t_{N-1} \end{bmatrix} \tag{5-27}$$

5.2.3 面モデル

さて、本題に戻りましょう。N 個の 2 次元ベクトル $\mathbf{x}_n$ に対して、それぞれ t_n が割り当てられているので、この関係を見るには図 5.9 で表したように、それぞれの軸で、$x_{n,m=0}$ と $x_{n,m=1}$ と t_n を表す 3 次元プロットが便利です。ここに、線ではなく、面を当てはめれば、新しい $\mathbf{x} = [x_0, x_1]^{\mathrm{T}}$ に対して t の予測ができそうです（図 5.10）。

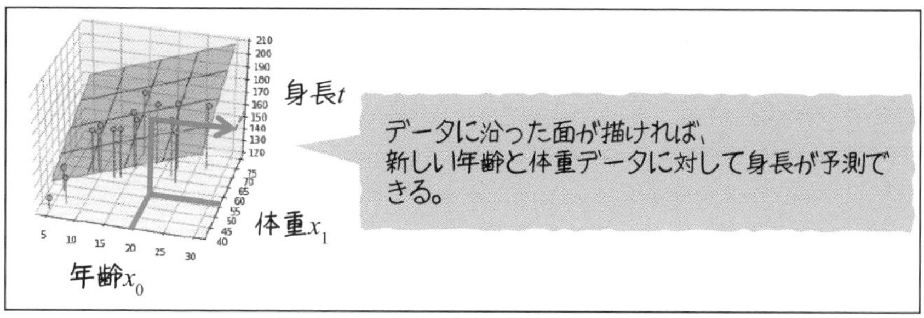

図 5.10：データに沿って面を当てる

リスト 5-2-(4) で、任意の **w** に対して面を描く関数 **show_plane(ax, w)** を準備しておきます。**ax** という引数はリスト 5-2-(3) でも使いましたが、3 次元のグラフを描くときに必要となる、描写先のグラフのオブジェクトです（3.2 節「3 次元のグラフを描く」を参照）。また、平均二乗誤差を計算する関数 **mse_plane(x0, x1, t, w)** も作ります。

In

```
# リスト 5-2-(4)
# 面の表示 ----------
def show_plane(ax, w):
    # 表示データの計算
    x0_n, x1_n = 5, 5
    x0 = np.linspace(X0_min, X0_max, x0_n)
    x1 = np.linspace(X1_min, X1_max, x1_n)
    xx0, xx1 = np.meshgrid(x0, x1)  # グリッド座標の作成
```

```
    y = w[0] * xx0 + w[1] * xx1 + w[2]  # (A) 式 5-28
    # サーフェス表示
    ax.plot_surface(
        xx0, xx1, y,
        rstride=1, cstride=1, alpha=0.3, color="blue", edgecolor="black",
    )


# 面の平均二乗誤差 (MSE) 関数 ----------
def mse_plane(x0, x1, t, w):
    y = w[0] * x0 + w[1] * x1 + w[2]  # (A) 式 5-28
    mse = np.mean((y - t) ** 2)
    return mse


# メイン ----------
w = np.array([1.5, 1, 90])
mse = mse_plane(X0, X1, T, w)  # MSE を計算
# 結果表示
print(f"SD = {np.sqrt(mse):.2f} cm")


# グラフ描画 ----------
plt.figure(figsize=(6, 5))
ax = plt.subplot(projection="3d")
show_plane(ax, w)
show_data2d(ax, X0, X1, T)
plt.show()
```

Out
```
# 実行結果は図 5.10 を参照
```

この面の関数は、式 5-28 のように表されます（リスト 5-2-(4) の **(A)**）。

$$y(\mathbf{x}) = w_0 x_0 + w_1 x_1 + w_2 \tag{5-28}$$

w_0、w_1、w_2 に様々な数値を入れることで、様々な位置や傾きの面を表すことができます。この関数がどのように面を表すのか、イメージを膨らませてみましょう。こ

の関数は、x_0 と x_1 のペアに対して y を決めることができます。このとき、座標 (x_0, x_1) の上の y の高さに、つまり、座標 (x_0, x_1, y) に点を打つことをイメージします。この作業をありとあらゆる (x_0, x_1) のペアで繰り返すと、空間にたくさんの点を打つことができます。この点の集合が、「平らな面を形成する」のです。

5.2.4 面モデルパラメータの解析解

それでは、データに最も合う $\mathbf{w} = [w_0, w_1, w_2]$ を求めていきましょう。2 次元の面モデルの場合でも 1 次元の線モデルと同様に、平均二乗誤差を式 5-29 のように定義できます。

$$J = \frac{1}{N}\sum_{n=0}^{N-1}(y(\mathbf{x}_n) - t_n)^2 = \frac{1}{N}\sum_{n=0}^{N-1}\left(w_0 x_{n,0} + w_1 x_{n,1} + w_2 - t_n\right)^2 \qquad \textbf{(5-29)}$$

$\mathbf{w}$ を動かすと面がいろいろな方向を向き、それに応じて J が変化します。目的は、一番 J が小さくなるような $\mathbf{w} = [w_0, w_1, w_2]$ を求めることです。J を最小にする最適な $\mathbf{w}$ では、傾きが 0、つまり微小な $\mathbf{w}$ の変化に対して J の変化は 0 になっていますので、J を w_0 で偏微分したものは 0、また、J を w_1 で偏微分したものも、w_2 で偏微分したものも 0 という、式 5-30 のような関係が成り立ちます。

$$\frac{\partial J}{\partial w_0} = 0, \qquad \frac{\partial J}{\partial w_1} = 0, \qquad \frac{\partial J}{\partial w_2} = 0 \qquad \textbf{(5-30)}$$

w_0 に関する偏微分は、式 5-31 のようになります。

$$\begin{aligned}\frac{\partial J}{\partial w_0} &= \frac{2}{N}\sum_{n=0}^{N-1}(w_0 x_{n,0} + w_1 x_{n,1} + w_2 - t_n)\, x_{n,0} \\ &= 2\,\{w_0 < x_0^2 > + w_1 < x_0 x_1 > + w_2 < x_0 > - < t x_0 >\} = 0\end{aligned} \qquad \textbf{(5-31)}$$

w_1 に関する偏微分は、式 5-32 のようになります。

$$\begin{aligned}\frac{\partial J}{\partial w_1} &= \frac{2}{N}\sum_{n=0}^{N-1}(w_0 x_{n,0} + w_1 x_{n,1} + w_2 - t_n) x_{n,1} \\ &= 2\,\{w_0 < x_0 x_1 > + w_1 < x_1^2 > + w_2 < x_1 > - < t x_1 >\} = 0\end{aligned} \qquad \textbf{(5-32)}$$

最後に、w_2 に関する偏微分は、式 5-33 のようになります。

$$\frac{\partial J}{\partial w_2} = \frac{2}{N}\sum_{n=0}^{N-1}(w_0 x_{n,0} + w_1 x_{n,1} + w_2 - t_n)$$
$$= 2\{w_0 < x_0 > + w_1 < x_1 > + w_2 - < t >\} = 0 \tag{5-33}$$

この3つの式の連立方程式を w_0、w_1、w_2 についてコツコツ解いていくと、式 5-34、式 5-35、式 5-36 が得られます。

$$w_0 = \frac{\mathrm{cov}(t, x_1)\mathrm{cov}(x_0, x_1) - \mathrm{var}(x_1)\mathrm{cov}(t, x_0)}{\mathrm{cov}(x_0, x_1)^2 - \mathrm{var}(x_0)\mathrm{var}(x_1)} \tag{5-34}$$

$$w_1 = \frac{\mathrm{cov}(t, x_0)\mathrm{cov}(x_0, x_1) - \mathrm{var}(x_0)\mathrm{cov}(t, x_1)}{\mathrm{cov}(x_0, x_1)^2 - \mathrm{var}(x_0)\mathrm{var}(x_1)} \tag{5-35}$$

$$w_2 = -w_0 < x_0 > - w_1 < x_1 > + < t > \tag{5-36}$$

ここで、$\mathrm{var}(a) = < a^2 > - < a >^2$ で、$\mathrm{cov}(a, b) = < ab > - < a >< b >$ としました。前者は、a の**分散**、後者は a と b の**共分散**と呼ばれる統計量です。a の分散とは a にどれくらいばらつきがあるかを表し、a と b の共分散とは a と b がどれくらい関係しているかを表します。こういった統計量が自然に式の中に出てくるのは面白いですね。

さて、早速、求めた式 5-34、式 5-35、式 5-36 に、実際の入力データ **X0**、**X1** と目標データ **T** の値を入れ w_0、w_1、w_2 を求め、その面を描いてみましょう（リスト 5-2-(5)）。

In
```
# リスト 5-2-(5)
# 解析解 ----------
def fit_plane(x0, x1, t):
    c_tx0 = np.mean(t * x0) - np.mean(t) * np.mean(x0)     # cov(t, x0)
    c_tx1 = np.mean(t * x1) - np.mean(t) * np.mean(x1)     # cov(t, x1)
    c_x0x1 = np.mean(x0 * x1) - np.mean(x0) * np.mean(x1)  # cov(x0, x1)
    v_x0 = np.var(x0)                                      # var(x0)
    v_x1 = np.var(x1)                                      # var(x1)
    # 式 5-34
    w0 = (c_tx1 * c_x0x1 - v_x1 * c_tx0) / (c_x0x1 ** 2 - v_x0 * v_x1)
    # 式 5-35
```

```
    w1 = (c_tx0 * c_x0x1 - v_x0 * c_tx1) / (c_x0x1 ** 2 - v_x0 * v_x1)
    # 式 5-36
    w2 = -w0 * np.mean(x0) - w1 * np.mean(x1) + np.mean(t)
    w = np.array([w0, w1, w2])
    return w


# メイン ----------
w = fit_plane(X0, X1, T)        # w を計算
mse = mse_plane(X0, X1, T, w)  # MSE を計算
# 結果表示
print(f"w0 = {w[0]:.2f}, w1 = {w[1]:.2f}, w2 = {w[2]:.2f}")
print(f"SD = {np.sqrt(mse):.2f} cm")


# グラフ描画 ----------
plt.figure(figsize=(6, 5))
ax = plt.subplot(projection="3d")
show_plane(ax, w)
show_data2d(ax, X0, X1, T)
plt.show()
```

Out

```
# 実行結果は図 5.11 を参照
```

リスト 5-2-(5) の実行結果を図 5.11 に示しました。面がデータ点に合うように配置されていることがわかります。

誤差の標準偏差 SD は 2.55 cm と、前回の線モデルのときの 7.00 cm よりも小さくなっています。身長を予測するのに、年齢だけでなく体重の情報があったほうが、予測精度が増すということです。

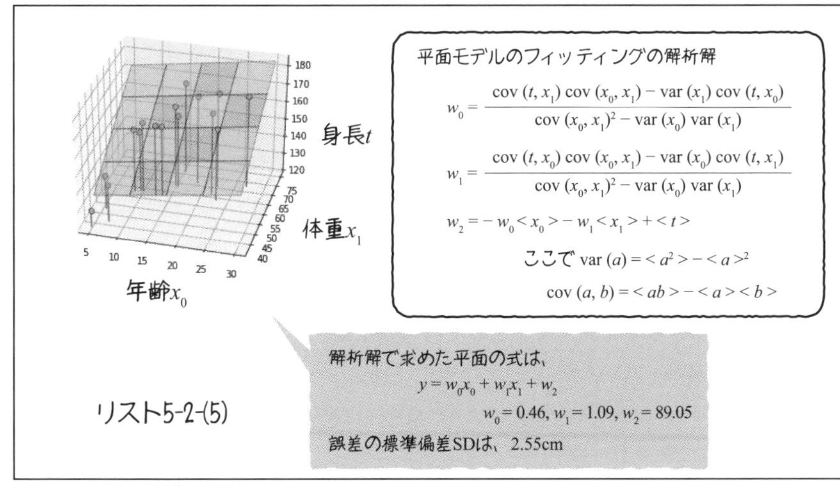

平面モデルのフィッティングの解析解
$w_0 = \frac{\mathrm{cov}(t, x_1)\,\mathrm{cov}(x_0, x_1) - \mathrm{var}(x_1)\,\mathrm{cov}(t, x_0)}{\mathrm{cov}(x_0, x_1)^2 - \mathrm{var}(x_0)\,\mathrm{var}(x_1)}$
$w_1 = \frac{\mathrm{cov}(t, x_0)\,\mathrm{cov}(x_0, x_1) - \mathrm{var}(x_0)\,\mathrm{cov}(t, x_1)}{\mathrm{cov}(x_0, x_1)^2 - \mathrm{var}(x_0)\,\mathrm{var}(x_1)}$
$w_2 = -w_0 \langle x_0 \rangle - w_1 \langle x_1 \rangle + \langle t \rangle$
ここで $\mathrm{var}(a) = \langle a^2 \rangle - \langle a \rangle^2$
$\mathrm{cov}(a, b) = \langle ab \rangle - \langle a \rangle \langle b \rangle$
身長t
体重x_1
年齢x_0
リスト5-2-(5)
解析解で求めた平面の式は、
$y = w_0x_0 + w_1x_1 + w_2$
$w_0 = 0.46, w_1 = 1.09, w_2 = 89.05$
誤差の標準偏差SDは、2.55cm

図 5.11：解析解による平面モデルのフィッティング結果

5.3 D 次元線形回帰モデル

それでは、$\mathbf{x}$ が 3 次元、4 次元、いや、もっと多くの次元だったらどうでしょうか？異なる次元に対してすべての公式を導いていたら大変な手間になってしまいます。そこで、D 次元として次元数も変数としたまま公式を導くことを考えます。

実は、ここは本書での重要な「峠」となります。5.1 節と 5.2 節の 1 次元データ、2 次元データでの解析解の導出は、この D 次元での解析解の導出を行う準備運動のようなものでした。この難所を越えることができれば、難解な機械学習の教科書を読む力が「ぐっ」とつくはずです。気合を入れて進みましょう。

5.3.1 D 次元線形回帰モデル

1 次元入力で扱った直線モデル、2 次元入力で扱った面モデルは、まとめて**線形回帰モデル**と呼ばれる同じ種類のモデルです。一般的には、式 5-37 のように表すことができます。

$$y(\mathbf{x}) = w_0x_0 + w_1x_1 + \cdots + w_{D-1}x_{D-1} + w_D \tag{5-37}$$

最後の w_D は切片を表し、x が掛けられていないことに注意してください。しかし、まずは、簡単のために切片の項を含めないモデルで考えていきます（式 5-38)。

$$y(\mathbf{x}) = w_0 x_0 + w_1 x_1 + \cdots + w_{D-1} x_{D-1} \tag{5-38}$$

切片 w_D がモデルに含まれていないと、どのような $\mathbf{w}$ でも原点 $\mathbf{x}$ =[0, 0, ..., 0] を代入したときに y が 0 になります。つまり、このモデルでは、どんな $\mathbf{w}$ でも原点を通る平面（高次元空間の面のようなもの）になります。切片がないとグラフが上下に平行移動できないからです。

さて、このモデルを行列表記を使って短くまとめると、式 5-39 の一番右側のように $\mathbf{w}^{\mathrm{T}}\mathbf{x}$ と表すことができます。

$$y(\mathbf{x}) = w_0 x_0 + w_1 x_1 + \cdots + w_{D-1} x_{D-1} = [w_0 \ \cdots \ w_{D-1}] \begin{bmatrix} x_0 \\ \vdots \\ x_{D-1} \end{bmatrix} = \mathbf{w}^{\mathrm{T}}\mathbf{x} \tag{5-39}$$

$\mathbf{w}$ は、以下のようになります。

$$\mathbf{w} = \begin{bmatrix} w_0 \\ w_1 \\ \vdots \\ w_{D-1} \end{bmatrix}$$

$\mathbf{w}^{\mathrm{T}}$ はこれを横にした横ベクトルです。

5.3.2 パラメータの解析解

さて、ここから解析解を求めていきます。これまでと同様に平均二乗誤差 J を式 5-40 のように表します。

$$J(\mathbf{w}) = \frac{1}{N}\sum_{n=0}^{N-1}(y(\mathbf{x}_n) - t_n)^2 = \frac{1}{N}\sum_{n=0}^{N-1}(\mathbf{w}^{\mathrm{T}}\mathbf{x}_n - t_n)^2 \tag{5-40}$$

上記をおなじみの連鎖律を使って、w_i で偏微分すると、式 5-41 のようになります。

$$\frac{\partial J}{\partial w_i} = \frac{1}{N}\sum_{n=0}^{N-1}\frac{\partial}{\partial w_i}(\mathbf{w}^{\mathrm{T}}\mathbf{x}_n - t_n)^2 = \frac{2}{N}\sum_{n=0}^{N-1}(\mathbf{w}^{\mathrm{T}}\mathbf{x}_n - t_n)\, x_{n,i} \tag{5-41}$$

なお、$\mathbf{w}^{\mathrm{T}}\mathbf{x}_n = w_0\, x_{n,0} + \cdots + w_{D-1}\, x_{n,D-1}$ を w_i で偏微分すると、$x_{n,i}$ だけが残ることに注意してください。

J を最小にする $\mathbf{w}$ では、すべての w_i の方向について傾きが 0、つまり偏微分（式 5-41）が 0 となるので、式 5-42 が、$i = 0 \sim D-1$ で成り立つはずです。

$$\frac{2}{N}\sum_{n=0}^{N-1}(\mathbf{w}^{\mathrm{T}}\mathbf{x}_n - t_n)\, x_{n,i} = 0 \tag{5-42}$$

つまり、この D 個の連立方程式を各 w_i について解けば、答えを得ることができるというわけです。まず、両辺を $N/2$ 倍して、少しだけシンプルにした式 5-43 を考えていきましょう。

$$\sum_{n=0}^{N-1}(\mathbf{w}^{\mathrm{T}}\mathbf{x}_n - t_n)\, x_{n,i} = 0 \tag{5-43}$$

それにしても、これまでは D を $D=1$、$D=2$ と具体的に決めて $\mathbf{w}$ を導出してきましたが、これを D という変数のまま $\mathbf{w}$ を求めることなどできるのでしょうか？

ここで行列の出番になります。行列を使うと D は D のまま答えが出せるのです。

それではまず、式 5-43 全体をベクトル形式としてまとめます。式 5-43 は、すべての i で成り立つので、それぞれを丁寧に書いていけば、式 5-44 のようになります。

$$\begin{aligned}
&\sum_{n=0}^{N-1}(\mathbf{w}^{\mathrm{T}}\mathbf{x}_n - t_n)\, x_{n,0} = 0 \\
&\sum_{n=0}^{N-1}(\mathbf{w}^{\mathrm{T}}\mathbf{x}_n - t_n)\, x_{n,1} = 0 \\
&\qquad\vdots \\
&\sum_{n=0}^{N-1}(\mathbf{w}^{\mathrm{T}}\mathbf{x}_n - t_n)\, x_{n,D-1} = 0
\end{aligned} \tag{5-44}$$

最後の x の添字だけが 0 から D-1 まで変わっています。これらの式を、ベクトルとして 1 つにまとめて、式 5-45 のように表すことができます。右辺は D 次元の 0 ベクトルです。

$$\sum_{n=0}^{N-1}(\mathbf{w}^{\mathrm{T}}\mathbf{x}_n - t_n)\left[x_{n,0}, x_{n,1}, \cdots, x_{n,D-1}\right] = [0 \quad 0 \quad \cdots \quad 0] \tag{5-45}$$

そして、$\left[x_{n,0}, x_{n,1}, \cdots, x_{n,D-1}\right]$ は $\mathbf{x}_n^{\mathrm{T}}$ なので、式 5-46 のようになります。

$$\sum_{n=0}^{N-1}(\mathbf{w}^{\mathrm{T}}\mathbf{x}_n - t_n)\mathbf{x}_n^{\mathrm{T}} = [0 \quad 0 \quad \cdots \quad 0] \tag{5-46}$$

これで、式 5-43 がベクトル形式として変換されました。行列でも $(a + b)c= ac + bc$ の法則（分配法則）が成り立つので、式 5-47 のように展開することができます。

$$\sum_{n=0}^{N-1}(\mathbf{w}^{\mathrm{T}}\mathbf{x}_n\mathbf{x}_n^{\mathrm{T}} - t_n\mathbf{x}_n^{\mathrm{T}}) = [0 \quad 0 \quad \cdots \quad 0] \tag{5-47}$$

そして、和の記号を展開して式 5-48 のようになります。

$$\mathbf{w}^{\mathrm{T}}\sum_{n=0}^{N-1}\mathbf{x}_n\mathbf{x}_n^{\mathrm{T}} - \sum_{n=0}^{N-1}t_n\mathbf{x}_n^{\mathrm{T}} = [0 \quad 0 \quad \cdots \quad 0] \tag{5-48}$$

この左辺は、式 5-49 のように行列の式で表すことができます。

$$\mathbf{w}^{\mathrm{T}}\mathbf{X}^{\mathrm{T}}\mathbf{X} - \mathbf{t}^{\mathrm{T}}\mathbf{X} = [0 \quad 0 \quad \cdots \quad 0] \tag{5-49}$$

ここで $\mathbf{X}$ は、すべてのデータをまとめて表した行列、式 5-50 です。データ行列 $\mathbf{X}$ は、個々のデータベクトルの転置 $\mathbf{x}_n^{\mathrm{T}}$ を縦方向に並べたベクトルのベクトルとしてみなすことができます。

$$\mathbf{X}=\begin{bmatrix} x_{0,0} & x_{0,1} & \cdots & x_{0,D-1} \\ x_{1,0} & x_{1,1} & \cdots & x_{1,D-1} \\ \vdots & \vdots & \ddots & \vdots \\ x_{N-1,0} & x_{N-1,1} & \cdots & x_{N-1,D-1} \end{bmatrix}=\begin{bmatrix} \mathbf{x}_0^{\mathrm{T}} \\ \mathbf{x}_1^{\mathrm{T}} \\ \vdots \\ \mathbf{x}_{N-1}^{\mathrm{T}} \end{bmatrix} \tag{5-50}$$

式 5-48 から式 5-49 への変換には、以下の式 5-51、式 5-52 を使いました。

$$\sum_{n=0}^{N-1} \mathbf{x}_n \mathbf{x}_n^{\mathrm{T}} = \mathbf{X}^{\mathrm{T}}\mathbf{X} \tag{5-51}$$

$$\sum_{n=0}^{N-1} t_n \mathbf{x}_n^{\mathrm{T}} = \mathbf{t}^{\mathrm{T}}\mathbf{X} \tag{5-52}$$

データ行列 $\mathbf{X}$ が、式 5-50 の右式のように $\mathbf{x}_n^{\mathrm{T}}$ で表せることに注意すると、行列計算に慣れた方なら式 5-51 と式 5-52 が成り立つことが見えてくるかもしれません。

もちろん、成分表記にして確かめることもできます。式 5-51 は、左辺と右辺を成分表記の行列にすると、どちらも式 5-53 のようになることで、等号が成り立つとわかります。$N=2$、$D=2$ を想定すると確かめるのも楽になります。

$$\begin{bmatrix} \sum_{n=0}^{N-1} x_{n,0}^2 & \sum_{n=0}^{N-1} x_{n,0}x_{n,1} & \cdots & \sum_{n=0}^{N-1} x_{n,0}x_{n,D-1} \\ \sum_{n=0}^{N-1} x_{n,1}x_{n,0} & \sum_{n=0}^{N-1} x_{n,1}^2 & \cdots & \sum_{n=0}^{N-1} x_{n,1}x_{n,D-1} \\ \vdots & \vdots & \vdots & \vdots \\ \sum_{n=0}^{N-1} x_{n,D-1}x_{n,0} & \sum_{n=0}^{N-1} x_{n,D-1}x_{n,1} & \cdots & \sum_{n=0}^{N-1} x_{n,D-1}^2 \end{bmatrix} \tag{5-53}$$

式 5-52 も、左辺と右辺を成分表記にすると、どちらも式 5-54 のようになることから、等号が成り立つとわかります。

$$\begin{bmatrix} \sum_{n=0}^{N-1} t_n x_{n,0} & \sum_{n=0}^{N-1} t_n x_{n,1} & \cdots & \sum_{n=0}^{N-1} t_n x_{n,D-1} \end{bmatrix} \tag{5-54}$$

さて、ここからは、式 5-49 を変形して $\mathbf{w}=$ の形に持っていくことを考えます。まず、両辺を転置すると、式 5-55 のようになります。

$$(\mathbf{w}^{\mathrm{T}}\mathbf{X}^{\mathrm{T}}\mathbf{X}-\mathbf{t}^{\mathrm{T}}\mathbf{X})^{\mathrm{T}}=[0 \quad 0 \quad \cdots \quad 0]^{\mathrm{T}} \tag{5-55}$$

上記の左辺の 2 つの項に外側の T を作用させると式 5-56 のようになります。$(\boldsymbol{A}+\boldsymbol{B})^{\mathrm{T}}=\mathbf{A}^{\mathrm{T}}+\mathbf{B}^{\mathrm{T}}$ という関係式を使いました。

$$(\mathbf{w}^{\mathrm{T}}\mathbf{X}^{\mathrm{T}}\mathbf{X})^{\mathrm{T}}-(\mathbf{t}^{\mathrm{T}}\mathbf{X})^{\mathrm{T}}=[0 \quad 0 \quad \cdots \quad 0]^{\mathrm{T}} \tag{5-56}$$

更に$(\mathbf{A}^{\mathrm{T}})^{\mathrm{T}}=\mathbf{A}$ という関係式と、$(\mathbf{AB})^{\mathrm{T}}=\mathbf{B}^{\mathrm{T}}\mathbf{A}^{\mathrm{T}}$という公式（4.6.7 項）を使って、式 5-57 を得ます。

$$(\mathbf{X}^{\mathrm{T}}\mathbf{X})^{\mathrm{T}}(\mathbf{w}^{\mathrm{T}})^{\mathrm{T}}-\mathbf{X}^{\mathrm{T}}\mathbf{t}=[0 \quad 0 \quad \cdots \quad 0]^{\mathrm{T}} \tag{5-57}$$

左辺の第 1 項では、$\mathbf{w}^{\mathrm{T}}=\mathbf{A}$、$\mathbf{X}^{\mathrm{T}}\mathbf{X}=\mathbf{B}$ と考えました。更に、左辺第 1 項は、式 5-58 のように整理できます。

$$(\mathbf{X}^{\mathrm{T}}\mathbf{X})\mathbf{w}-\mathbf{X}^{\mathrm{T}}\mathbf{t}=[0 \quad 0 \quad \cdots \quad 0]^{\mathrm{T}} \tag{5-58}$$

上記の$\mathbf{X}^{\mathrm{T}}\mathbf{t}$を右辺に移行して、式 5-59 のようになります。

$$(\mathbf{X}^{\mathrm{T}}\mathbf{X})\mathbf{w}=\mathbf{X}^{\mathrm{T}}\mathbf{t} \tag{5-59}$$

最後に、左辺の $(\mathbf{X}^{\mathrm{T}}\mathbf{X})$ を消すために $(\mathbf{X}^{\mathrm{T}}\mathbf{X})^{-1}$ を両辺に左から掛ければ、式 5-60 のように解析解を得ます。

$$\mathbf{w}=(\mathbf{X}^{\mathrm{T}}\mathbf{X})^{-1}\mathbf{X}^{\mathrm{T}}\mathbf{t} \tag{5-60}$$

これが、まさしく、*D* 次元線形回帰モデルの解となります。峠を無事に越えられたでしょうか？　ごくろうさまでした。

式 5-60 は、$\mathbf{x}$ が何次元だったとしてもすべてこの形で最適な $\mathbf{w}$ が得られるという結果です。シンプルで何とも綺麗な形です。この式の右辺 $(\mathbf{X}^{\mathrm{T}}\mathbf{X})^{-1}\mathbf{X}^{\mathrm{T}}$ には、**ムーア・ペンローズの擬似逆行列**という名前が付いています。逆行列は、縦と横の長さが同じ正方行列にしか定義できませんでしたが（4.6 節「行列」を参照）、擬似逆行列は、正方行列ではない行列（ここでは $\mathbf{X}$）でも定義できる逆行列の代用バージョンになっているのです。

5.3.3 原点を通らない面への拡張

さて、保留にしていた原点を通らない面の場合へ拡張する話に戻ります。原点に固定された面の方程式は、入力データが 2 次元の場合、式 5-61 のように表されます。

$$y(\mathbf{x}) = w_0 x_0 + w_1 x_1 \tag{5-61}$$

ここに 3 番目のパラメータ w_2 を加えれば、面が上下に移動できるので、原点を通らない面が表現できます（式 5-62）。

$$y(\mathbf{x}) = w_0 x_0 + w_1 x_1 + w_2 \tag{5-62}$$

そこで、**x** は 2 次元ベクトルでしたが、常に 1 をとる 3 次元目の要素 $x_2 = 1$ を追加して、**x** を 3 次元ベクトルだと考えます。すると、式 5-63 のように表すことができ、原点にしばられない面を表現できることになります。

$$y(\mathbf{x}) = w_0 x_0 + w_1 x_1 + w_2 x_2 = w_0 x_0 + w_1 x_1 + w_2 \tag{5-63}$$

このように、常に 1 をとる次元を入力データ **x** に追加してから、式 5-60 を適用することで、原点にしばられない面を求めることができます。これは、D 次元の **x** の問題についても同様で、$D+1$ 次元目に常に 1 をとる要素を追加すれば、自由に動けるモデルが表現できるのです。

5.4 線形基底関数モデル

x が 1 次元の場合に話を戻します。ここまでは、直線のモデルを使って身長の予測を考えてきました。しかし、データを見てみると、なだらかに曲がった曲線にデータは沿っているようにも見えます（図 5.12）。曲線を使って表したほうがもっと誤差が小さくなるかもしれません。そこで、曲線のモデルを考えていきましょう。

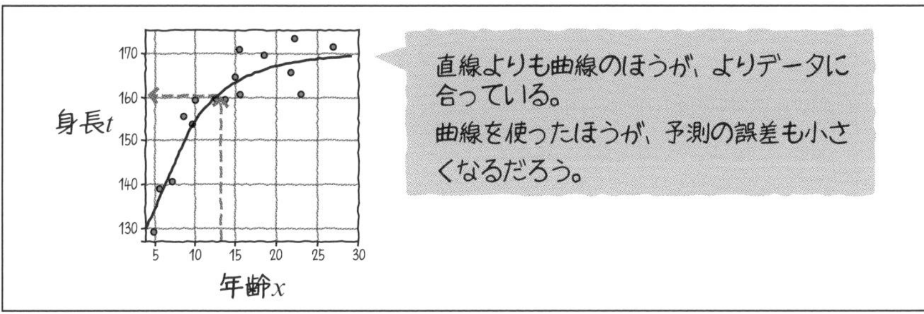

図 5.12：曲線によるフィッティング

曲線を表すモデルはいろいろな種類がありますが、ここでは汎用性の高い**線形基底関数モデル**を紹介します。基底関数とは「もとになる関数」という意味です。5.3 節で紹介した線形回帰モデルの x を基底関数 $\phi(x)$ に置き換えることで、いろいろな形の関数を作ろうというのが、線形基底関数モデルの考え方です。

まず、何を基底関数とするかを選ぶ必要があるのですが、ここではガウス関数を基底関数に選んだ線形基底関数モデルを考えます。

基底関数は $\phi_j(x)$ で表します。ϕ は、「ファイ」と呼ぶギリシャ文字です。基底関数は複数セットで使われるので、その番号を表す j というインデックスが付いています。ガウス基底関数は、式 5-64 のようになります。

$$\phi_j(x) = \exp\left\{-\frac{(x-\mu_j)^2}{2s^2}\right\} \tag{5-64}$$

ガウス関数の中心位置は μ_j で調節します。これを平均パラメータと呼ぶものとします。関数の広がりの程度は s で調節します。これは標準偏差パラメータと呼ぶものとします。平均パラメータ μ_j も標準偏差パラメータ s も、設計者が決めるパラメータです。平均パラメータ μ_j は個々のガウス関数が別々の値を持つパラメータですが、標準偏差パラメータ s は、すべてのガウス関数で共通のパラメータとします。

プログラムは、ここから新規ではじめられるように、リスト5-3-(1)からはじめましょう。まず、必要なライブラリを **import** し、リスト5-1-(1)で作成したデータをロードします。

In

```
# リスト 5-3-(1)
%matplotlib inline
import numpy as np
import matplotlib.pyplot as plt


# データのロード ----------
data = np.load("ch5_data.npz")
X = data["X"]
X_min = 0
X_max = data["X_max"]
N = data["N"]
T = data["T"]
```

それでは、ガウス関数をリスト5-3-(2)で定義しましょう。

In

```
# リスト 5-3-(2)
# ガウス関数 ----------
def gauss(x, mu, s):
    y = np.exp(-((x - mu) ** 2) / (2 * s ** 2))  # 式5-64
    return y
```

次に、リスト5-3-(3)で、4つのガウス関数（$M = 4$）を年齢の範囲5〜30に等間隔に配置して表示してみましょう。**s** は標準偏差パラメータで、隣り合ったガウス関数の中心間の距離とします **(A)**。

In

```
# リスト 5-3-(3)
# メイン ----------
M = 4                               # ガウス関数の数
mu = np.linspace(5, 30, M)          # 平均パラメータ
s = mu[1] - mu[0]                   # (A) 標準偏差パラメータ
```

```
xb = np.linspace(X_min, X_max, 100)
y = np.zeros((M, 100))  # M個のガウス関数の値を入れる y を準備
for j in range(M):
    y[j, :] = gauss(xb, mu[j], s)    # ガウス関数


# グラフ描画 ----------
plt.figure(figsize=(4, 4))
for j in range(M):
    plt.plot(xb, y[j, :], "gray", linewidth=3)
plt.xlim(X_min, X_max)
plt.ylim(0, 1.2)
plt.grid()
plt.show()
```

Out

```
# 実行結果は図 5.13 上を参照
```

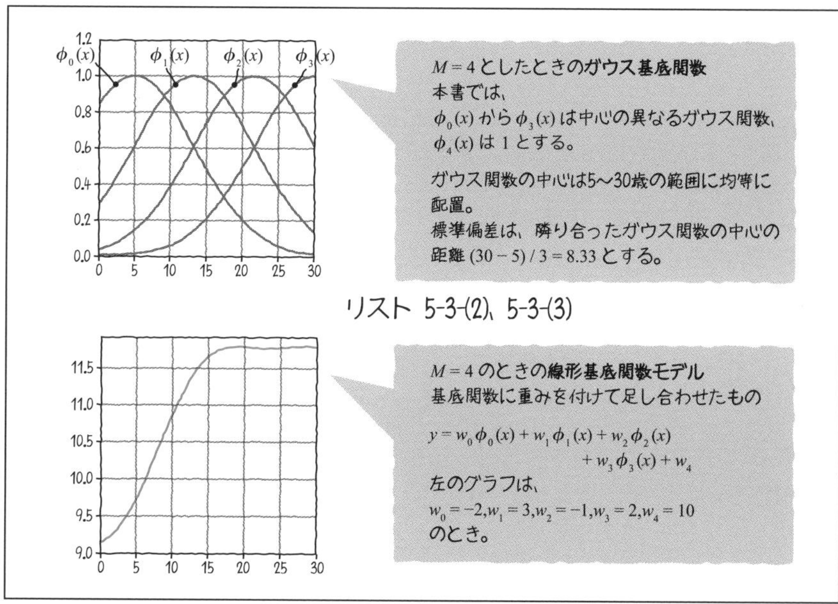

図 5.13：ガウス基底関数を用いた線形基底関数モデル

リスト 5-3-(3) を実行すると図 5.13 上で示したグラフが表示されます。

左から順に、$\phi_0(x)$、$\phi_1(x)$、$\phi_2(x)$、$\phi_3(x)$ となります。これらに、それぞれパラメータ w_0、w_1、w_2、w_3 を掛け合わせ、すべてを足し合わせた関数を、式 5-65 のようにします。

$$y(x, \mathbf{w}) = w_0\phi_0(x) + w_1\phi_1(x) + w_2\phi_2(x) + w_3\phi_3(x) + w_4 \tag{5-65}$$

これが、$M = 4$ の線形基底関数モデルです。パラメータ $\mathbf{w}$ を「重みパラメータ」と呼び、このような計算を、「重みを付けて足し合わせる」と表現します。最後の w_4、つまり、w_M は、曲線の上下の平行移動を調節する重要なものですが、他のパラメータとは異なり、$\phi_j(x)$ が掛けられていません。そのために、他のパラメータと扱いが異なってしまいます。そこで、常に 1 を出力する $\phi_4(x) = 1$ というダミーの基底関数を追加することにします。そうすれば、式 5-66 のように表すことができます。

$$y(x, \mathbf{w}) = \sum_{j=0}^{M} w_j\phi_j(x) = \mathbf{w}^\mathrm{T}\boldsymbol{\phi}(x) \tag{5-66}$$

成分表記も行列表記もすっきりしました。ここで、$\mathbf{w} = (w_0, w_1, \cdots, w_\mathrm{M})^\mathrm{T}$、$\boldsymbol{\phi} = (\phi_0, \phi_1, \cdots, \phi_M)^\mathrm{T}$ です。平均二乗誤差 J は、式 5-67 のようになります。

$$J(\mathbf{w}) = \frac{1}{N}\sum_{n=0}^{N-1}\{\mathbf{w}^\mathrm{T}\boldsymbol{\phi}(x_n) - t_n\}^2 \tag{5-67}$$

ところで、式 5-67 は、前節の式 5-40（以下にも参照）で表した線形直線モデルの平均二乗誤差とほとんど同じ形をしています。

$$J(\mathbf{w}) = \frac{1}{N}\sum_{n=0}^{N-1}(\mathbf{w}^\mathrm{T}\mathbf{x}_n - t_n)^2 \tag{5-40}$$

式 5-40 の中の $\mathbf{x}_n$ が式 5-67 では $\boldsymbol{\phi}(x_n)$ に変わっただけです。このことから、線形基底関数モデルは、以下のようにも解釈できます。

- 1.“前処理”として、1 次元データ x_n を M 次元のデータベクトル $\mathbf{x}_n = \boldsymbol{\phi}(x_n)$ に変換
- 2.M 次元入力 $\mathbf{x}_n$ に対して線形回帰モデルを適用

つまり、線形基底関数モデルとは、「$\boldsymbol{\phi}(x_n)$ を入力 $\mathbf{x}_n$ だと解釈した線形回帰モデル」に他ならないのです。

よって、J を最小化するパラメータ $\mathbf{w}$ は、前述の解析解（式 5-60、以下にも参照)、

$$\mathbf{w} = (\mathbf{X}^{\mathrm{T}}\mathbf{X})^{-1}\mathbf{X}^{\mathrm{T}}\mathbf{t} \tag{5-60}$$

の、$\mathbf{X}$ を $\boldsymbol{\Phi}$ に置き換えて、式 5-68 のように表すことができます。

$$\mathbf{w} = (\boldsymbol{\Phi}^{\mathrm{T}}\boldsymbol{\Phi})^{-1}\boldsymbol{\Phi}^{\mathrm{T}}\mathbf{t} \tag{5-68}$$

ここで $\boldsymbol{\Phi}$ は、前処理をした後の入力データを表す、式 5-69 のような行列となります。これを**計画行列**（design matrix）と呼びます。

$$\boldsymbol{\Phi} = \begin{bmatrix} \phi_0(x_0) & \phi_1(x_0) & \cdots & \phi_M(x_0) \\ \phi_0(x_1) & \phi_1(x_1) & \cdots & \phi_M(x_1) \\ \vdots & \vdots & \vdots & \vdots \\ \phi_0(x_{N-1}) & \phi_1(x_{N-1}) & \cdots & \phi_M(x_{N-1}) \end{bmatrix} \tag{5-69}$$

今、x は 1 次元としていますが、これは多次元入力 $\mathbf{x}$ にもそのまま拡張できますので、一般的には、式 5-70 のようになります。

$$\boldsymbol{\Phi} = \begin{bmatrix} \phi_0(\mathbf{x}_0) & \phi_1(\mathbf{x}_0) & \cdots & \phi_M(\mathbf{x}_0) \\ \phi_0(\mathbf{x}_1) & \phi_1(\mathbf{x}_1) & \cdots & \phi_M(\mathbf{x}_1) \\ \vdots & \vdots & \vdots & \vdots \\ \phi_0(\mathbf{x}_{N-1}) & \phi_1(\mathbf{x}_{N-1}) & \cdots & \phi_M(\mathbf{x}_{N-1}) \end{bmatrix} \tag{5-70}$$

$\phi(\mathbf{x})$ の中の $\mathbf{x}$ が、ベクトルになったことに注意してください。

それでは、式 5-68 を使って最適なパラメータ $\mathbf{w}$ を求めてみましょう。まず、リスト 5-3-(4) で線形基底関数モデル **gauss_func(w, x)** を定義します。

In

```
# リスト 5-3-(4)
# 線形基底関数モデル ----------
def gauss_func(w, x):
    m = len(w) - 1          # ガウス関数の数
    mu = np.linspace(5, 30, m)
    s = mu[1] - mu[0]
```

```
    # x と同じサイズで要素が 0 の ndarray 型を作成
    y = np.zeros_like(x)
    # ここでは式 5-66 ではなく式 5-65 で実装
    for j in range(m):
        y = y + w[j] * gauss(x, mu[j], s)
    y = y + w[m]  # phi を掛けないパラメータを最後に加える
    return y
```

次に、アルゴリズムに直接は関係しないのですが、平均二乗誤差を計算する関数 **mse_gauss_func(x, t, w)** をリスト 5-3-(5) で作っておきます。フィッティングの程度を算出するためです。

In

```
# リスト 5-3-(5)
# 線形基底関数モデルの平均二乗誤差 (MSE) ----------
def mse_gauss_func(x, t, w):
    y = gauss_func(w, x)
    mse = np.mean((y - t) ** 2)
    return mse
```

そして、本命の線形基底関数モデルのパラメータの解析解を与える **fit_gauss_func(x, t, m)** をリスト 5-3-(6) で作ります。

In

```
# リスト 5-3-(6)
# 線形基底関数モデルの厳密解 ----------
def fit_gauss_func(x, t, m):
    mu = np.linspace(5, 30, m)
    s = mu[1] - mu[0]
    n = x.shape[0]
    # 式 5-69 の計画行列 phi を作成
    phi = np.ones((n, m + 1))  # (A) 要素が 1 の n x (m+1) 行列
    for j in range(m):         # (B) 0 ～ m-1 列に値を割り振る
        phi[:, j] = gauss(x, mu[j], s)
    # 式 5-68 で厳密解の w を計算
    w = np.linalg.inv(phi.T @ phi) @ phi.T @ t
```

```
    return w
```

計画行列 **phi** の **m** 列目は値が 1 なので、**(A)** ですべての要素が 1 の **n** 行 **m+1** 列の行列を作ってから、**(B)0** から **m-1** 列に値を割り振っています。

それでは、これらをリスト 5-3-(7) で実際に動かし、グラフを表示してみましょう。

In

```
# リスト 5-3-(7)
# ガウス基底関数表示 ----------
def show_gauss_func(w):
    x = np.linspace(X_min, X_max, 100)
    y = gauss_func(w, x)
    plt.plot(x, y, "gray", linewidth=4)


# メイン ----------
M = 4                            # ガウス関数の数
w = fit_gauss_func(X, T, M)      # w を計算
mse = mse_gauss_func(X, T, w)    # MSE を計算
# 結果表示
print("w = ", np.round(w, 2))
print(f"SD = {np.sqrt(mse):.2f} cm")


# グラフ描画 ----------
plt.figure(figsize=(4, 4))
show_gauss_func(w)
plt.plot(
    X, T, "cornflowerblue",
    marker="o", linestyle="None", markeredgecolor="black",
)
plt.xlim(X_min, X_max)
plt.grid()
plt.show()
```

Out

```
# 実行結果は図 5.14 を参照
```

図 5.14 に、線形基底関数モデルでフィッティングした結果を示しました。常に 1 を出力するダミー関数と、図 5.13 上で示した 4 つのガウス基底関数を足し合わせた結果です。ちょうどうまい具合にデータに沿って曲線が引かれています。誤差の標準偏差 SD は、3.98 cm となり、直線モデルのときの誤差 7.00 cm よりもずっと小さくなりました。

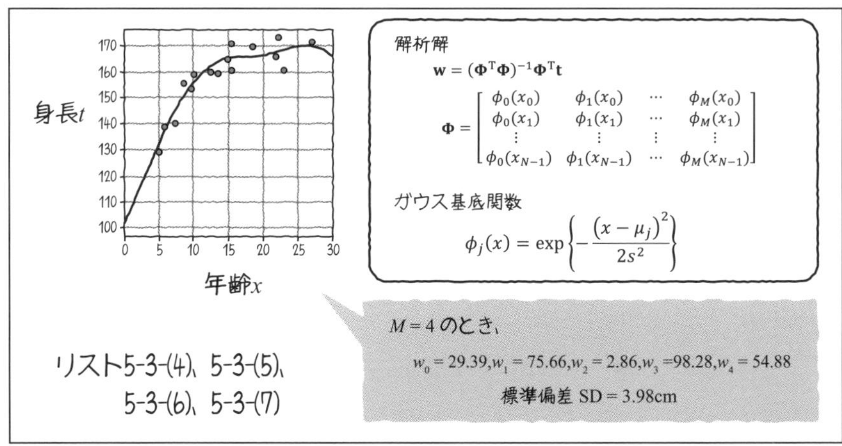

図 5.14：線形基底関数モデルのフィッティング結果

5.5 オーバーフィッティングの問題

さて、どんなに曲がった分布も 5.4 節の方法でうまく表すことができそうなのですが、1 つ困った問題があります。

基底関数の数 M はどうやって決めるのでしょう？　M を十分に大きくすればどんなデータでもうまくフィッティングできるのでしょうか？

リスト 5-3-(8) で、M = 2、4、7、9 の線形基底関数モデルを使ってフィッティングを試してみましょう。

In
```
# リスト 5-3-(8)
M = [2, 4, 7, 9]                          # 調べる M の値
plt.figure(figsize=(10, 2.5))
plt.subplots_adjust(wspace=0.3)
for i in range(len(M)):
```

```
    plt.subplot(1, len(M), i + 1)
    w = fit_gauss_func(X, T, M[i])  # wを計算
    mse = mse_gauss_func(X, T, w)   # MSEを計算
    # グラフ描画
    show_gauss_func(w)  # 線形基底関数
    plt.plot(           # データ点
        X, T, "cornflowerblue",
        marker="o", linestyle="None", markeredgecolor="black",
    )
    plt.title(f"M={M[i]:d}, SD={np.sqrt(mse):.2f}")
    plt.xlim(X_min, X_max)
    plt.ylim(120, 180)
    plt.grid()

plt.show()
```

Out

```
# 実行結果は図 5.15 を参照
```

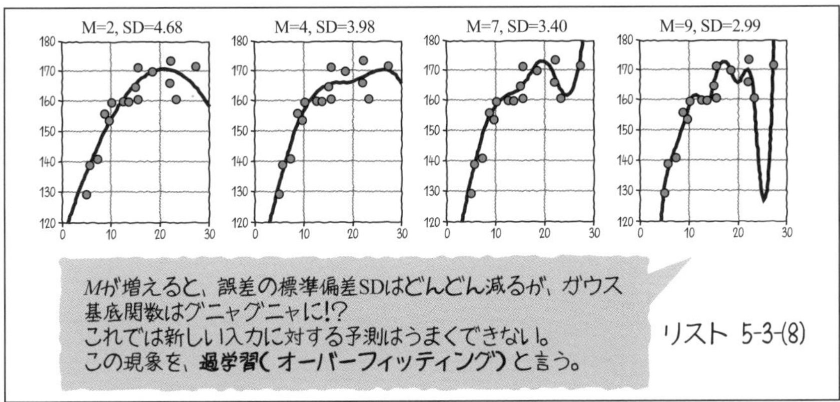

図 5.15：$M = 2$、4、7、9の場合の線形基底関数モデルによるフィッティング

リスト 5-3-(8) の結果を図 5.15 に示しました。驚くことに、Mが7や9になると、関数がグニャグニャになっています。それでは、誤差も増えているのかとSDを見ると、これはMが増加するにつれてちゃんと減っています。一見すると、おかしな感じがします。

もう少し網羅的に見るために、M=2から9までのSDを計算してプロットしてみましょう。リスト5-3-(9)を実行します。

In
```
# リスト 5-3-(9)
# メイン ----------
M = range(2, 10)
sd = np.zeros(len(M))
for i in range(len(M)):
    w = fit_gauss_func(X, T, M[i])            # wを計算
    sd[i] = np.sqrt(mse_gauss_func(X, T, w))  # SDを計算


# グラフ描画 ----------
plt.figure(figsize=(5, 4))
plt.plot(M, sd, "cornflowerblue", marker="o", markeredgecolor="black")
plt.grid()
plt.show()
```

Out
```
# 実行結果は図5.16を参照
```

結果を図5.16に示しました。やはりMが増加するに従いSDは単調に減少しています。

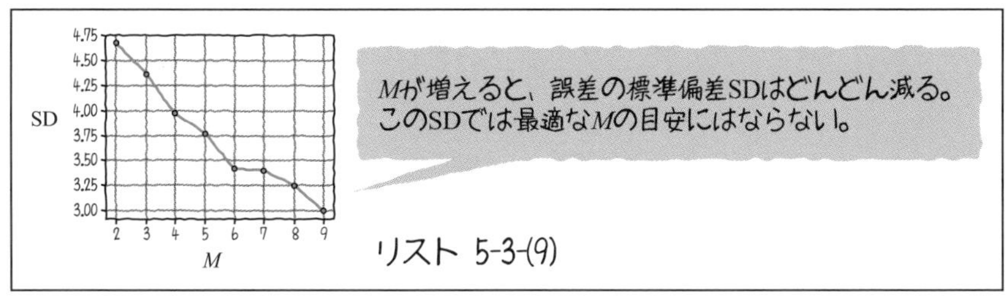

図5.16：線形基底関数モデルのMとSDの関係

一体何が起きているのでしょうか？ Mが増えれば増えるほど、線形基底関数モデルは小さなカーブも表現できるようになるので、曲線はデータ点に近づけるようになり、誤差（SD）はどんどん減少します。一方、データ点のないところは、平均二乗誤差に関係がありません。そのために、データ点があるところでは、無理やり細かく尖ってデータ点に近づこうとし、データ点がないところでは、その歪みが生じてし

まうのです。

しかし、これでは具合が悪いことは明らかです。データ点での誤差は小さくなっても、新しいデータに対する予測は確実に悪くなってしまうからです。こういったモデルの振る舞いを**過学習**（**オーバーフィッティング**、over-fitting）と呼びます。

それでは最適な M はどうやって見つければよいのでしょうか？　平均二乗誤差やその平方根である SD は M が増加するとどんどん減少する傾向があるので、最適な M を見つける目安にはなりません。そこで、初心に戻り、真の目的である新しいデータに対する予測精度を考えます。

まず、例えば、手持ちのデータ $\mathbf{X}$ と $\mathbf{t}$ の 4 分の 1 を**テストデータ**（test data）とし、残りの 4 分の 3 を**訓練データ**（training data）として分けてしまいます。そして、モデルパラメータ $\mathbf{w}$ は、訓練データのみを使って最適化します。つまり、訓練データの平均二乗誤差が最小になるようにパラメータ $\mathbf{w}$ を選ぶのです。そして、これで決めた $\mathbf{w}$ を使ってテストデータの平均二乗誤差（または標準偏差 SD）を計算し、M の評価基準とします。つまり、訓練に用いなかった未知のデータに対する予測の誤差で M を評価するということになります。この方法を**ホールドアウト検証**と呼びます。どういう割合でデータをテストデータと訓練データに分割するかで結果も少し変わってくるのですが、とりあえず、ここではテストデータの割合は 4 分の 1 としましょう。

それでは、この方法を先ほど試した $M = 2$、4、7、9 のケースでフィッティングしてみましょう（リスト 5-3-(10)）。

In

```
# リスト 5-3-(10)
# 訓練データとテストデータに分割 ----------
split = int(N / 4)  # 分割するインデックス
X_test = X[:split]
T_test = T[:split]
X_train = X[split:]
T_train = T[split:]


# メイン ----------
M = [2, 4, 7, 9]  # 調べる M の値
plt.figure(figsize=(10, 2.5))
plt.subplots_adjust(wspace=0.3)
for i in range(len(M)):
    w = fit_gauss_func(X_train, T_train, M[i])       # w を計算
```

5

教師あり学習：回帰

```
    sd = np.sqrt(mse_gauss_func(X_test, T_test, w))  # SDを計算
    # グラフ描画
    plt.subplot(1, len(M), i + 1)
    show_gauss_func(w)  # 線形基底関数
    plt.plot(           # 訓練データ
        X_train, T_train, "white",
        marker="o", linestyle="None", markeredgecolor="black",
        label="training",
    )
    plt.plot(           # テストデータ
        X_test, T_test, "cornflowerblue",
        marker="o", linestyle="None", markeredgecolor="black",
        label="test",
    )
    plt.title(f"M={M[i]:d}, SD={sd:.2f}")
    plt.legend(loc="lower right", fontsize=10, numpoints=1)
    plt.xlim(X_min, X_max)
    plt.ylim(120, 180)
    plt.grid()
plt.show()
```

Out

```
# 実行結果は図5.17を参照
```

結果を図5.17に示しました。Mが4、7、9と増加するにともない、曲線はグニャグニャと細かく曲がり訓練データ（白い点）にどんどん接近していきます。しかし、フィッティングに使っていないテストデータ（青）からは離れていっているように見えます。

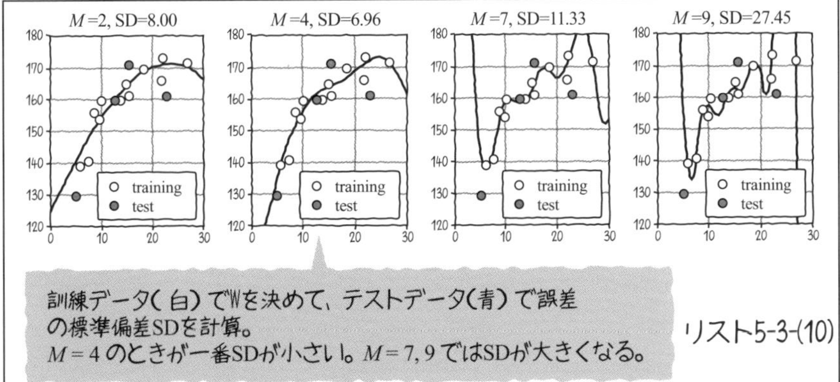

図 5.17：線形基底関数モデルの M と SD の関係

それでは、傾向を定量的に見るために、Mを 2 から 9 まで 1 つずつ動かして、訓練データとテストデータの誤差（SD）をプロットしてみましょう。リスト 5-3-(11) です。

In

```
# リスト 5-3-(11)
# メイン ----------
M = range(2, 10)  # 調べる M の値、2 から 9
sd_train = np.zeros(len(M))
sd_test = np.zeros(len(M))
for i in range(len(M)):
    # w を計算
    w = fit_gauss_func(X_train, T_train, M[i])
    # 訓練データの SD を計算
    sd_train[i] = np.sqrt(mse_gauss_func(X_train, T_train, w))
    # テストデータの SD を計算
    sd_test[i] = np.sqrt(mse_gauss_func(X_test, T_test, w))


# グラフ描画 ----------
plt.figure(figsize=(5, 4))
plt.plot(  # 訓練データの SD
    M, sd_train, "black",
    marker="o", linestyle="-",
```

```
        markerfacecolor="white", markeredgecolor="black",
        label="training",
)
plt.plot(  # テストデータの SD
        M, sd_test, "cornflowerblue",
        marker="o", linestyle="-",
        markeredgecolor="black",
        label="test",
)
plt.legend(loc="upper left", fontsize=10)
plt.ylim(0, 12)
plt.grid()
plt.show()
```

Out

```
# 実行結果は図 5.18 を参照
```

結果を図 5.18 に示しました。M が増えると訓練データの誤差は単調に減少しますが、テストデータの誤差は、$M = 4$ まで下がると $M = 5$ からは増加をはじめています。つまり、「$M = 5$ からは過学習（オーバーフィッティング）が起きている」と言えます。結果として、このホールドアウト検証からは、$M = 4$ のときが最もデータに合っているという結論になりました。

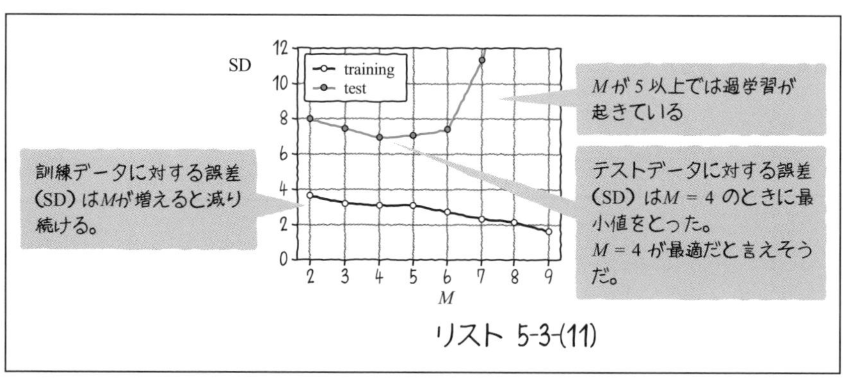

図 5.18：ホールドアウト検証による線形基底関数モデルの訓練データ、テストデータの SD

さて、これで適切な M を選ぶことができ、おおむね一件落着なのですが、この結果はテストデータにどのデータ点を選んだかに依存します。試しに、図 5.17 での分け方を“分け方A”とし、別の4つのデータ点をテストデータに選んだ場合を“分け方B”として、フィッティングの様子を図5.19で比較してみました。分け方Bでは分け方Aに比べて誤差（SD）はだいぶ大きくなっています。このような分け方による誤差の変動は、データ数が十分に多ければほとんどないのですが、この例題のようにデータ数が少ないときには顕著に表れます。

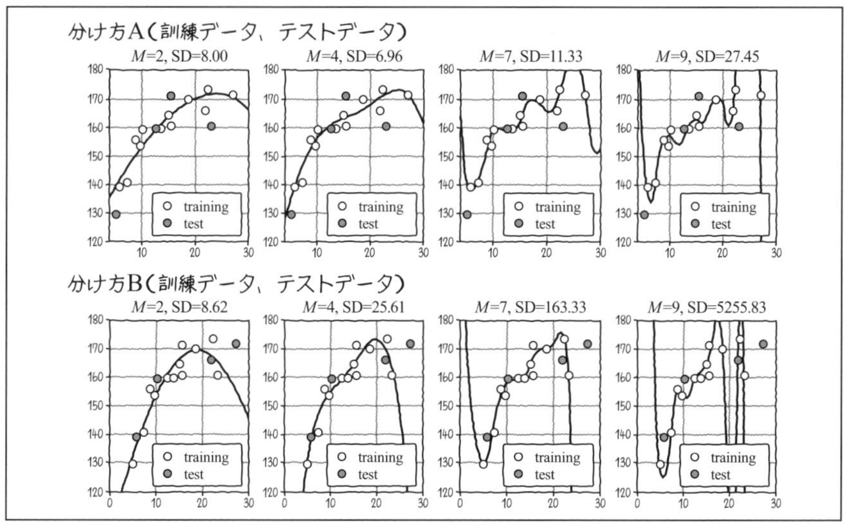

図5.19：データの分け方でホールドアウト検証の結果は異なる

そこで、このばらつきをできるだけ少なくする**交差検証**（cross-validation）という方法を使ってみましょう（図5.20）。いろいろな分割で誤差を出して平均する方法です。データを分割するパターンの数で**K-分割交差検証**（K-fold cross-validation）と呼ぶこともあります。

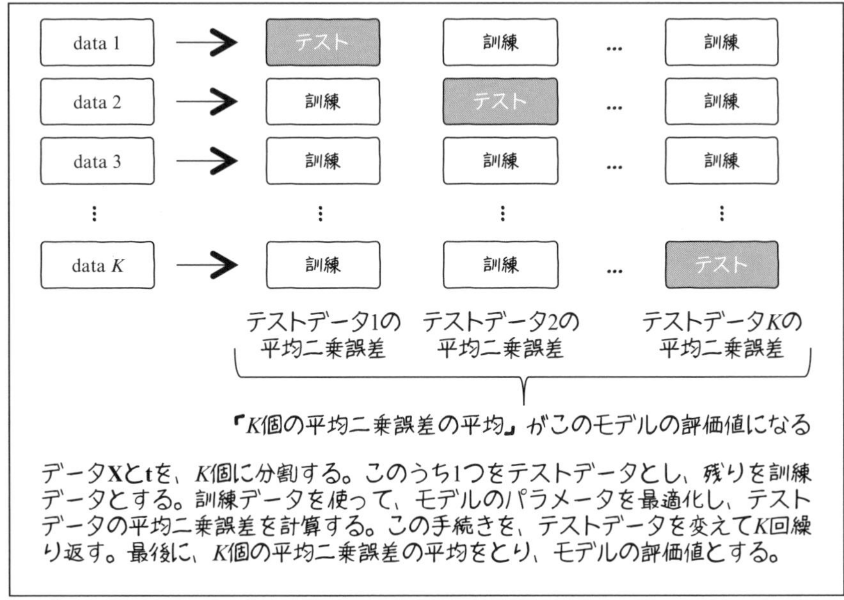

図 5.20：K- 分割交差検証（K-fold cross-validation）の方法

まず、データ $\mathbf{X}$ と $\mathbf{t}$ を K 個に分割し、1 番目のデータをテストデータ、残りを訓練データとします。訓練データからモデル M のパラメータを求め、このパラメータを使ってテストデータでの平均二乗誤差を計算します。同様に、2 番目のデータをテストデータとし、残りを訓練データとして、テストデータの誤差を計算します。このように手続きを K 回行い、最後に K 個の平均二乗誤差の平均を計算し、この数をこの M の評価値とします。

最大の分割数は $K = N$ です。このときテストデータの大きさは 1 となります。この場合を特別に、**リーブワンアウト交差検証**（leave-one-out cross-validation）と呼びます。データが特に少ないときにこの手法が使われます。

それではまず、データを K 分割して、それぞれの平均二乗誤差を出力する関数 **kfold_gauss_func(x, t, m, k)** をリスト 5-3-(12) で作りましょう。

In

```
# リスト 5-3-(12)
# K 分割交差検証 ----------
def kfold_gauss_func(x, t, m, k):
    n = x.shape[0]
    mse_train = np.zeros(k)
```

```
    mse_test = np.zeros(k)
    for i in range(0, k):
        # 訓練データとテストデータに分割
        # (A) テストデータのインデックス
        i_test = np.fmod(range(n), k)
        x_test = x[i_test == i]   # テストデータ x
        t_test = t[i_test == i]   # テストデータ t
        x_train = x[i_test != i]  # 訓練データ x
        t_train = t[i_test != i]  # 訓練データ t
        # w を訓練データで決める
        w = fit_gauss_func(x_train, t_train, m)
        # 訓練データの MSE を計算
        mse_train[i] = mse_gauss_func(x_train, t_train, w)
        # テストデータの MSE を計算
        mse_test[i] = mse_gauss_func(x_test, t_test, w)
    return mse_train, mse_test
```

リスト 5-3-(12) の **(A)** で使われている **np.fmod(n, k)** という関数は、**n** を **k** で割ったときの余りを出力します。**n** を **range(n)** などとすれば、**0** から **k-1** までを繰り返す **n** 個の配列を得ることができます（リスト 5-3-(13)）。

In
```
# リスト 5-3-(13)
np.fmod(range(10), 5)
```

Out
```
array([0, 1, 2, 3, 4, 0, 1, 2, 3, 4], dtype=int32)
```

リスト 5-3-(12) で作った **kfold_gauss_func(x, t, m, k)** を試してみましょう。基底の数 **M = 4**、分割数 **K = 4** としてリスト 5-3-(14) を実行します。

In
```
# リスト 5-3-(14)
M = 4
K = 4
kfold_gauss_func(X, T, M, K)
```

Out

```
(array([ 12.87927851,   9.81768697,  17.2615696 ,  12.92270498]),
 array([  39.65348229,  734.70782012,   18.30921743,   47.52459642]))
```

上の段が、それぞれの分割における訓練データの平均二乗誤差、下段がテストデータでの平均二乗誤差です。この **kfold_gauss_func** を使って分割数を最大の **16** とし、**2** から **7** までの **M** で誤差の平均を計算しプロットします（リスト 5-3-(15)）。

In

```
# リスト 5-3-(15)
# メイン ----------
M = range(2, 8)
K = 16
Cv_Gauss_train = np.zeros((K, len(M)))
Cv_Gauss_test = np.zeros((K, len(M)))
for i in range(0, len(M)):
    Cv_Gauss_train[:, i], Cv_Gauss_test[:, i] \
        = kfold_gauss_func(X, T, M[i], K)  # k 分割交差検定
# 訓練データの各分割における MSE の平均、の平方根
sd_Gauss_train = np.sqrt(np.mean(Cv_Gauss_train, axis=0))
# テストデータの各分割における MSE の平均、の平方根
sd_Gauss_test = np.sqrt(np.mean(Cv_Gauss_test, axis=0))
np.save("ch5_Gauss_test.npy", sd_Gauss_test)  # 結果の保存


# グラフ描画 ----------
plt.figure(figsize=(5, 4))
# 訓練データに対する MSE のグラフ
plt.plot(
    M, sd_Gauss_train, "black",
    marker="o", linestyle="-",
    markerfacecolor="white", markeredgecolor="black",
    label="training",
)
# テストデータに対する MSE のグラフ
plt.plot(
    M, sd_Gauss_test, "cornflowerblue",
```

```
        marker="o", linestyle="-",
        markeredgecolor="black",
        label="test",
    )
    plt.legend(loc="upper left", fontsize=10)
    plt.ylim(0, 20)
    plt.grid()
    plt.show()
```

Out

```
# 実行結果は図 5.21 を参照
```

結果は図 5.21 に示しました。$M = 3$ のとき、最もテストデータの誤差が小さいことがわかります。つまり、リーブワンアウト交差検証からは、$M = 3$ が最適であるという結論になりました。この結果は、ホールドアウト検証と異なりますが、それよりも信頼できる結果と言えるでしょう。

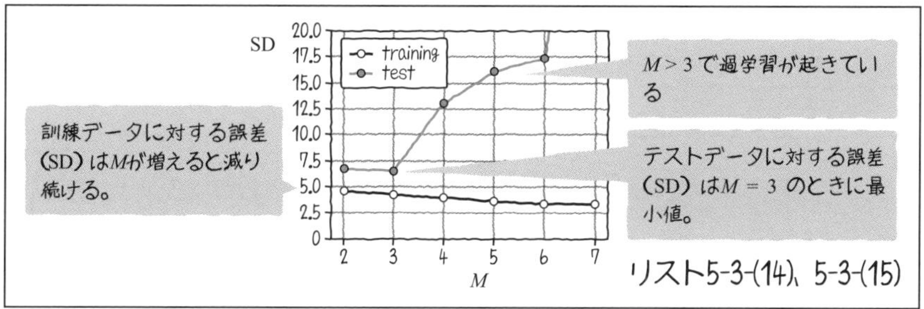

図 5.21：線形基底関数モデルのリーブワンアウト交差検証

さて、かなり本格的に解説してきましたが、第 5 章も残りあともう少しです。

交差検証は、あくまでも M を求めるための方法であり、モデルパラメータ $\mathbf{w}$ を求めるものではありません。今、$M = 3$ が最適とわかったので、そのモデルのパラメータ $\mathbf{w}$ を、すべてのデータを使って最後に求めます（リスト 5-3-(16)、図 5.22）。このパラメータ $\mathbf{w}$ を使った曲線で、未知の入力データ x に対する予測 y を出力すればよいのです。

In

```
# リスト 5-3-(16)
# メイン ----------
M = 3  # 最適な M=3 に設定
```

```
w = fit_gauss_func(X, T, M)  # 全データでwを計算
sd = np.sqrt(mse_gauss_func(X, T, w))  # SDを計算
# 結果表示
print(f"SD = {sd:.2f} cm")


# グラフ描画 ----------
plt.figure(figsize=(4, 4))
show_gauss_func(w)
plt.plot(
    X, T, "cornflowerblue",
    marker="o", linestyle="None", markeredgecolor="black",
)
plt.xlim(X_min, X_max)
plt.grid()
plt.show()
```

Out

```
# 実行結果は図5.22を参照
```

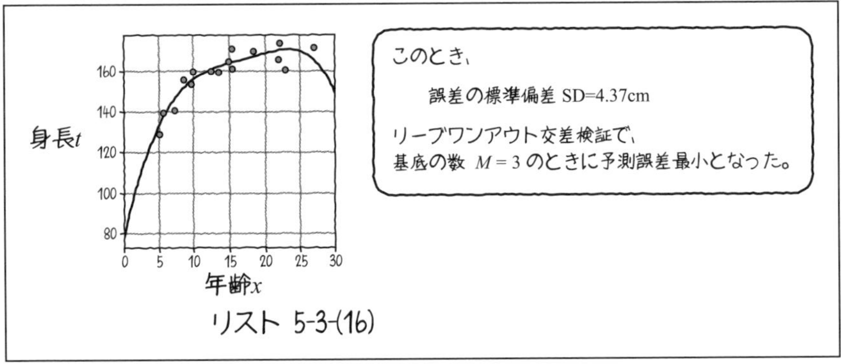

図5.22：リーブワンアウト交差検証で得られた $M = 3$ の線形基底関数モデルのフィッティング

今回のようにデータ数が少ないときには（$N = 16$)、交差検証は有用です。しかし、データ数が大きくなればなるほど、交差検証は計算に時間がかかります。この場合は、ホールドアウト検証を使うとよいでしょう。データ数が大きいと、ホールドアウト検証の結果は交差検証とほとんど変わらなくなります。

5.6 新しいモデルの生成

線形基底関数モデルを導入して、データとの誤差もかなり改善しました（図 5.22）。しかし、このグラフにはまだ問題点があります。25 歳のところからグラフが急激に下がっている点です。25 歳になると突然身長が縮み出すということは、私たちの常識からいって考えられません。

これは、30 歳周囲のデータが十分でなかったために起こってしまったことなのですが、「身長は年齢とともに徐々に増加し、ある一定のところで収束する」という知識を反映させるにはどうしたらよいでしょう。

それは、この知識に合ったモデルを作ることです。年齢 x が大きくなるにつれて身長は徐々に増加し、最終的にはある一定の値で収束するような関数は、例えば、式 5-71 のような数式で表すことができます。

$$y(x) = w_0 - w_1 \exp(-w_2 x) \tag{5-71}$$

w_0、w_1、w_2 はすべて正の値をとるパラメータです。この関数を「モデル A」と呼ぶことにしましょう。

x が増加すると、exp ($-w_2 x$) は 0 に近づいていきます。その結果、第 1 項の w_0 だけが値を持つようになります。つまり、x が増加すると y は w_0 に近づくことになるのです。w_0 は、収束する値を決めるパラメータと言えます。

図 5.23 にこの関数の性質を図示しました。w_1 はグラフのスタートポイントを決めるパラメータで、w_2 はグラフの上がる傾きを決めるパラメータとなっています。

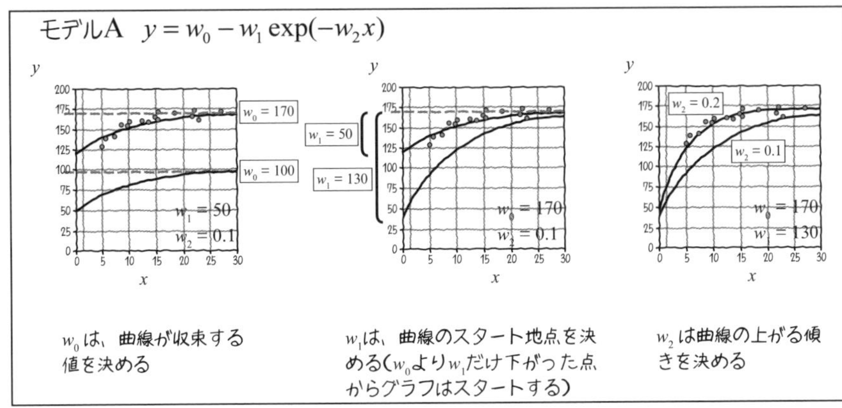

図 5.23: 新しいモデル A

さて、それでは、データに合うパラメータ w_0、w_1、w_2 を求めましょう。これもこれまでとやり方は全く同じです。以下の平均二乗誤差 J が最小になるように w_0、w_1、w_2 を選びます（式 5-72）。

$$J = \frac{1}{N}\sum_{n=0}^{N-1}(y_n - t_n)^2 \tag{5-72}$$

これまでに、勾配法を使って数値的に $\mathbf{w}$ を求める方法と解析的に解を導出する方法を紹介しましたが、ここでは、前者の**数値解法**で、新しくライブラリを使って求めてみましょう。

関数の最小値、または、最大値を求めるという問題は**最適化問題**と呼ばれ、機械学習の分野だけではなくもっと広い分野で必要とされており、様々な方法が提案されています。そのために、最適化問題を解くためのライブラリが数多く開発されているのです。

ここでは、Python の `scipy.optimize` に含まれる `minimize` という関数を使って、最適パラメータを求めてみます（参考：URL https://docs.scipy.org/doc/）。この関数は、最小値を求める関数とパラメータの初期値さえ与えれば、関数の微分を与えなくても、パラメータの極小値解を出力してくれます。とても便利です。

それではモデル A の定義からはじめていきます。リスト 5-4-(1) で、モデル A を `model_A(x, w)` として定義し、表示用の関数 `show_model_A(w)` と、MSE を出力する関数 `mse_model_A(w, x, t)` も定義します。

In

```
# リスト 5-4-(1)
import numpy as np
import matplotlib.pyplot as plt


# データのロード ----------
data = np.load("ch5_data.npz")
X = data["X"]
X_min = 0
X_max = data["X_max"]
N = data["N"]
T = data["T"]


# モデル A ----------
def model_A(x, w):
    y = w[0] - w[1] * np.exp(-w[2] * x)  # 式 5-71
    return y


# モデル A 表示 ----------
def show_model_A(w):
    x = np.linspace(X_min, X_max, 100)
    y = model_A(x, w)
    plt.plot(x, y, "gray", linewidth=4)


# モデル A の平均二乗誤差 (MSE) ----------
def mse_model_A(w, x, t):
    y = model_A(x, w)
    mse = np.mean((y - t) ** 2)  # 式 5-72
    return mse
```

次に、リスト 5-4-(2) が本命のパラメータの最適化の部分です。

In

```
# リスト 5-4-(2)
from scipy.optimize import minimize

```

```
# モデル A のパラメータ最適化
def fit_model_A(w_init, x, t):
    res = minimize(mse_model_A, w_init, args=(x, t), method="powell")
    return res.x
```

リスト 5-4-(2) の 1 行目で、**scipy.optimize** の最適化ライブラリの **minimize** を呼び出します。最適化の関数 **fit_model_A(w_init, x, t)** の引数は、パラメータの初期値 **w_init**、入力データ **x**、目標データ **t** です。

関数内部の以下の部分で、**mse_model_A(w, x, t)** を（局所的に）最小にする **w** を計算しています。

```
res = minimize(mse_model_A, w_init, args=(x, t), method="powell")
```

最初の引数は、最小にする目標の関数、2 番目の引数は、**w** の初期値、3 番目の引数は、目標関数 **mse_model_A(w, x, t)** の最適化するパラメータ以外の引数となっています。オプションの **method** を **"powell"** に指定することで、勾配を使わない最適化法であるパウェルアルゴリズムを指定しています。**minimize** の戻り値を **res** で受け取ると、**res.x** で最適化した **w** の値を参照することができます。

それでは、早速、リスト 5-4-(3) で最適化の関数を動かしてみましょう。

In

```
# リスト 5-4-(3)
# メイン ----------
w_init = np.array([100.0, 0.0, 0.0])  # w の初期値
w = fit_model_A(w_init, X, T)         # w を計算
sd = np.sqrt(mse_model_A(w, X, T))    # SD を計算
# 結果表示
print(f"w0 = {w[0]:.2f}, w1 = {w[1]:.2f}, w2 = {w[2]:.2f}")
print(f"SD = {sd:.2f} cm")

# グラフ描画 ----------
plt.figure(figsize=(4, 4))
show_model_A(w)
plt.plot(
    X, T, "cornflowerblue",
```

```
    marker="o", linestyle="None", markeredgecolor="black",
)
plt.xlim(X_min, X_max)
plt.grid()
plt.show()
```

Out
```
# 実行結果は図 5.24 を参照
```

その結果を図 5.24 に示しました。誤差の SD は 3.86 cm となり、直線モデルのときの誤差 7.00 cm よりは当然ずっと小さいですし、$M = 3$ の線形基底関数モデルの 4.37 cm に比べても、小さい値となりました。グラフは、年齢が上がるとともに増加してある一定の値で収束するというもっともらしい形になっています。

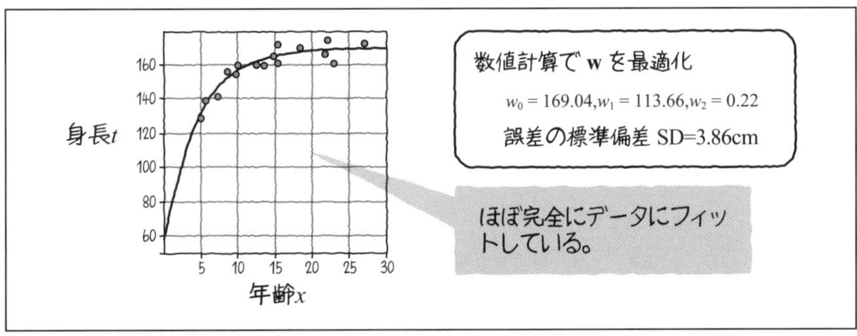

図 5.24: モデル A によるフィッティング

5.7 モデルの選択

さて、前節の手続きによって、新しいモデルを作ってパラメータを最適化しデータにフィッティングすることができました。しかし、最後の詰めの作業がまだ残っています。どのモデルがよいのか、つまり、モデル間の比較はどのようにすべきでしょうか。もしかしたら、5.6 節で説明したモデル A よりもっとよさそうなモデル B も思いつくかもしれません。この場合、どのようにして、どちらのモデルがよいと判断すればよいのでしょうか？

モデル間の比較も、線形基底関数モデルの M を決めたときと同じ考え方、「未知のデータに対する予測精度で評価する」という考え方が有効です。つまり、ホールドアウト検証や交差検証で、モデルの善し悪しも評価することができます。

次のリスト 5-4-(4) で、モデル A のリーブワンアウト交差検証を行い、図 5.21 で示した線形基底関数モデルの結果と比較します。

In

```
# リスト 5-4-(4)
# 交差検証 モデル A ----------
def kfold_model_A(x, t, k):
    n = len(x)
    mse_train = np.zeros(k)
    mse_test = np.zeros(k)
    for i in range(0, k):
        # 訓練データとテストデータに分割
        i_test = np.fmod(range(n), k)
        x_test = x[i_test == i]
        t_test = t[i_test == i]
        x_train = x[i_test != i]
        t_train = t[i_test != i]
        # 精度を上げるため
        # リスト 5-4-(3) で得た値を初期値に設定
        w_init = np.array([169.04, 113.66, 0.22])
        w = fit_model_A(w_init, x_train, t_train)
        mse_train[i] = mse_model_A(w, x_train, t_train)
        mse_test[i] = mse_model_A(w, x_test, t_test)
    return mse_train, mse_test


# メイン ----------
# model A の交差検定
K = 16
Cv_A_train, Cv_A_test = kfold_model_A(X, T, K)
sd_A_test = np.sqrt(np.mean(Cv_A_test))
# 線形基底関数モデルの交差検定の結果のロード
sd_Gauss_test = np.load("ch5_Gauss_test.npy")
# 結果のまとめ
```

```
SDs = np.append(sd_Gauss_test[0:5], sd_A_test)
# 結果表示
print(f"Gauss(M=3) SD = {sd_Gauss_test[1]:.2f} cm")
print(f"Model A SD = {sd_A_test:.2f} cm")


# グラフ描画 ----------
M = range(6)
label = ["M=2", "M=3", "M=4", "M=5", "M=6", "Model A"]
plt.figure(figsize=(5, 3))
plt.bar(
    M, SDs,facecolor="cornflowerblue", align="center",
    tick_label=label,
)
plt.show()
```

Out

```
# 実行結果は図 5.25 を参照
```

その結果が図 5.25 です。新しく考えたモデル A のテストデータに対する誤差の SD は 4.70cm となり、$M = 3$ の線形基底関数モデルの誤差 SD 6.51cm よりもかなり小さくなることが示されました。つまり、「線形基底関数モデルよりもモデル A のほうが、うまくデータに合っている」と言うことができます。

最後に、人工データの種明かしをしましょう。リスト 5-1-(1) で作った人工データはまさにこのモデルから生成したものでした。生成したときのパラメータは、$(w_0, w_1, w_2) = (170, 108, 0.2)$ でした。データはたった 16 個でしたが、求めたパラメータは、$(w_0, w_1, w_2) = (169.04, 113.66, 0.22)$ と、かなり、真の値に近いものとなっていました。

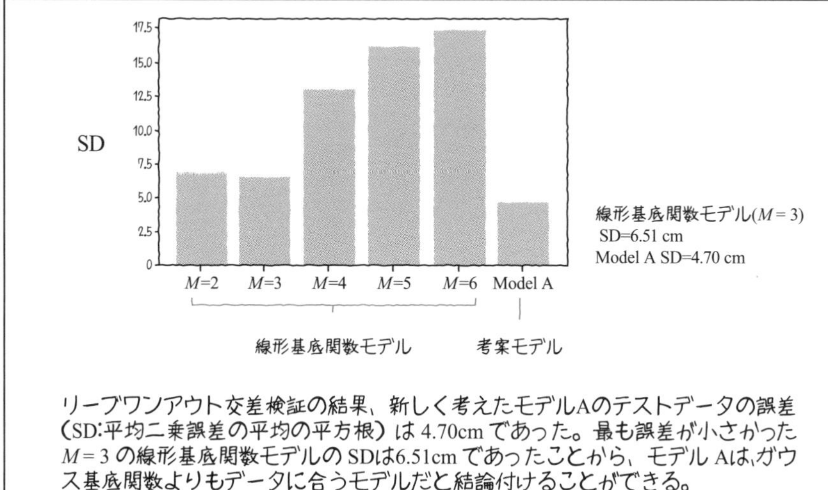
SD
17.5
15.0
12.5
10.0
7.5
5.0
2.5
0
M=2
M=3
M=4
M=5
M=6
Model A
線形基底関数モデル
考案モデル
線形基底関数モデル(M = 3)
SD=6.51 cm
Model A SD=4.70 cm
リーブワンアウト交差検証の結果、新しく考えたモデルAのテストデータの誤差（SD:平均二乗誤差の平均の平方根）は4.70cmであった。最も誤差が小さかったM = 3の線形基底関数モデルのSDは6.51cmであったことから、モデルAは、ガウス基底関数よりもデータに合うモデルだと結論付けることができる。

図 5.25：線形基底関数モデルとモデル A のリーブワンアウト交差検証の比較

5.8 まとめ

第 5 章で、教師あり学習の回帰問題の解き方を一通り解説しましたが、とても重要ですので予測モデルを作成するまでの流れを図 5.26 にまとめました。この流れは、どんな高度なモデルを使っても基本的には変わりません。

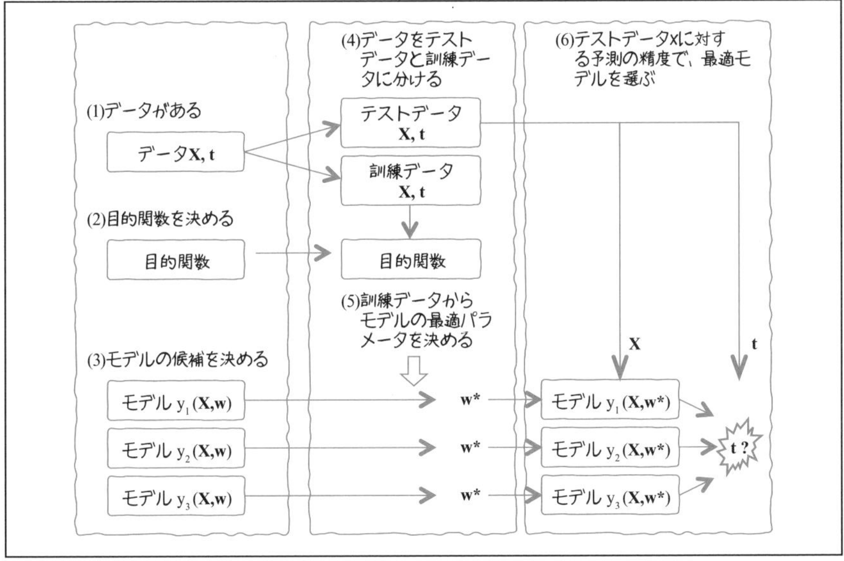

図 5.26：予測モデルを作成するまでの流れ

まず、入力変数と目標変数のデータがあります（1)。そして、目的は、「未知の入力変数に対して目標変数を予測するモデルを作ること」です。はじめに、何をもってして予測の精度をよしとするかという目的関数を決めます（2)。本章では、平均二乗誤差関数を使いましたが、これは独自に決めてもかまいません。例えば他に、確率的な概念を取り入れた「尤度（ゆうど)」という考え方もあります。

次に、モデルの候補を考えます（3)。線形回帰モデルだけでよいのか、曲線モデルもありえるのか、データの特性の知識があるのならそれを取り入れたモデルは考案できるか、などを考えます。

ホールドアウト検証をすることを想定するならば、データは、テストデータと訓練データに分けておきます（4)。

そして、訓練データを使って、目的関数が最小（または最大）となるようにそれぞれのモデルのパラメータ $\mathbf{w}^*$ を決定します（5)。このモデルパラメータを用いて、テストデータの入力データ **X** から目標データ **t** の予測を行い、最も誤差の少ないモデルを選びます（6)。

モデルが決まったら、手持ちのデータすべてを使い、モデルパラメータを最適化します。この最適化されたモデルが、未知の入力に対して最有力の予測モデルとなるのです。

第6章

教師あり学習：分類

第 5 章の回帰問題に続き、この章では**分類問題**を扱います。回帰問題では目標データが連続した数値でしたが、分類問題では、目標データが**クラス**になります。クラスとは、例えば、{0: 果物、1: 野菜、2: 穀物} のように、整数を割り振ることはできるけれども、その順番には意味がないカテゴリーのことです。

また、この章では、とても重要な**確率**の概念を導入していきます。これまでのモデルは、目標データの予測値を出力する関数でしたが、ここからは、確率を出力する関数を考えていきます。確率の概念を取り入れることで、予測の「不確かさ」も定量的に扱うことができるようになるのです。

6.1 1 次元入力 2 クラス分類

まず、最も単純な「入力情報が 1 次元、分類するクラスが 2 つ」の場合から考えます。

6.1.1 問題設定

1 次元の**入力変数**を x_n で表し、その**目標変数**を t_n とします。n はデータのインデックスです。t_n は、0 か 1 のみをとる変数で、クラス 0 だったら 0、クラス 1 だったら 1 をとるとします。分類問題の場合、この t_n を、**クラス**、**カテゴリー**、または、**ラベル**と呼びます。

行列表記で表すと、式 6-1 のようになります。N はデータの大きさを表します。目標変数は、本章の後半で行列となるために、$\mathbf{t}$ ではなく $\mathbf{T}$ で表すことにします。

$$\mathbf{X} = \begin{bmatrix} x_0 \\ x_1 \\ \vdots \\ x_{N-1} \end{bmatrix}, \quad \mathbf{T} = \begin{bmatrix} t_0 \\ t_1 \\ \vdots \\ t_{N-1} \end{bmatrix} \tag{6-1}$$

例えば、ある昆虫 N 匹のデータを考えてみましょう。それぞれの重量を x_n とし、それぞれの性別を t_n で表します。t_n は 0 か 1 をとる変量とし、0 であればメス、1 であればオスを表しているとします。目的は、このデータをもとにして、重量から性別を予測するモデルを作ることです。

それでは、次のリスト 6-1-(1) で、人工データを作りましょう。

In

```
# リスト 6-1-(1)
%matplotlib inline
import numpy as np
import matplotlib.pyplot as plt


# データ生成 ----------
np.random.seed(seed=0)              # 乱数を固定
X_min, X_max = 0, 2.5               # x の上限と下限（表示用）
N = 30                              # データ数
col = ["cornflowerblue", "gray"]    # クラス 0 と 1 の表示色
X = np.zeros(N)                     # 空の X を準備
T = np.zeros(N, dtype=np.uint8)     # 空の T を準備
prm_s = [0.4, 0.8]                  # クラス 0 と 1 の分布の開始地点
prm_w = [0.8, 1.6]                  # クラス 0 と 1 の分布の幅
prm_pi = 0.5                        # クラス 0 の全体に対する比率
for n in range(N):
    r = np.random.rand()
    T[n] = 0 * (r < prm_pi) + 1 * (r >= prm_pi)          # (A)
    X[n] = prm_s[T[n]] + np.random.rand() * prm_w[T[n]]  # (B)
# データ表示
print("X =", np.round(X, 2))
print("T =", T)
```

Out

```
X = [ 1.94  1.67  0.92  1.11  1.41  1.65  2.28  0.47  1.07  2.19  2.08
  1.02  0.91  1.16  1.46  1.02  0.85  0.89  1.79  1.89  0.75  0.9
  1.87  0.5  0.69  1.5   0.96  0.53  1.21  0.6 ]
T = [1 1 0 0 1 1 1 0 0 1 1 0 0 0 1 0 0 0 1 1 0 1 1 0 0 1 1 0 1 0]
```

実行すると、上記のように 30 個の体重データ **X** と性別 **T** が生成されます（図 6.1）。

リスト 6-1-(1) を簡単に説明します。まず、オスとメスを確率的に決定します。メスになる確率を **prm_pi = 0.5** として、ランダムに決定します **(A)**。True は 1、False は 0 としても解釈されるので、**r** を 0 ～ 1 の乱数で決めたのち、**r < prm_pi** だったなら **T[n] = 0*1 + 1*0 = 0** となり、**r >= prm_pi** だったなら、**T[n] = 0*0 + 1*1 = 1** となるという仕組みです。0 と 1 ではなく、例えば 100 と 200 で

データを作るには、**100*(r < Pi) + 200*(r >= Pi)** のようにします。

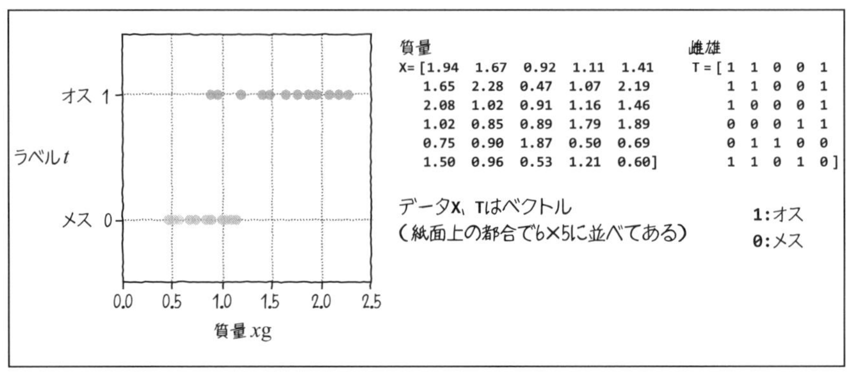

図 6.1：ある昆虫の質量と雌雄（オスかメスか）の人工データ（30 匹分）

その次に、メスであれば、**prm_s[0] = 0.4** から幅 **prm_w[0] = 0.8**（0.4 から 1.2 まで）の一様分布から質量をサンプルし、オスであれば、**prm_s[1] = 0.8** から幅 **prm_w[1] = 1.6**（0.8 から 2.4 まで）の一様分布から質量をサンプルします **(B)**。この手続き **(A)(B)** を **N=30** 回繰り返し、30 個分のデータを作成します。

次のリスト 6-1-(2) で、作ったデータを表示します。

In

```
# リスト 6-1-(2)
# データ分布表示 ----------
def show_data1d(x, t):
    for k in range(2):  # (A) k=0、1 のループ
        plt.plot(       # (B) 分布を表示
            x[t == k], t[t == k], col[k],
            alpha=0.5, linestyle="none", marker="o",
        )
    plt.xticks(np.arange(0, 3, 0.5))
    plt.yticks([0, 1])
    plt.xlim(X_min, X_max)
    plt.ylim(-0.5, 1.5)


# メイン ----------
fig = plt.figure(figsize=(3, 3))
show_data1d(X, T)
```

```
plt.grid()
plt.show()
```

Out

```
# 実行結果は図 6.2 を参照
```

リスト 6-1-(2) の **(B)** は分布を表示するコードです。このコードは、**k** のループの中にあります **(A)**。はじめの **k = 0** の処理では、**t == 0** となる **x** と **t** のみを抽出してプロットするという命令です。**x[t == 0]** とすると、**t == 0** を満たす要素番号の **x** が抽出されるので、このようなときにはとても便利です（2.13 節「条件を満たすデータの書き換え」参照）。

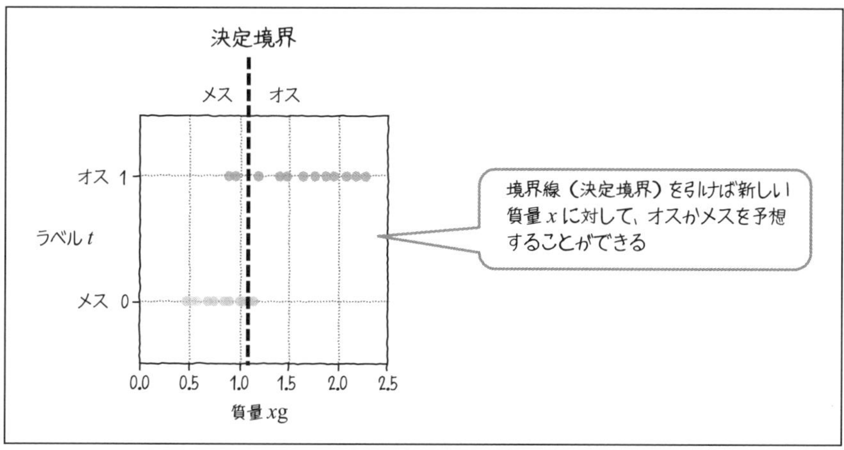

図 6.2：問題を解くための方針

問題を解くための方針は、オスとメスを分ける境界線を決めることです。これを**決定境界**（decision boundary）と呼びます。決定境界が決まれば、新しい質量データが決定境界よりも小さければ「メス」と予測し、大きければ「オス」と予測することができます。

それでは、どのように決定境界を決めたらよいでしょう？　まず思いつくのが、第 5 章で扱った線形回帰モデルを使うということです。クラスを "0" と "1" の値と解釈し、データの分布に直線をフィットさせるのです（図 6.3）。そして、その直線が 0.5 の値をとるところを決定境界とします。しかし、結論から言えば、この方法はうまくいかない場合があります。

図 6.3 で示したように、質量が十分に大きくて確実にオスと判定できるデータ点でも、直線がデータ点に重なっていないために誤差が発生していることがわかります。

この誤差を解消しようとする力が働くために、決定境界がオス側に引っ張られてしまうのです。この現象は外れ値が大きいほど深刻になってきます。

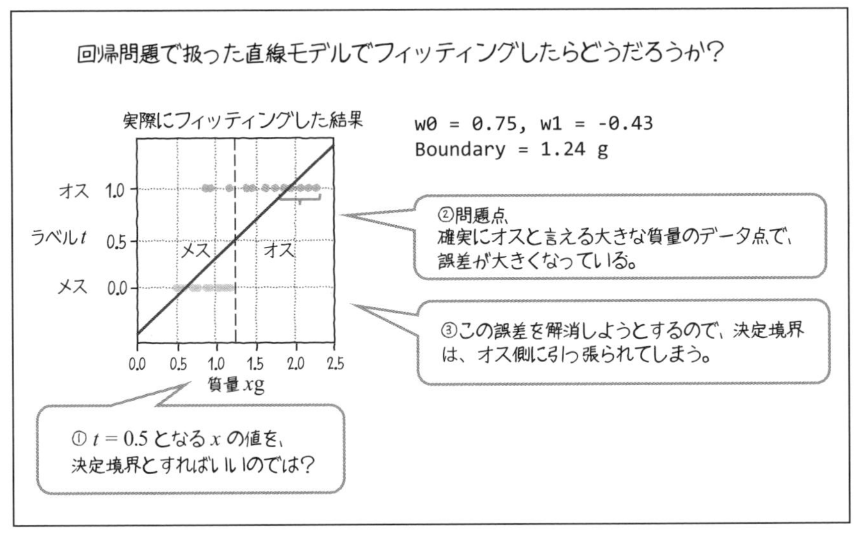

図 6.3：線形回帰モデルで分類問題を解く

6.1.2 確率で表すクラス分類

直線モデルを分類問題にそのまま当てはめるというのは、少し乱暴だったかもしれません。ここからは大真面目に考えていきましょう。そして、とても重要な「確率の世界」に入っていきます。

今は人工データとしてデータを生成しているので、真のデータの分布がわかっています（図 6.4）。質量が $x \leq 0.8$ g だったら、確実にその昆虫は「メスだ」と言い切れます。また、質量が 1.2 g $< x$ だったら「オスだ」と言い切ることができます。質量 x が 0.8 g から 1.2 g の間のときだけオスの場合とメスの場合があるので、100% の予測をすることは不可能であることがわかります。

しかし、質量 x が 0.8 g から 1.2 g の間のときでも、予測が完全にできないわけではありません。結論から言えば、「オスである確率は 1/3 である」と、あいまいさを確率として含めた予測ができるのです。

図 6.4 に示したオスの分布を示す灰色の帯の領域に、100 匹のオスのデータが一様に分布していると想像してみてください。また同様に、メスの分布を示す青の領域に 100 匹のメスのデータが一様に分布していると想像してください。そう考えると、

質量xが0.8 gから1.2 gの間では、メスのデータのほうが、オスのデータよりも2倍多く集中していることがわかります。この重なったxの範囲から無作為にデータを選ぶとすれば、「オスである確率」は1/3になることがわかります。

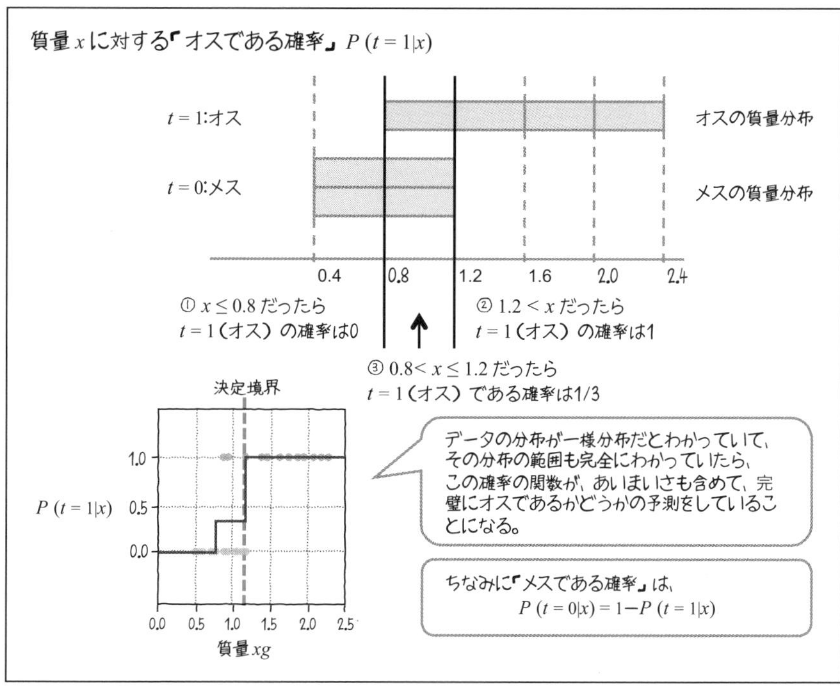

質量xに対する「オスである確率」$P(t=1|x)$
$t=1$:オス
オスの質量分布
$t=0$:メス
メスの質量分布
0.4
0.8
1.2
1.6
2.0
2.4
① $x \leq 0.8$だったら
$t=1$(オス)の確率は0
② $1.2 < x$だったら
$t=1$(オス)の確率は1
③ $0.8 < x \leq 1.2$だったら
$t=1$(オス)である確率は1/3
決定境界
1.0
0.5
0.0
$P(t=1|x)$
0.0 0.5 1.0 1.5 2.0 2.5
質量xg
データの分布が一様分布だとわかっていて、その分布の範囲も完全にわかっていたら、この確率の関数が、あいまいさも含めて、完璧にオスであるかどうかの予測をしていることになる。
ちなみに「メスである確率」は、
$P(t=0|x)=1-P(t=1|x)$

図6.4：オスである確率とは

まとめると、オスである確率はxによって変化し、$x \leq 0.8$gのときは確率は0、0.8g $< x \leq$ 1.2gのときは確率は1/3、そして1.2g $< x$のときは確率は1となります。

このような、xに対する$t=1$（オス）である確率は、**条件付き確率**を使って式6-2のように表します。

$$P(t=1|x) \tag{6-2}$$

この条件付き確率はxの関数とみなすことができます。すべてのxについてプロットすると、図6.4下のグラフのように、階段のようなグラフになります。

この条件付き確率の階段状のグラフは、クラス分類の答えを表していると考えることができます。そして、どちらのクラスに分類できるかがはっきりと予測できない不確実な領域も、確率的な予測として表していることになります。この方法は、不確実性を明確に表せているという点で、直線によるフィッティング（図 6.3）よりも優れていると言えます。

さて、この場合、決定境界はどこに引くべきでしょうか？　やはり、白黒をはっきりさせたいこともあります。決定境界の右側ではオスと予測したほうが当たる確率が高くなり、決定境界の左側ではメスと予測したほうが当たる確率が高くなるように決定境界を設定すべきです。そう考えれば $P(t=1|x)=0.5$ となる x が決定境界となります。この例では、$x=1.2$ が決定境界となります。

ここまでの議論は、「確率で表すことが優れている」ということを説明するために、「データの真の分布を知っている」という特殊な状況を仮定しました。実際には真の分布は手持ちのデータから推定しなくてはなりません。

6.1.3 最尤推定

先の例では、$0.8<x\leq 1.2$ のとき、$P(t=1|x)=1/3$ であることを、真の分布の情報から解析的に見積りました。しかし、実際には、この値はデータから推定すべきものです。

例えば、x が $0.8<x\leq 1.2$ の範囲にある t に着目したら、はじめの 3 回は、$t=0$、4 回目は $t=1$ だったとします。この情報から、$0.8<x\leq 1.2$ での $P(t=1|x)$ を推定することを考えてみましょう。

まず、

$$P(t=1|x)=w \tag{6-3}$$

という単純なモデルを考えます。$t=1$ を確率 w で生成するというモデルです。w のとりうる範囲は、0 から 1 までの間になります。そして、このモデルが、$\mathbf{T}=0$、0、0、1 というデータを生成したとし、この情報から最も妥当な w を推定するという問題を考えます。

単純に考えてみれば、全部で 4 回のうち $t=1$ は 1 回しかないので、$w=1/4$ となりそうですが、他のモデルの場合でも対応できるように、少し一般的に、**最尤推定**（maximum likelihood）という方法で求めましょう（図 6.5）。

まず、「クラスデータ $\mathbf{T}=0$、0、0、1 がモデルから生成された確率」を考えます。この確率を**尤度**（likelihood）と呼びます。

例えば、w が 0.1 のときの尤度を求めてみましょう。$w=P(t=1|x)=0.1$ ですので、$t=1$ となる確率は 0.1、$t=0$ となる確率は $1-0.1=0.9$ となります。よって、$\mathbf{T}$ が 0、0、0、1 となる確率、つまり尤度は、$0.9\times 0.9\times 0.9\times 0.1=0.0729$ とな

ります。

同じようにして、w が 0.2 のときの尤度も求めてみましょう。$w = P(t = 1|x) = 0.2$ ですので、$t = 1$ となる確率は 0.2、$t = 0$ となる確率は 1 – 0.2 = 0.8 です。よって、尤度は、0.8 × 0.8 × 0.8 × 0.2 = 0.1024 となります。

w = 0.1 のときの尤度は 0.0729、w = 0.2 のときの尤度は 0.1024 ということになりました。さて、**T** = 0、0、0、1 というデータを生成したモデルのパラメータ w は、w = 0.1 と w = 0.2 のどちらかだとしたら、尤度の高い w = 0.2 のほうがもっともらしいと言うことができます。 w = 0.1 であった場合も可能性としてはあるけれども、w = 0.2 であった場合のほうが確率的に高いということです。

それでは、w = 0.1 や 0.2 に限らず、0 と 1 の間で最も尤度が高くなる w を解析的に求めてみましょう。$P(t = 1|x) = w$ なので、$t = 1$ となる確率は w、$t = 0$ となる確率は $(1 - w)$ です。よって、はじめの 3 回が $t = 0$、4 回目が $t = 1$ となる確率、つまり、尤度は式 6-4 のように表すことができます。

$$P(\mathbf{T} = 0, 0, 0, 1|x) = (1 - w)^3 w \tag{6-4}$$

0 から 1 までの範囲で式 6-4 の値をグラフとして描くと、上向きの山のような形になります（図 6.5 下）。この山が最大値をとる w が最もありえた値であり、推定値として扱われます。これが最尤推定です。

問題

t は、0か1の値をとるデータだとする。ある x の範囲に着目したとき、

「はじめの3回は $t=0$、4回目は $t=1$」、だったとすると、

$t=1$ となる確率は、どれくらいだったのだろう？

$P(t=1|x)=w$ として、w を求めよ。

考え方（最尤推定）

与えられた入力データ x に対して、クラスデータ $\mathbf{T}$ が生成される確率（尤度）が一番大きくなる w を推定値とする。

解き方

$t=0$ となる確率は $(1-w)$、$t=1$ となる確率は w

$t=0$ が3回、$t=1$ が1回出る確率（尤度）は、

$$P(\mathbf{T}=0,0,0,1|x)=(1-w)(1-w)(1-w)w$$

これが最大になる w を求めればいい。

答えは $w=0.25$

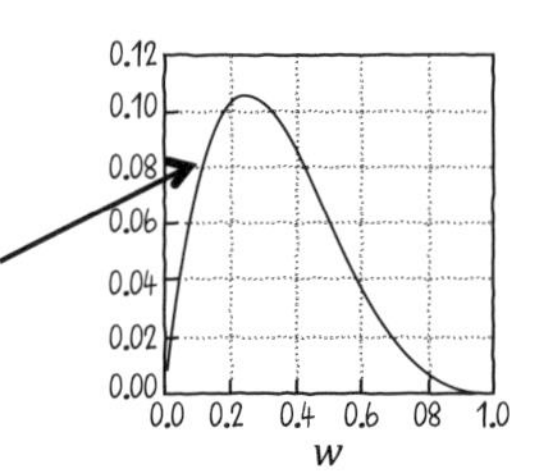

図 6.5：最尤推定の考え方

それでは、式 6-4 が最大値をとる w を求めてみましょう。まず、式 6-4 のような掛け算の連続を扱うのは大変なので、両辺の対数をとります（式 6-5）。対数をとると、掛け算が足し算になり計算が楽になります（4.7 節「指数関数と対数関数」を参照）。

$$\log P=\log\{(1-w)^3w\}=3\log(1-w)+\log w \tag{6-5}$$

対数は単調増加の関数なので、P を最大にする w と、$\log P$ を最大にする w は変わりません（4.7 節「指数関数と対数関数」を参照）。つまり、$\log P$ を最大にする w を求めれば、その w は、P も最大にすることになります。

対数をとった尤度を**対数尤度**（log likelihood）と呼び、これこそが、平均二乗誤差関数に代わる、確率を取り入れた世界での目的関数になります。平均二乗誤差関数のときは、それを最小化するパラメータを探しましたが、対数尤度の場合は最大化するパラメータを探すことになります。

最大となるパラメータを求めるときもこれまでと方法は同じです。パラメータで目的関数（対数尤度）を微分し (4.7.4 項「対数関数の微分」を参照)、イコール 0 とお

いた方程式を解いていきます（式 6-6）。

$$
\begin{aligned}
\frac{d}{dw}\log P = \frac{d}{dw}[3\log(1-w)+\log w] = 0 \\
3\frac{-1}{1-w}+\frac{1}{w} = 0 \\
\frac{-3w+1-w}{(1-w)w} = 0
\end{aligned}
\tag{6-6}
$$

$0 < w < 1$ の範囲で解を考えれば分母は 0 にならないので、両辺に $(1-w)w$ を掛けて、式 6-7 を得ます。

$$
-3w+1-w=0 \tag{6-7}
$$

上記を解くと式 6-8 のようになります。

$$
w=\frac{1}{4} \tag{6-8}
$$

予想通りの値が得られました。つまりは、データ $\mathbf{T} = 0、0、0、1$ が最も生成されうるモデルのパラメータは $w = 1/4$ であり、これが w の最尤推定値となります。

これで、うまくデータからパラメータを推定することができました。しかし、まだ実践的ではありません。というのも、x が $0.8 < x \leq 1.2$ の範囲にあるときに確率は一定であるという知識を使っていたからです。実際には、確率が一定となる範囲はわかりませんし、そもそも、確率が一定になるという区間は存在しないかもしれません。

6.1.4 ロジスティック回帰モデル

ここまでは、データを一様分布から生成されたものとして考えてきました。そのおかげで、$P(t=1|x)$ が理解しやすい階段状の分布になっていました。しかし、実際のデータが一様分布となることはあまりありません。例えば、体重や身長のばらつきは、ガウス分布でよく近似できることがわかっています。

そこで、人工で作った質量のデータは簡単のために一様分布から生成させていますが、あえて、ガウス分布に従っていると仮定して議論を進めることにします。この仮定のもとだと、条件付き確率 $P(t=1|x)$ は、**ロジスティック回帰モデル**で表せることがわかっています（参考文献『パターン認識と機械学習　上』、C.M. ビショップ著、

元田 浩、栗田 多喜夫、樋口 知之、松本 裕治、村田 昇 監訳、丸善出版、2012 年 4 月、第 4 章を参照)。

ロジスティック回帰モデルは、以下の直線の式 6-9 を、式 6-10 のようにシグモイド関数 $\sigma(x)=1/\{1+\exp(-x)\}$ (4.7.5 項「シグモイド関数」を参照) の中に入れた形になっています。

$$y = w_0 x + w_1 \tag{6-9}$$

$$y = \sigma(w_0 x + w_1) = \frac{1}{1+\exp\{-(w_0 x + w_1)\}} \tag{6-10}$$

こうすることで、直線モデルの大きい正の出力は 1 に近い値に、絶対値の大きい負の出力は 0 に近い値に変換され、結果、直線の関数は、0 と 1 の間に押し込められることになります (図 6.6)。

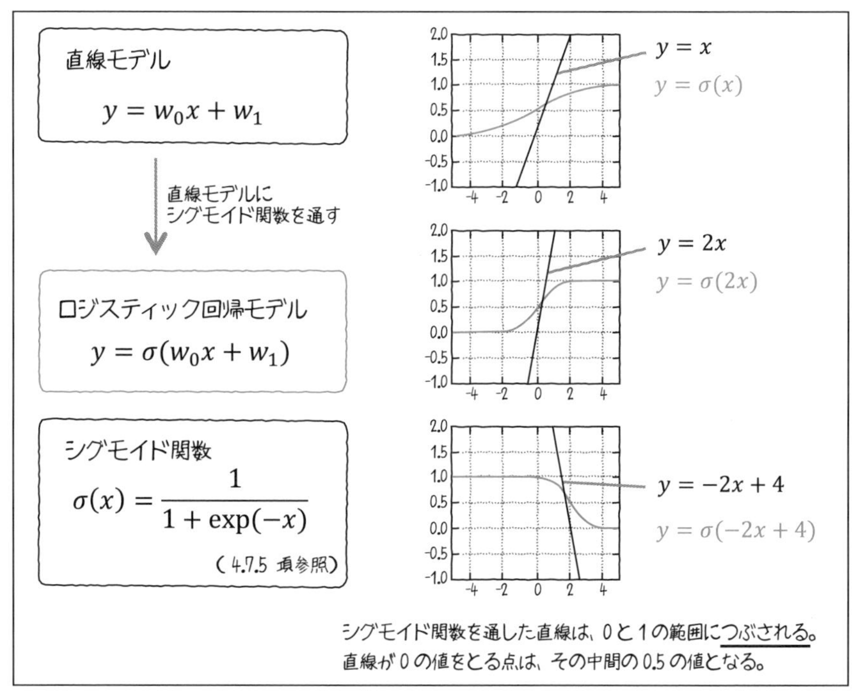

図 6.6：ロジスティック回帰モデル

それではプログラムです。リスト 6-1-(3) でロジスティック回帰モデルを定義します。

In

```
# リスト 6-1-(3)
# ロジスティック回帰モデル ----------
def logistic(x, w):
    y = 1 / (1 + np.exp(-(w[0] * x + w[1])))  # 式6-10
    return y
```

それを表示する関数を次のリスト 6-1-(4) で作っておきます。実行すると、ロジスティック回帰モデルが、決定境界とともに表示され、決定境界の値が出力されます。

In

```
# リスト 6-1-(4)
# ロジスティック回帰モデルの表示 ----------
def show_logistic(w):
    x = np.linspace(X_min, X_max, 100)
    y = logistic(x, w)
    plt.plot(x, y, "gray", linewidth=4)
    # 決定境界
    i = np.min(np.where(y > 0.5))     # (A)
    boundary = (x[i - 1] + x[i]) / 2  # (B)
    plt.plot([boundary, boundary], [-0.5, 1.5], "black", linestyle="--")
    return boundary


# テスト ----------
w = np.array([8, -10])
b = show_logistic(w)
print(f'decision boundary = {b}')
plt.grid()
plt.show()
```

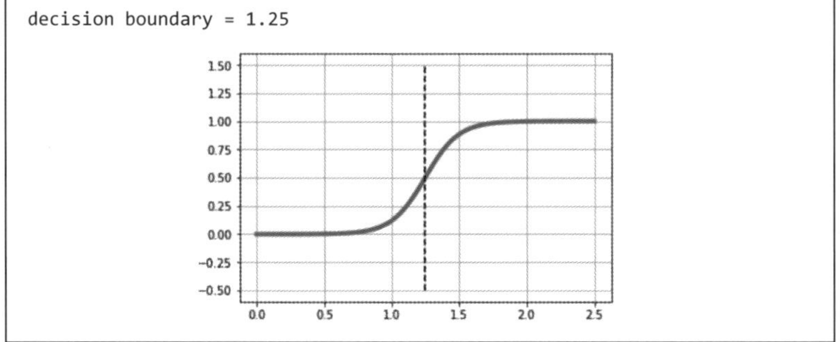

リスト 6-1-(4) の **(A)** と **(B)** の部分で決定境界を求めていますが、補足説明です。決定境界は $y = 0.5$、となる x の値です。**(A)** の **np.where(y > 0.5)** は、**y > 0.5** を満たす要素番号をすべて返すという命令文です。**i = np.min(np.where(y > 0.5))** とすることで、**y > 0.5** を満たす要素番号の中で一番小さいインデックスが **i** に入ります。つまり、**i** は **y** が **0.5** を超えた直後の要素番号です。

そして、**(B)** の **boundary = (x[i - 1] + x[i]) / 2** で、**y** が **0.5** を超えた直後の **x[i]** と、その直前の **x[i - 1]** の中点が決定境界の近似値として **boundary** に格納されます。

6.1.5 交差エントロピー誤差

ロジスティック回帰モデルを使って、x が $t = 1$ となる確率を式 6-11 のように表します。

$$y = \sigma(w_0 x + w_1) = P(t = 1|x) \tag{6-11}$$

それでは、このパラメータ w_0 と w_1 が虫のデータに合うように最尤推定しましょう。「このモデルから虫のデータが生成されたとして、最もありえる（確率的に高い）パラメータを求める」という方針です。6.1.3 項では、特定のデータ 4 つ（$\mathbf{T}$ = 0、0、0、1 でした）に対して最尤推定を試みましたが、ここではどんなデータにも対応できるように考えていきます。

まず、虫のデータがこのモデルから生成された確率、尤度を求めます。データが 1 つだけだとし、ある体重 x に対して $t = 1$ だったら、$t = 1$ がモデルから生成される確率は、ロジスティック回帰モデルの出力値 y そのものです。逆に、$t = 0$ だったら $1 - y$ となります。

この生成確率が t の値によって y や $1-y$ と変わってしまうのは、一般的なデータに対して考えるとなると不便です。そこで、数学的なトリックを使って、クラスの生成確率を式 6-12 のように表します。

$$P(t|x) = y^t(1-y)^{1-t} \tag{6-12}$$

突然、複雑になった感じがしますが、大丈夫です。$t=1$ のときは、式 6-13 のようになります。

$$P(t=1|x) = y^1(1-y)^{1-1} = y \tag{6-13}$$

$t=0$ のときは、式 6-14 のようになるので、$t=1$ のときでも $t=0$ のときでも、式 6-12 で $P(t|x)$ を表せることがわかります。指数をスイッチのように使っているのです。

$$P(t=0|x) = y^0(1-y)^{1-0} = 1-y \tag{6-14}$$

それでは、データが N 個だったら、与えられた $\mathbf{X} = x_0, \cdots, x_{N-1}$ に対して、クラス $\mathbf{T} = t_0, \cdots, t_{N-1}$ の生成確率はどうなるでしょうか？　1 つ 1 つのデータの生成確率をすべてのデータで掛け算すればよいので、式 6-15 のようになります。これが尤度です。

$$P(\mathbf{T}|\mathbf{X}) = \prod_{n=0}^{N-1} P(t_n|x_n) = \prod_{n=0}^{N-1} y_n^{t_n}(1-y_n)^{1-t_n} \tag{6-15}$$

式 6-15 の対数をとって、対数尤度を得ます。パラメータ w_0、w_1 は、この対数尤度が最大になるように求めればよいことになります（式 6-16）。

$$\log P(\mathbf{T}|\mathbf{X}) = \sum_{n=0}^{N-1}\{t_n \log y_n + (1-t_n)\log(1-y_n)\} \tag{6-16}$$

式 6-15 から式 6-16 の変形には、公式 4-108 を使いました。第 5 章までは、平均二乗誤差が最小になるようにパラメータを求めていましたので、それと合わせるために、式 6-16 に −1 を掛けたものを考えます。これを、**交差エントロピー誤差**（cross entropy error; CEE）と呼びます。これなら、これまでの平均二乗誤差と同じく、誤差が最小になるようにパラメータを求めればよいことになります。そして、交差エントロピー誤差をNで割った、**平均交差エントロピー誤差**を$E(\mathbf{w})$として定義します（式6-17）。このほうがデータ数に誤差の値が影響されにくく、数値を調べるには都合がよいからです。

$$E(\mathbf{w}) = -\frac{1}{N}\log P(\mathbf{T}|\mathbf{X}) = -\frac{1}{N}\sum_{n=0}^{N-1}\{t_n \log y_n + (1-t_n)\log(1-y_n)\} \quad \textbf{(6-17)}$$

それでは、リスト 6-1-(5) で、平均交差エントロピー誤差を計算する関数、**cee_logistic(w, x, t)** を作ります。

In
```
# リスト 6-1-(5)
# 平均交差エントロピー誤差 ----------
def cee_logistic(w, x, t):
    y = logistic(x, w)
    # 式6-16の計算
    cee = 0
    for n in range(len(y)):
        cee = cee - (t[n] * np.log(y[n]) + (1 - t[n]) * np.log(1 - y[n]))
    cee = cee / N
    return cee


# テスト ----------
w = np.array([1, 1])
cee = cee_logistic(w, X, T)
print(f"CEE = {cee:.6f}")
```

Out
```
CEE = 1.028819
```

最後のテストで$w_0 = 1$、$w_1 = 1$として関数を実行してみると、それらしい値が返ってきました。

それでは、この平均交差エントロピー誤差がどのような形をしているのか、その形を次のリスト 6-1-(6) で確かめてみましょう。

In

```
# リスト 6-1-(6)
# 平均交差エントロピー誤差の計算 ----------
w0_n, w1_n = 80, 80  # 等高線表示の解像度
w0_min, w0_max = 0, 15
w1_min, w1_max = -15, 0
w0 = np.linspace(w0_min, w0_max, w0_n)
w1 = np.linspace(w1_min, w1_max, w1_n)
C = np.zeros((w1_n, w0_n))
for i0 in range(w0_n):
    for i1 in range(w1_n):
        w = np.array([w0[i0], w1[i1]])
        C[i1, i0] = cee_logistic(w, X, T)  # CEE を計算
ww0, ww1 = np.meshgrid(w0, w1)  # 描画用座標の作成

# グラフ描画 ----------
plt.figure(figsize=(12, 5))
plt.subplots_adjust(wspace=0.5)
# サーフェス表示
ax = plt.subplot(1, 2, 1, projection="3d")
ax.plot_surface(
    ww0, ww1, C,
    color="blue", edgecolor="black", rstride=10, cstride=10, alpha=0.3,
)
ax.set_xlabel("$w_0$", fontsize=14)
ax.set_ylabel("$w_1$", fontsize=14)
ax.set_xlim(0, 15)
ax.set_ylim(-15, 0)
ax.set_zlim(0, 8)
ax.view_init(30, -95)
# 等高線表示
plt.subplot(1, 2, 2)
cont = plt.contour(
    ww0, ww1, C,
    colors="black", levels=[0.26, 0.4, 0.8, 1.6, 3.2, 6.4],
```

```
)
cont.clabel(fmt="%.2f", fontsize=8)
plt.xlabel("$w_0$", fontsize=14)
plt.ylabel("$w_1$", fontsize=14)
plt.grid()
plt.show()
```

Out

```
# 実行結果は図 6.7 を参照
```

リスト 6-1-(6) を実行すると図 6.7 に示したグラフが表示されます。

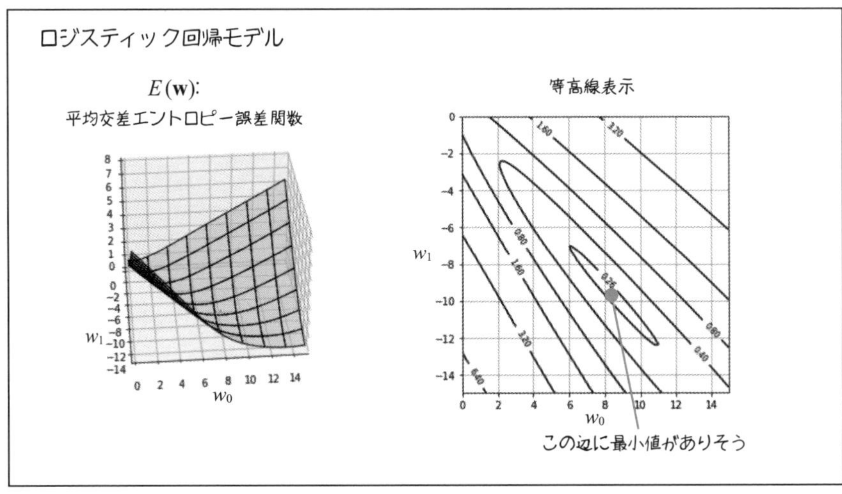

図 6.7：ロジスティック回帰モデルの平均交差エントロピー誤差関数

平均交差エントロピー誤差関数は、風呂敷の対角の隅を持って持ち上げたような形をしていました。どうやら最小値は、$w_0 = 9$、$w_1 = -9$ の付近にありそうです。

6.1.6 学習則の導出

さて、交差エントロピー誤差が最小になるパラメータの解析解は求めることができません。y_n が非線形のシグモイド関数を含んでいるからです。そこで、勾配法を使って数値的に求めることを考えます。勾配法を使うには、パラメータの偏微分が必要でした。

それでは、式 6-17 の平均交差エントロピー誤差 $E(\mathbf{w})$ を w_0 で偏微分したものを求めていきましょう。まず、式 6-17 を式 6-18 のように表します。

$$E(\mathbf{w}) = \frac{1}{N}\sum_{n=0}^{N-1} E_n(\mathbf{w}) \tag{6-18}$$

上記の和の中身は式 6-19 のように定義しました。

$$E_n(\mathbf{w}) = -t_n \log y_n - (1 - t_n) \log(1 - y_n) \tag{6-19}$$

微分と和は交換できることから（4.5 節「偏微分」を参照）、式 6-18 から式 6-20 を得ることができます。

$$\frac{\partial}{\partial w_0} E(\mathbf{w}) = \frac{1}{N}\frac{\partial}{\partial w_0}\sum_{n=0}^{N-1} E_n(\mathbf{w}) = \frac{1}{N}\sum_{n=0}^{N-1}\frac{\partial}{\partial w_0} E_n(\mathbf{w}) \tag{6-20}$$

そこで、和の記号の中身 $\frac{\partial}{\partial w_0}E_n(\mathbf{w})$ を求めてから、最後にその平均を計算し、$\frac{\partial}{\partial w_0}E(\mathbf{w})$ を求めるという作戦を考えます。

さて、$E_n(\mathbf{w})$ の中身（式 6-19）の y_n は、ロジスティック回帰モデルの出力ですが、後々の計算のために、シグモイド関数の中身 $w_0 x_n + w_1$ を a_n で表すことにします（式 6-21、式 6-22）。この a_n を**入力総和**と呼ぶことにします。

$$y_n = \sigma(a_n) = \frac{1}{1 + \exp(-a_n)} \tag{6-21}$$

$$a_n = w_0 x_n + w_1 \tag{6-22}$$

すると、$E_n(\mathbf{w})$ は $E_n(y_n(a_n(\mathbf{w})))$ と、入れ子の関数として解釈することができますので、w_0 で偏微分するために、4.4.4 項で解説した連鎖律の公式を使います（式 6-23）。

$$\frac{\partial E_n}{\partial w_0} = \frac{\partial E_n}{\partial y_n}\cdot\frac{\partial y_n}{\partial a_n}\cdot\frac{\partial a_n}{\partial w_0} \tag{6-23}$$

式 6-23 の右辺の 3 つのパーツのはじめのパーツは、式 6-19 を y_n で偏微分したものです（式 6-24）。

$$\frac{\partial E_n}{\partial y_n} = \frac{\partial}{\partial y_n}\{-t_n \log y_n - (1-t_n)\log(1-y_n)\} \tag{6-24}$$

上記の偏微分の記号を y_n に関係する部分だけに作用させます（式 6-25）。

$$= -t_n \frac{\partial}{\partial y_n}\log y_n - (1-t_n)\frac{\partial}{\partial y_n}\log(1-y_n) \tag{6-25}$$

$\{\log(x)\}' = 1/x$ と $\{\log(1-x)\}' = -1/(1-x)$ の公式を使って、式 6-26 を得ます。

$$\frac{\partial E_n}{\partial y_n} = -\frac{t_n}{y_n} + \frac{1-t_n}{1-y_n} \tag{6-26}$$

次に、式 6-23 の右辺の 2 番目のパーツです。シグモイド関数の微分の公式 $\{\sigma(x)\}' = \sigma(x)\{1-\sigma(x)\}$（4.7.5 項「シグモイド関数」を参照）を使って、式 6-27 のようになります。後のために、$\sigma(a_n)$ を y_n に戻しました。

$$\frac{\partial y_n}{\partial a_n} = \frac{\partial}{\partial a_n}\sigma(a_n) = \sigma(a_n)\{1-\sigma(a_n)\} = y_n(1-y_n) \tag{6-27}$$

最後に、式 6-23 の右辺の 3 番目のパーツです。これは簡単です。式 6-28 のようになります。

$$\frac{\partial a_n}{\partial w_0} = \frac{\partial}{\partial w_0}(w_0 x_n + w_1) = x_n \tag{6-28}$$

これですべてのパーツがそろいました。式 6-26、式 6-27、式 6-28 を、式 6-23 に代入します（式 6-29）。

$$\frac{\partial E_n}{\partial w_0} = \left(-\frac{t_n}{y_n} + \frac{1-t_n}{1-y_n}\right) y_n(1-y_n)x_n \tag{6-29}$$

分数の部分を約分すると、式 6-30 が得られます。

$$= \{-t_n(1-y_n) + (1-t_n)y_n\}x_n \tag{6-30}$$

更に整理すると、式 6-31 のようになり、とてもシンプルになりました。

$$\frac{\partial E_n}{\partial w_0} = (y_n - t_n)x_n \tag{6-31}$$

最後に式 6-20 に代入して、E の w_0 に関する偏微分が式 6-32 のように求まりました。

$$\frac{\partial E}{\partial w_0} = \frac{1}{N}\sum_{n=0}^{N-1}(y_n - t_n)x_n \tag{6-32}$$

同様に、w_1 に関する偏微分を求めると、式 6-33 が得られます。

$$\frac{\partial E}{\partial w_1} = \frac{1}{N}\sum_{n=0}^{N-1}(y_n - t_n) \tag{6-33}$$

導出は式 6-23 の 3 番目のパーツが、式 6-34 のようになる以外は w_0 のときと同じです。

$$\frac{\partial a_n}{\partial w_1} = \frac{\partial}{\partial w_1}(w_0 x_n + w_1) = 1 \tag{6-34}$$

プログラムでの実装は、リスト 6-1-(7) となります。

In

```
# リスト 6-1-(7)
# 平均交差エントロピー誤差の微分 ----------
def dcee_logistic(w, x, t):
    y = logistic(x, w)
    # 式 6-32、式 6-33 の計算
    dcee = np.zeros(2)
    for n in range(len(y)):
        dcee[0] = dcee[0] + (y[n] - t[n]) * x[n]
        dcee[1] = dcee[1] + (y[n] - t[n])
    dcee = dcee / N
    return dcee


# テスト ----------
```

```
w = np.array([1, 1])
dcee = dcee_logistic(w, X, T)
print("dCEE =", np.round(dcee, 6))
```

Out
```
dCEE = [0.308579 0.394855]
```

最後のテストで、$w_0 = 1$、$w_1 = 1$を入力し、動作を確かめました。出力は、w_0方向の偏微分値とw_1方向の偏微分値を要素に持つ ndarray 配列です（図 6.8）。

ロジスティック回帰モデル

$$y_n = \sigma(a_n) = \frac{1}{1 + \exp(-a_n)} \qquad a_n = w_0 x_n + w_1 \qquad \text{(6-21、6-22)}$$

平均交差エントロピー誤差関数

$$E(\mathbf{w}) = -\frac{1}{N}\sum_{n=0}^{N-1}\{t_n \log y_n + (1 - t_n)\log(1 - y_n)\} \qquad \text{(6-17)}$$

学習則に使う偏微分

$$\frac{\partial E}{\partial w_0} = \frac{1}{N}\sum_{n=0}^{N-1}(y_n - t_n)x_n \quad \text{(6-32)} \qquad \frac{\partial E}{\partial w_1} = \frac{1}{N}\sum_{n=0}^{N-1}(y_n - t_n) \quad \text{(6-33)}$$

図 6.8：ロジスティック回帰モデルの学習

6.1.7 勾配法による解

それでは、いよいよ勾配法でロジスティック回帰モデルのパラメータを求めてみましょう。実行するプログラムはリスト 6-1-(8) です。5.6 節でも使った **minimize()** という関数で勾配法を試みます **(A)**。5.6 節では偏微分を使いませんでしたが、今回は偏微分を使った方法で極小解を求めます。

minimize() の引数は、交差エントロピーの関数 **cee_logistic** 、**w** の初期値 **w_init**、**args=(x,t)** は **cee_logistic** の **w** 以外の引数、**jac=dcee_logistic** で微分の関数を指定し、**method="CG"** で共役勾配法という勾配法の一種を指定しています。

共役勾配法は便利なことに学習率を指定する必要がありません。

In

```
# リスト 6-1-(8)
from scipy.optimize import minimize


# ロジスティック回帰モデルのパラメータ最適化
def fit_logistic(w_init, x, t):
    res = minimize(  # (A)
        cee_logistic, w_init, args=(x, t),
        jac=dcee_logistic, method="CG",
    )
    return res.x


# メイン ----------
w_init = np.array([1.0, -1.0])  # wの初期値
w = fit_logistic(w_init, X, T)  # wを計算
cee = cee_logistic(w, X, T)     # CEEを計算


# グラフ描画 ----------
plt.figure(figsize=(3, 3))
boundary = show_logistic(w)
show_data1d(X, T)
plt.grid()
plt.show()


# 結果表示 ----------
print(f"w0 = {w[0]:.2f}, w1 = {w[1]:.2f}")
print(f"CEE = {cee:.2f}")
print(f"Boundary = {boundary:.2f} g")
```

Out

```
# 実行結果は図 6.9 を参照
```

実行結果は図 6.9 のようになります。推定されたパラメータは図 6.7 で予想した値とおおむね合っています。決定境界は 1.15 g となり、直線モデルを二乗誤差最小化

でフィッティングしたときの境界決定（1.24 g）よりも少しだけ左側に戻りました。

もう一度強調しますが、このモデルの優れているところは、出力の値が、$P(t=1|x)$という条件付き確率（事後確率）を近似しようとしているところであり、あいまいさも含めて予測をしている点なのです。

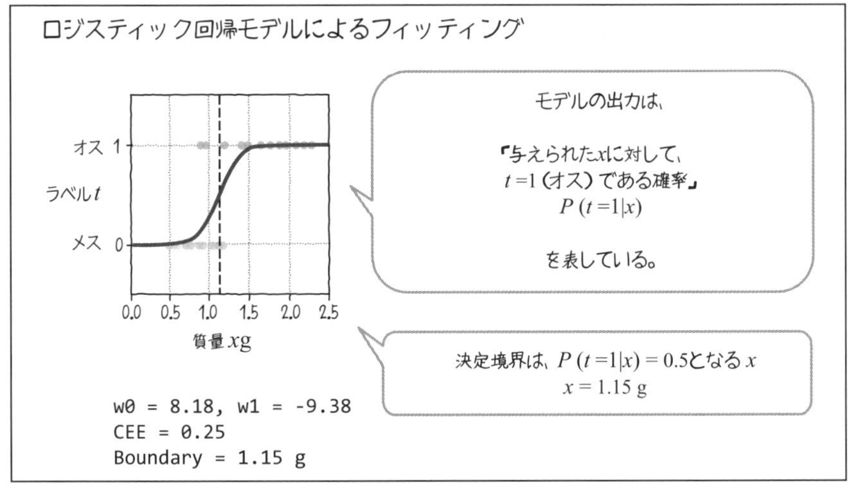

図 6.9：ロジスティック回帰モデルによるフィッティング結果

6.2 2 次元入力 2 クラス分類

ここまでは、入力データが 1 次元の場合で考えてきました。次は、入力データが 2 次元の場合に拡張しましょう。

6.2.1 問題設定

データをリセットして、2 次元入力でのデータを新たに作成します。以下のコマンドを実行すると本当にリセットしてもよいかという確認が出るので、［**y**］キーを押して［**Enter**］キー を押します。

In
```
%reset
```

Out
```
Once deleted, variables cannot be recovered. Proceed (y/[n])? y
```

リスト 6-2-(1) で 2 クラスの分類と、3 クラスの分類のデータを一緒に作ります。

In

```
# リスト 6-2-(1)
%matplotlib inline
import numpy as np
import matplotlib.pyplot as plt


# データ生成 ----------
np.random.seed(seed=1)  # 乱数を固定
N = 100                 # データの数
K = 3                   # 分布の数
T3 = np.zeros((N, 3), dtype=int)
T2 = np.zeros((N, 2), dtype=int)
X = np.zeros((N, 2))    # 今までの X0 と X1 を統合して X で表す
X0_min, X0_max = -3, 3  # X0 の範囲、表示用
X1_min, X1_max = -3, 3  # X1 の範囲、表示用
prm_mu = np.array([[-0.5, -0.5], [0.5, 1.0], [1, -0.5]])  # 分布の中心
prm_sig = np.array([[0.7, 0.7], [0.8, 0.3], [0.3, 0.8]])  # 分布の分散
prm_pi = np.array([0.4, 0.8, 1])  # (A) 各分布への割合を決めるパラメータ
# 3 クラス用のラベル "T3" を作成
for n in range(N):          # 各データのループ
    r = np.random.rand()
    for k in range(K):      # (B) 各クラスのループ
        if r < prm_pi[k]:   # クラスを決める
            T3[n, k] = 1
            break           # クラスが決まったら k のループから抜ける
    for k in range(2):      # (C) 決まった T3 に対して 2 次元の X を作成
        X[n, k] = \
            np.random.randn() * prm_sig[T3[n, :] == 1, k] \
            + prm_mu[T3[n, :] == 1, k]
# 2 クラス用のラベル "T2" を作成
T2[:, 0] = T3[:, 0]
# T3 のクラス 1 と 2 をまとめて T2 のクラス 1 とする
T2[:, 1] = T3[:, 1] | T3[:, 2]
```

データの数はN=100で、入力データは$N \times 2$の**X**、それに対して、2クラス分類のクラスデータは$N \times 2$の**T2**、3クラス分類のクラスデータは$N \times 3$の**T3**に保存されます。

試しに入力データ**X**の最初の5つ分を見てみましょう（リスト6-2-(2)）。

In
```
# リスト 6-2-(2)
print(X[:5,:])
```

Out
```
[[-0.14173827  0.86533666]
 [-0.86972023 -1.25107804]
 [-2.15442802  0.29474174]
 [ 0.75523128  0.92518889]
 [-1.10193462  0.74082534]]
```

クラスデータ**T2**の最初の5つ分は、リスト6-2-(3)のようになります。

In
```
# リスト 6-2-(3)
print(T2[:5,:])
```

Out
```
[[0 1]
 [1 0]
 [1 0]
 [0 1]
 [1 0]]
```

これは、上から順にクラス1、0、0、1、0に属するという意味です。1となっている列の番号がクラス番号を表します。

クラスデータ**T3**の最初の5つ分は、リスト6-2-(4)のようになります。**T2**のときと同様に、上から順に、クラス1、0、0、1、0に属しているという意味です（たまたま、最初の5つにクラス2に属するものがなかったようです）。

In
```
# リスト 6-2-(4)
print(T3[:5,:])
```

Out

```
[[0 1 0]
 [1 0 0]
 [1 0 0]
 [0 1 0]
 [1 0 0]]
```

このように、目的変数ベクトル$\mathbf{t}_n$のk番目の要素だけ1でそれ以外を0とする表記を、**1-of-K 符号化法**、または、one-hot エンコーディングと呼びます。

それでは、リスト 6-2-(5) で、**T2** と **T3** を図示してみましょう。

In

```
# リスト 6-2-(5)
# データ表示 ----------
def show_data2d(x, t):
    K = t.shape[1]  # tの列数からクラス数を取得
    col = ["gray", "white", "black"]
    for k in range(K):
        plt.plot(
            x[t[:, k] == 1, 0], x[t[:, k] == 1, 1], col[k],
            marker="o", linestyle="None",
            markeredgecolor="black", alpha=0.8,
        )
        plt.xlim(X0_min, X0_max)
        plt.ylim(X1_min, X1_max)


# メイン ----------
plt.figure(figsize=(7.5, 3))
plt.subplots_adjust(wspace=0.5)
# 2クラス用データ表示
plt.subplot(1, 2, 1)
show_data2d(X, T2)
plt.grid()
# 3クラス用データ表示
plt.subplot(1, 2, 2)
show_data2d(X, T3)
```

```
plt.xlim(X0_min, X0_max)
plt.ylim(X1_min, X1_max)
plt.grid()
plt.show()
```

Out

```
# 実行結果は図 6.10 を参照
```

データは、3 クラス分用 **T3** を作り、クラス 2 をクラス 1 に統合して、**T2** としています（図 6.10）。

いったんリスト 6-2-(1) に戻りますが、データは以下の手順で作りました。まず、どのクラスに所属するかの確率を、**prm_pi = np.array([0.4, 0.8, 1])** でセットしました **(A)**。0 ～ 1 までの一様分布から乱数を生成し **r** に入れ、それが、**prm_pi[0]** よりも小さければクラス 0、**prm_pi[0]** 以上で **prm_pi[1]** よりも小さければクラス 1、**prm_pi[1]** 以上で **prm_pi[2]** よりも小さければクラス 2 としました **(B)**。

クラスが決定した後、クラスごとに異なるそれぞれのガウス分布から、2 次元の入力データ **X** を作成しました **(C)**。

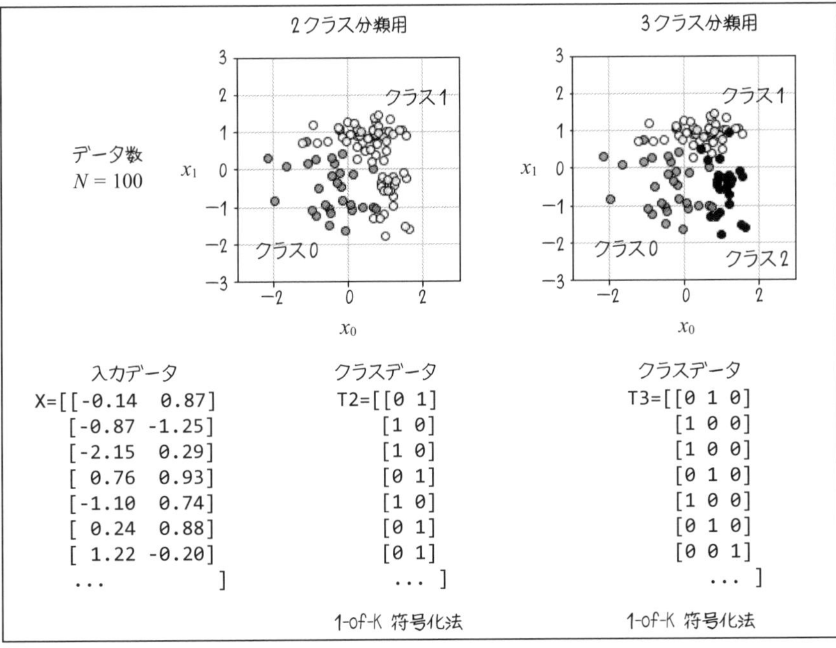

図 6.10：2 次元入力に対する人工データ

6.2.2 ロジスティック回帰モデル

ロジスティック回帰モデルは、1 次元入力バージョン（式 6-11）から、簡単に 2 次元入力バージョン（式 6-35、式 6-36）に拡張することができます（図 6.11）。

$$y = \sigma(a) \tag{6-35}$$

$$a = w_0 x_0 + w_1 x_1 + w_2 \tag{6-36}$$

今度のモデルの出力 y は、クラスが 0 である確率 $P(t = 0|\mathbf{x})$ を近似するものとしましょう。モデルのパラメータは 1 つ増えて、w_0、w_1、w_2 の 3 つです。

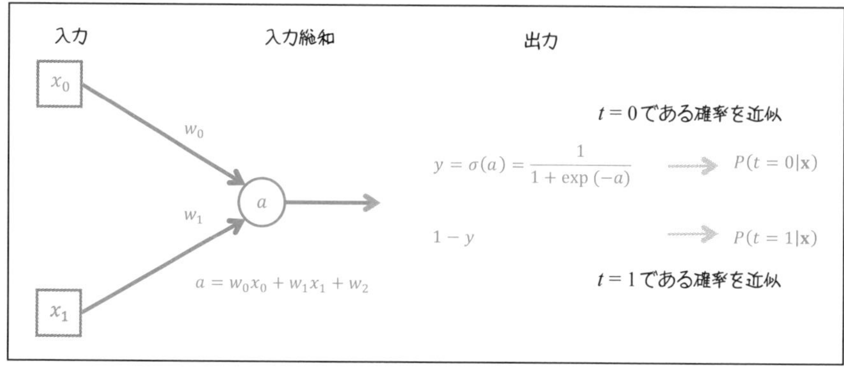

図 6.11：2 次元入力 2 クラス分類のロジスティック回帰モデル

リスト 6-2-(6) で、モデルを定義します。

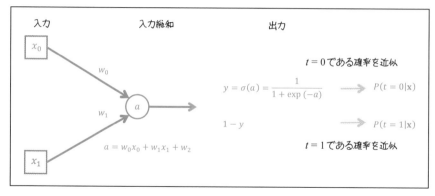

In
```
# リスト 6-2-(6)
# 2 次元ロジスティック回帰モデル ----------
def logistic2(x0, x1, w):
    a = w[0] * x0 + w[1] * x1 + w[2]  # 式 6-36
    y = 1 / (1 + np.exp(-a))          # 式 6-35
    return y
```

リスト 6-2-(7) は、モデルとデータを 3D 表示するためのものです。実行すると、**w = np.array([-1, -1, -1])** を選んだ場合での 2 次元ロジスティック回帰モデルとデータが 3 次元で表示されます。

In
```
# リスト 6-2-(7)
# 2 次元ロジスティック回帰モデルのサーフェス表示 ----------
def show3d_logistic2(ax, w):
    x0_n, x1_n = 50, 50  # サーフェス表示の解像度
    x0 = np.linspace(X0_min, X0_max, x0_n)
    x1 = np.linspace(X1_min, X1_max, x1_n)
    xx0, xx1 = np.meshgrid(x0, x1)
    y = logistic2(xx0, xx1, w)
    ax.plot_surface(
        xx0, xx1, y,
```

```
        rstride=5, cstride=5, alpha=0.3, color="blue", edgecolor="gray",
    )

# 2次元データの表示 ----------
def show_data2d_3d(ax, x, t):
    col = ["gray", "white"]
    for i in range(2):
        ax.plot(
            x[t[:, i] == 1, 0], x[t[:, i] == 1, 1], 1 - i, col[i],
            marker="o", linestyle="None", markeredgecolor="black",
            markersize=5, alpha=0.8,
        )
    ax.view_init(elev=25, azim=-30)

# テスト ----------
plt.figure(figsize=(5, 4))
ax = plt.subplot(projection="3d")
w = np.array([-1, -1, -1])
show3d_logistic2(ax, w)
show_data2d_3d(ax, X, T2)
plt.show()
```

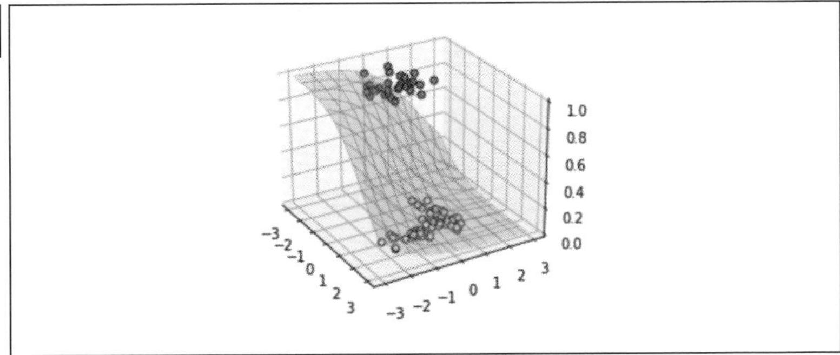

モデルの等高線表示を次のリスト 6-2-(8) で作ります。実行すると、**`w = np.array([-1, -1, -1])`** を選んだ場合でのロジスティック回帰モデルの出力が等高線表示されます。

In

```
# リスト 6-2-(8)
# 2次元ロジスティック回帰モデルの等高線表示 ----------
def show_contour_logistic2(w):
    x0_n, x1_n = 30, 30  # 等高線表示の解像度
    x0 = np.linspace(X0_min, X0_max, x0_n)
    x1 = np.linspace(X1_min, X1_max, x1_n)
    xx0, xx1 = np.meshgrid(x0, x1)
    y = logistic2(xx0, xx1, w)
    cont = plt.contour(
        xx0, xx1, y,
        levels=[0.2, 0.5, 0.8],
        colors=["black", "cornflowerblue", "black"],
    )
    cont.clabel(fmt="%.2f", fontsize=10)
    plt.grid()


# テスト ----------
plt.figure(figsize=(3, 3))
w = np.array([-1, -1, -1])
show_contour_logistic2(w)
plt.show()
```

Out

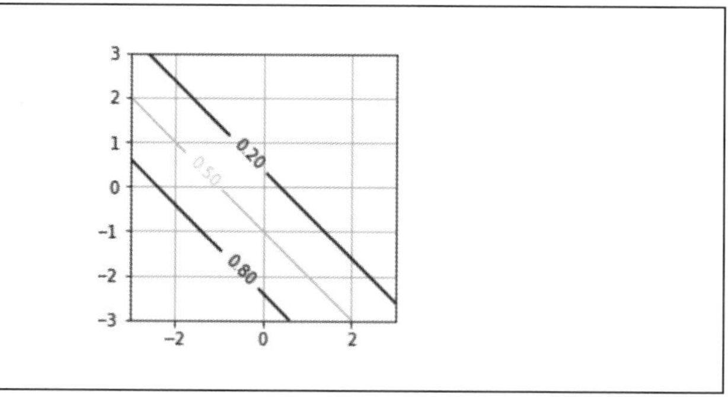

モデルの平均交差エントロピー誤差関数は、式 6-17 そのものが使えます（再掲）。

$$E(\mathbf{w}) = -\frac{1}{N}\log P(\mathbf{T}|\mathbf{X}) = -\frac{1}{N}\sum_{n=0}^{N-1}\{t_n \log y_n + (1-t_n)\log(1-y_n)\} \tag{6-17}$$

ここでのクラスデータでは、1-of-K 符号化法を使っていますが、2 クラス分類の問題ですので、**T**の 0 列目 t_{n0} を t_n とおいて、1 ならばクラス 0、0 ならばクラス 1 と、6.1 節と同じように問題を扱うことができます。

リスト 6-2-(9) で交差エントロピー誤差を計算する関数を定義します。

In

```
# リスト 6-2-(9)
# 交差エントロピー誤差 ----------
def cee_logistic2(w, x, t):  # x は x0 と x1 を統合したもの
    N = x.shape[0]
    y = logistic2(x[:, 0], x[:, 1], w)
    # 式 6-17 の計算
    cee = 0
    for n in range(len(y)):
        cee = cee - (t[n, 0] * np.log(y[n])
                     + (1 - t[n, 0]) * np.log(1 - y[n]))
    cee = cee / N
    return cee
```

6.1.6 項と同様にパラメータの偏微分を求めると、式 6-37、式 6-38、式 6-39 が得られます。

$$\frac{\partial E}{\partial w_0} = \frac{1}{N}\sum_{n=0}^{N-1}(y_n - t_n)x_{n0} \tag{6-37}$$

$$\frac{\partial E}{\partial w_1} = \frac{1}{N}\sum_{n=0}^{N-1}(y_n - t_n)x_{n1} \tag{6-38}$$

$$\frac{\partial E}{\partial w_2} = \frac{1}{N}\sum_{n=0}^{N-1}(y_n - t_n) \tag{6-39}$$

リスト 6-2-(10) で、偏微分を計算する関数を定義します。実行すると、**w = np.array([-1, -1, -1])** とした場合での偏微分の値が返されます。

In

```
# リスト 6-2-(10)
# 交差エントロピー誤差の微分 ----------
def dcee_logistic2(w, x, t):  # x は x0 と x1 を統合したもの
    N = x.shape[0]
    y = logistic2(x[:, 0], x[:, 1], w)
    # 式 6-37、式 6-38、式 6-39 の計算
    dcee = np.zeros(3)
    for n in range(len(y)):
        dcee[0] = dcee[0] + (y[n] - t[n, 0]) * x[n, 0]
        dcee[1] = dcee[1] + (y[n] - t[n, 0]) * x[n, 1]
        dcee[2] = dcee[2] + (y[n] - t[n, 0])
    dcee = dcee / N
    return dcee


# テスト ----------
w = np.array([-1, -1, -1])
dcee = dcee_logistic2(w, X, T2)
print("dCEE = ", np.round(dcee, 6))
```

Out

```
dCEE =  [ 0.10272   0.04451  -0.063072]
```

最後に、平均交差エントロピー誤差が最小となるように、ロジスティック回帰モデルのパラメータを求め、結果を表示します（リスト 6-2-(11)）。

In

```
# リスト 6-2-(11)
from scipy.optimize import minimize


# 2 次元ロジスティック回帰モデルのパラメータ最適化 ----------
def fit_logistic2(w_init, x, t):
    res = minimize(
        cee_logistic2, w_init, args=(x, t),
```

```
        jac=dcee_logistic2, method="CG",
    )
    return res.x


# メイン ----------
w_init = np.array([-1.0, 0.0, 0.0])  # wの初期値
w = fit_logistic2(w_init, X, T2)     # wを計算
cee = cee_logistic2(w, X, T2)        # CEEを計算
# 結果表示
print(f"w0 = {w[0]:.2f}, w1 = {w[1]:.2f}, w2 = {w[2]:.2f}")
print(f"CEE = {cee:.2f}")


# グラフ描画 ----------
plt.figure(figsize=(7, 3))
# サーフェス表示
plt.subplots_adjust(wspace=0.5)
ax = plt.subplot(1, 2, 1, projection="3d")
show3d_logistic2(ax, w)
show_data2d_3d(ax, X, T2)
# 等高線表示
plt.subplot(1, 2, 2)
show_data2d(X, T2)
show_contour_logistic2(w)
plt.show()
```

Out

```
# 実行結果は図6.12を参照
```

前節と同様に、**minimize()** に微分の関数も渡し、共役勾配法でパラメータを求めました。その結果を図6.12に示しました。うまく分布を分離するところで、決定境界が引けていることが確認できます。

使用したロジスティック回帰モデルのシグモイド関数の中身は、面モデルです。この面が、シグモイド関数によって0と1の間につぶされたと考えることができます。そうしてできた形が、図6.12左なのです。平面をつぶしているだけなので、このモデルの決定境界は必ず直線になります。

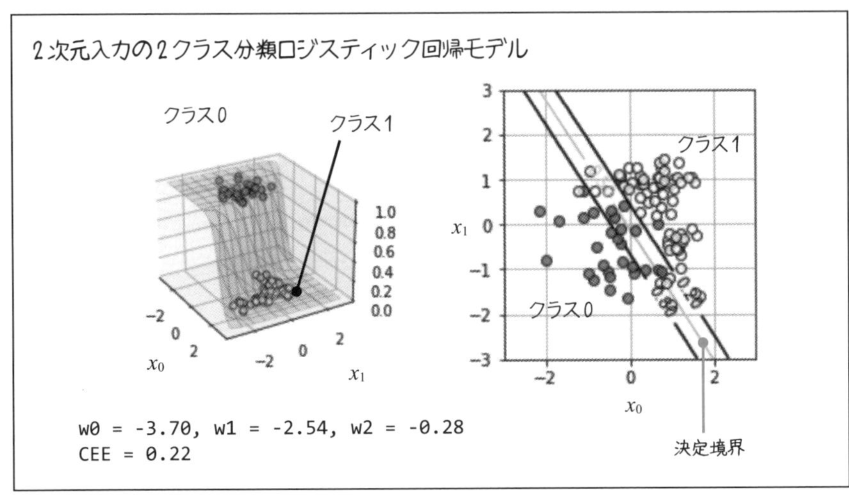

図 6.12：2 次元入力のロジスティック回帰モデルによるフィッティング結果

6.3 2次元入力3クラス分類

6.3.1 3クラス分類ロジスティック回帰モデル

さて、ここまでは 2 クラス分類だけを扱ってきましたが、4.7.6 項で解説したソフトマックス関数をモデルの出力に使うことで、3 クラス以上のクラス分類に対応させることができます（図 6.13）。

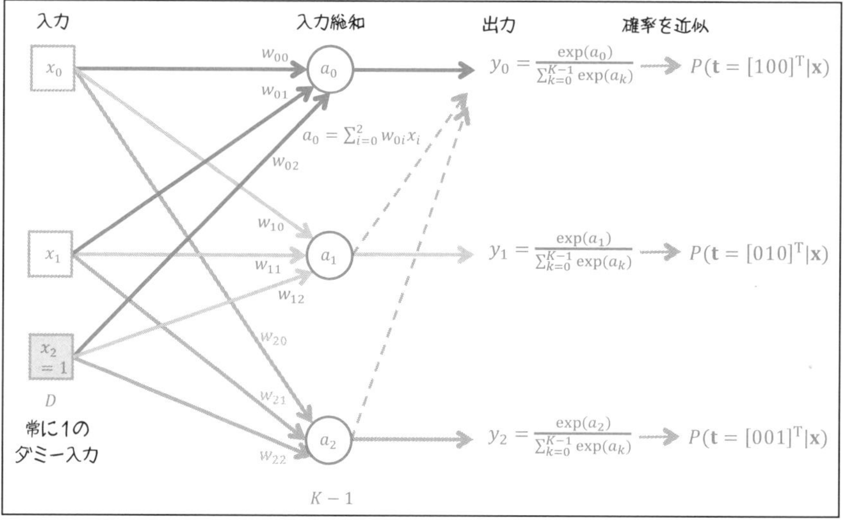

図 6.13：2 次元入力 3 クラス分類のロジスティック回帰モデル

例えば、3 クラスの分類問題であれば、3 つのクラスに対応する入力総和a_k ($k = 0, 1, 2$) を考えます（式 6-40)。

$$a_k = w_{k0}x_0 + w_{k1}x_1 + w_{k2} \quad (k = 0, 1, 2) \tag{6-40}$$

w_{ki} は、入力 x_i からクラスkの入力総和を調節するパラメータです。ここで式を整理する工夫をします。今、2 次元入力を考えていますので、$\mathbf{x} = [x_0, x_1]^T$ ですが、常に 1 の値をとる 3 番目の入力 $x_2 = 1$ を仮定し、式 6-41 のように表します。

$$a_k = w_{k0}x_0 + w_{k1}x_1 + w_{k2}x_2 = \sum_{i=0}^{D} w_{ki}x_i \quad (k = 0, 1, 2) \tag{6-41}$$

この入力総和をソフトマックス関数に入力することを考えます。まず、入力総和の指数関数 $\exp(a_k)$ を考え、この指数関数をすべてのクラスで足し合わせたものを u とします（式 6-42)。

$$u = \exp(a_0) + \exp(a_1) + \exp(a_2) = \sum_{k=0}^{K-1} \exp(a_k) \tag{6-42}$$

K は分類するクラス数を表し、今は $K = 3$ とします。

ソフトマックス関数の出力は、このuを使って式6-43のように表されます。

$$y_k = \frac{\exp(a_k)}{u} \qquad (k = 0, 1, 2) \tag{6-43}$$

このモデルを図示すると、図6.13のように表すことができます。モデルの入力は、$\mathbf{x} = [x_0, x_1, x_2]^{\mathrm{T}}$、ただし、$x_2$は常に1のダミー入力です。この入力に対する出力は、$\mathbf{y} = [y_0, y_1, y_2]^{\mathrm{T}}$で、常に、$y_0 + y_1 + y_2 = 1$が保証されています（1つのデータ$\mathbf{x}$に対する出力$\mathbf{y}$も、$\mathbf{x}$と同様に縦ベクトルで表します）。モデルのパラメータは、w_{ki} $(k = 0, 1, 2, i = 0, 1, 2)$で、まとめて行列で表すと式6-44のようになります。

$$\mathbf{W} = \begin{bmatrix} w_{00} & w_{01} & w_{02} \\ w_{10} & w_{11} & w_{12} \\ w_{20} & w_{21} & w_{22} \end{bmatrix} \tag{6-44}$$

このモデルの出力y_0、y_1、y_2は、各クラスに入力$\mathbf{x}$が属する確率$P(\mathbf{t} = [1,0,0]^{\mathrm{T}}|\mathbf{x})$（クラス0）、$P(\mathbf{t} = [0,1,0]^{\mathrm{T}}|\mathbf{x})$（クラス1）、$P(\mathbf{t} = [0,0,1]^{\mathrm{T}}|\mathbf{x})$（クラス2）を表すように学習させます（1つのデータに対する1-of-K符号化法の$\mathbf{t}$も縦ベクトルで表します。全データを表す$\mathbf{T}$は、この$\mathbf{t}$の転置が縦に並んだものとして解釈できます）。

それでは、次のリスト6-2-(12)で3クラス用ロジスティック回帰モデル**logistic3**を実装します。

In

```
# リスト 6-2-(12)
#  3クラス用ロジスティック回帰モデル ----------
def logistic3(x0, x1, w):
    # x0、x1は長さNのベクトル
    # wは長さ9のベクトル、内部で3x3の行列に変換
    # 出力yはNx3の行列
    N = len(x0)
    K = 3
    w = w.reshape((K, 3))  # 3は、x0、x1、bias の3種から
    y = np.zeros((N, K))
    for k in range(K):
        # 実装では式6-41ではなく式6-40を使用
        a = w[k, 0] * x0 + w[k, 1] * x1 + w[k, 2]
```

```
        # 式 6-42 の各 exp(a_k) の計算
        y[:, k] = np.exp(a)
    # 式 6-43 の計算
    u = np.sum(y, axis=1)
    y = y.T / u  # y.T とすると y[n, k]/u[n] が一度にできる
    y = y.T      # y.T を y にもどす
    return y


# テスト ----------
w = np.array([1, 2, 3, 4, 5, 6, 7, 8, 9])
y = logistic3(X[:4, 0], X[:4, 1], w)
print("y = \n", np.round(y, 2))
```

Out

```
y =
 [[0.   0.01 0.99]
 [0.97 0.03 0.  ]
 [0.92 0.07 0.01]
 [0.   0.   1.  ]]
```

このモデルのパラメータ **w** の要素数は 9 個です。**minimize** に対応させるために、入力 **w** は、3 × 3 の行列を伸ばした要素数 9 個のベクトルとして扱います。テストでは、上から 4 つの入力データ **X[:4, :]** と、テスト用に決めた **w** に対する出力を確認しています。

出力は、$N \times 3$（$N = 4$）の行列で表された **y** で、同じ行の要素（横の並びの数）を足すと 1 になることがわかります。

6.3.2 交差エントロピー誤差

尤度は、しつこいようですが、全入力データ $\mathbf{X}$ に対して全クラスデータ $\mathbf{T}$ が特定のモデルから生成された確率です。

1 つの入力データ $\mathbf{x}$ に着目して、そのクラスが $0(\mathbf{t}=[1,0,0]^{\mathrm{T}})$であったら、そのクラスが生成された確率は、式 6-45 のようになります。

$$P(\mathbf{t} = [1,0,0]^{\mathrm{T}} | \mathbf{x}) = y_0 \tag{6-45}$$

クラスが 1（$\mathbf{t} = [0, 1, 0]^{\mathrm{T}}$）であったら、その確率は、式 6-46 のようになります。

$$P(\mathbf{t} = [0,1,0]^{\mathrm{T}} | \mathbf{x}) = y_1 \tag{6-46}$$

上記の式を、6.1.5 項のように、どのクラスでも同じ数式で表せるようにすると、式 6-47 のようになります。

$$P(\mathbf{t} | \mathbf{x}) = y_0^{t_0} y_1^{t_1} y_2^{t_2} \tag{6-47}$$

このように表すことで、例えばクラス 1($\mathbf{t} = [t_0, t_1, t_2]^{\mathrm{T}} = [0, 1, 0]^{\mathrm{T}}$) だったら、式 6-48 のように y_1 が取り出せます。

$$P(\mathbf{t} = [0,1,0]^{\mathrm{T}} | \mathbf{x}) = y_0^0 y_1^1 y_2^0 = y_1 \tag{6-48}$$

すべての N 個のデータが生成された確率は、この確率をすべてのデータについて掛ければいいので、式 6-49 のようになります。

$$P(\mathbf{T}|\mathbf{X}) = \prod_{n=0}^{N-1} P(\mathbf{t}_n | \mathbf{x}_n) = \prod_{n=0}^{N-1} y_{n0}^{t_{n0}} y_{n1}^{t_{n1}} y_{n2}^{t_{n2}} = \prod_{n=0}^{N-1} \prod_{k=0}^{K-1} y_{nk}^{t_{nk}} \tag{6-49}$$

平均交差エントロピー誤差関数は、尤度の負の対数の平均ですので、式 6-50 のようになります。

$$E(\mathbf{W}) = -\frac{1}{N} \log P(\mathbf{T}|\mathbf{X}) = -\frac{1}{N} \log \prod_{n=0}^{N-1} P(\mathbf{t}_n | \mathbf{x}_n) = -\frac{1}{N} \sum_{n=0}^{N-1} \sum_{k=0}^{K-1} t_{nk} \log y_{nk} \tag{6-50}$$

リスト 6-2-(13) で、交差エントロピー誤差を計算する関数、**cee_logistic3** を定義しましょう。

In
```
# リスト 6-2-(13)
# 交差エントロピー誤差 ----------
```

```
def cee_logistic3(w, x, t):
    y = logistic3(x[:, 0], x[:, 1], w)
    cee = 0
    N, K = y.shape
    # 式 6-50 の計算
    for n in range(N):
        for k in range(K):
            cee = cee - (t[n, k] * np.log(y[n, k]))
    cee = cee / N
    return cee


# テスト ----------
w = np.array([1, 2, 3, 4, 5, 6, 7, 8, 9])
cee = cee_logistic3(w, X, T3)
print(f"CEE = {cee:.6f}")
```

Out

```
CEE = 3.982458
```

9 個の要素の配列 **w** と、**X** と **T3** を引数として、スカラー値を出力します。

6.3.3 勾配法による解

勾配法で $E(\mathbf{W})$ を最小化する $\mathbf{W}$ を求めるには、$E(\mathbf{W})$ の各 w_{ki} に関する偏微分が必要となりますので計算すると、式 6-51 のようにシンプルな形で求まります。

$$\frac{\partial E}{\partial w_{ki}} = \frac{1}{N}\sum_{n=0}^{N-1}(y_{nk} - t_{nk})x_{ni} \tag{6-51}$$

これは、すべての k と i に対して同じ形になります。この導出には、ソフトマックス関数の偏微分の計算が含まれますが、次の第 7 章できっちり計算しますので、ここでは結果だけを出しておきます。

リスト 6-2-(14) は、各パラメータに対する偏微分の値を出力する関数 **dcee_logistic3** です。

In

```
# リスト 6-2-(14)
# 交差エントロピー誤差の微分 ----------
def dcee_logistic3(w, x, t):
    N = x.shape[0]
    y = logistic3(x[:, 0], x[:, 1], w)
    dcee = np.zeros((3, 3))  # (クラスの数 K) x (x の次元 D+1)
    N, K = y.shape
    # 式 6-51 の計算
    for n in range(N):
        for k in range(K):
            x_add1 = np.r_[x[n, :], 1]
            dcee[k, :] = dcee[k, :] + (y[n, k] - t[n, k]) * x_add1
    dcee = dcee / N
    return dcee.reshape(-1)


# テスト ----------
w = np.array([1, 2, 3, 4, 5, 6, 7, 8, 9])
dcee = dcee_logistic3(w, X, T3)
print("dCEE =", np.round(dcee, 6))
```

Out

```
dCEE = [ 0.037784  0.037081 -0.184185 -0.212352 -0.444081 -0.383408
0.174568    0.407     0.567593]
```

出力は、$\partial E/\partial w_{ki}$に対応した要素数9個の配列となります。

これを、**minimize()** に渡して、パラメータサーチを行う関数を作ります（リスト 6-2-(15)）。

In

```
# リスト 6-2-(15)
# 3 クラス用ロジスティック回帰モデルのパラメータ最適化
def fit_logistic3(w_init, x, t):
    res = minimize(
        cee_logistic3, w_init, args=(x, t),
        jac=dcee_logistic3, method="CG",
    )
```

```
    return res.x
```

等高線で結果を表示する関数 **show_contour_logistic3** も作っておきます（リスト 6-2-(16)）。

In

```
# リスト 6-2-(16)
# モデル等高線表示 ----------
def show_contour_logistic3(w):
    K = 3  # クラス数
    x0_n, x1_n = 30, 30  # 等高線表示の解像度
    # 表示データの計算
    x0 = np.linspace(X0_min, X0_max, x0_n)
    x1 = np.linspace(X1_min, X1_max, x1_n)
    xx0, xx1 = np.meshgrid(x0, x1)
    y = np.zeros((x1_n, x0_n, 3))
    for i0 in range(x0_n):  # xx0、xx1 の各列でループ
        # xx0、xx1 の各行に対する 3 クラス分の値を一度に計算
        y_column = logistic3(xx0[:, i0], xx1[:, i0], w)
        for k in range(K):
            y[:, i0, k] = y_column[:, k]  # 結果を y に格納
    # グラフ描画
    for k in range(K):
        cont = plt.contour(
            xx0, xx1, y[:, :, k],
            levels=[0.5, 0.9], colors=["cornflowerblue", "black"],
        )
        cont.clabel(fmt="%.2f", fontsize=9)
```

リスト 6-2-(16) の **show_contour_logistic3** は、重みパラメータ **w** を渡すと、表示する入力空間を 30 × 30 に分割し、すべての入力に対して、ネットワークの出力をチェックします。そして、それぞれのカテゴリーで 0.5 または 0.9 以上の出力が得られる領域を、等高線で表示します。

これですべての準備が整いました。次のリスト 6-2-(17) でフィッティングを行います。

In

```
# リスト 6-2-(17)
# メイン ----------
w_init = np.zeros((3, 3))         # wの初期値
w = fit_logistic3(w_init, X, T3)  # wを計算
cee = cee_logistic3(w, X, T3)     # CEEを計算
# 結果表示
print(np.round(w.reshape((3, 3)), 2))
print(f"CEE = {cee:.2f}")


# グラフ描画 ----------
plt.figure(figsize=(3, 3))
show_data2d(X, T3)
show_contour_logistic3(w)
plt.grid()
plt.show()
```

Out

```
# 実行結果は図6.14を参照
```

結果は、図6.14のようになります。よい感じにクラス間に境界線が引かれています。うまくいきました。この多クラスロジスティック回帰モデルは、クラス間の境界線は直線の組み合わせで構成されます。しつこいようですが、このモデルの偉いところは、あいまいさを条件付き確率（事後確率）として近似しているところにあります。

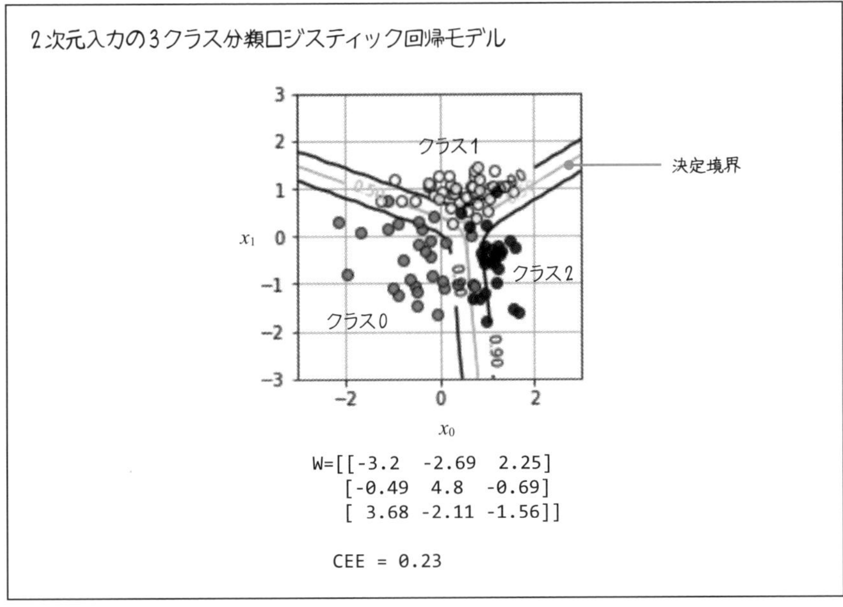

図 6.14：2 次元入力 3 クラス分類のロジスティック回帰モデルによるフィッティング結果

第7章

ニューラルネットワーク・ディープラーニング

近年、**ディープラーニング（深層学習）**という言葉を、様々なメディアで見聞きするようになりました。ディープラーニングは機械学習の一手法であり、**ニューラルネットワークモデル**と呼ばれる脳の神経ネットワークからヒントを得たアルゴリズムです。その中でも特に、層を多く使ったモデルが、「ディープラーニング」と呼ばれています（図 7.1）。

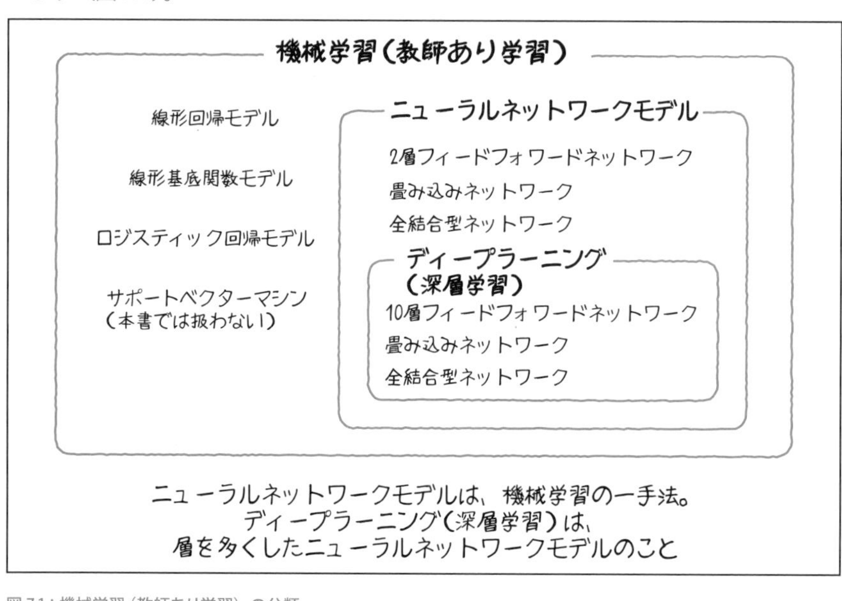

図 7.1：機械学習（教師あり学習）の分類

近年のディープラーニング技術の発達によって、画像認識や音声認識の精度が飛躍的に伸び、携帯電話やインターネットサービスなど様々な場面で実用化されるようになりました。現在、多くの企業や大学がこの技術に着目しています。

ディープラーニングは、ディープニューラルネットとも呼ばれています。ディープは「深い層からなる」を意味し、「ニューラルネット」は、脳の神経回路を模倣した計算モデルのことを指します。つまり、ディープラーニングとは、“深い層からなるニューラルネットワークモデル”という意味になります。ニューラルネットワークモデルは、1950 年代、1980 年代に、研究レベルでの第 1 次、第 2 次のブームがありましたが、結局のところ、パフォーマンスは期待ほどよくはならずに、実用化されることはほとんどないまま、ニューラルネットワークのブームは去っていきました。

しかし、トロント大学のヒントン教授は、ニューラルネットの可能性を信じ続け、コツコツと研究を積み上げていました。そして、2012 年、世界を驚かせた大事件が起きます。ヒントン教授の率いる研究チームが、彼らの考案したニューラルネットワークモデルで、大規模画像認識コンテスト（ILSVRC: ImageNet Large Scale Visual Recognition Challenge）に挑み優勝したのです。このときの歴史的なモデルはAlexNetと呼ばれています。

2012年以降も、大規模画像認識コンテストでは、ディープラーニングを使った手法が常に上位をとり続けています。そして、画像認識だけでなく、音声認識や自然言語処理など、様々な場面で応用されはじめました。2016年には、ディープラーニングを応用したアルゴリズムが囲碁でプロに勝つという歴史的な出来事もありました。今はまさに、ニューラルネットワークの第3次ブームと言えるのです。

この章では、ニューラルネットワークの構成要素であるニューロンモデルと、2層のニューラルネットワークモデルの説明をします。

そして、次の第8章ではその応用として手書き数字認識の問題にチャレンジします。

7.1 ニューロンモデル

ニューラルネットワークモデルは、**ニューロンモデル**を単位として構築されます。ニューロンモデルは、脳の神経細胞からヒントを得て考案された数理モデルです。神経細胞を英語でニューロン（neuron）というために、ニューロンモデルと呼ばれています。本書では、本物の脳のものを神経細胞、数理モデルを「ニューロン」と呼ぶことにします。

7.1.1 神経細胞

神経細胞は、軸索と呼ばれるケーブルを持っており、この軸索を使って、電気的なパルスを他の神経細胞に伝達します（図 7.2）。軸索は、**シナプス**と呼ばれるインターフェイスを介して、パルスの到来を次の神経細胞に伝達します。

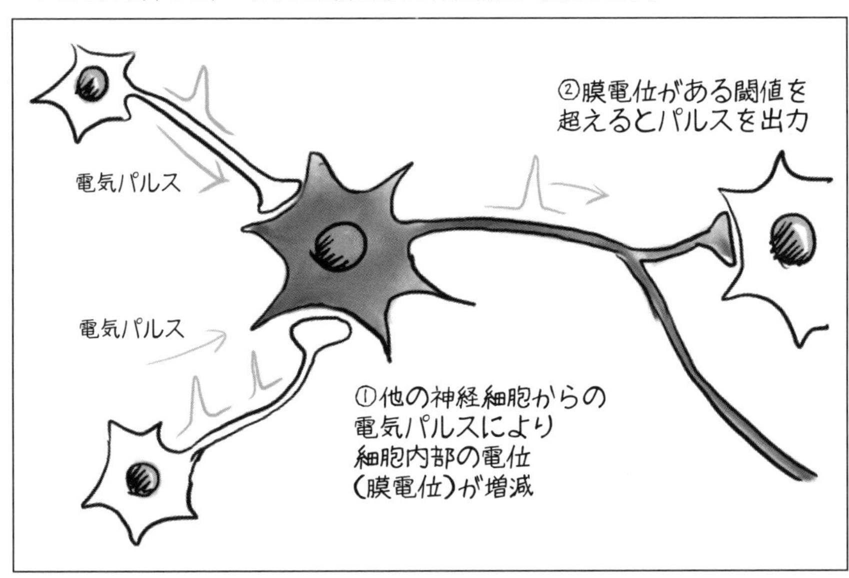

図 7.2：神経細胞の信号伝達の仕組み

神経細胞は、他の細胞から電気的なパルスを受け取ると、細胞内の電気的なレベル（**膜電位**）が上がったり下がったりします。シナプスにはいくつか種類があり、それによって膜電位を上げる方向に働くか、それとも下げる方向に働くかが決まっています。どれくらい上がるか、どれくらい下がるかは、入力を受け取るシナプスの状態（**シ**

ナプス伝達強度）によって決まります。シナプス伝達強度が大きいと、1つのパルスの到来でも、膜電位は大きく変化します。逆にシナプス伝達強度が小さいと、膜電位はほとんど変化しません。膜電位は、このような入力の影響によって、常に、上がったり下がったりを繰り返しています。そして、膜電位がある一定の値（**閾値**）を超えると、その神経細胞は電気的なパルスを発信し、パルスは軸索を伝わって次の神経細胞へ伝達されるのです。

私たちの学習は、様々な神経細胞間のシナプス伝達強度が変化することで起きています。私たちは、いろいろなタイプの学習をすることができます。例えば、言語を獲得したり、最近の出来事を自然に覚えたり、自転車の乗り方を試行錯誤で学んだりすることができます。こういった多くの種類の学習は、それぞれを担当する脳の部位でのシナプス伝達強度が変化することで起きているのです。

7.1.2 ニューロンモデル

それでは、このような神経細胞の挙動を単純化した数理モデル、ニューロンモデルを説明します。あるニューロンに2つの入力 x_0、x_1 が入ってくると想定します（図 7.3）。

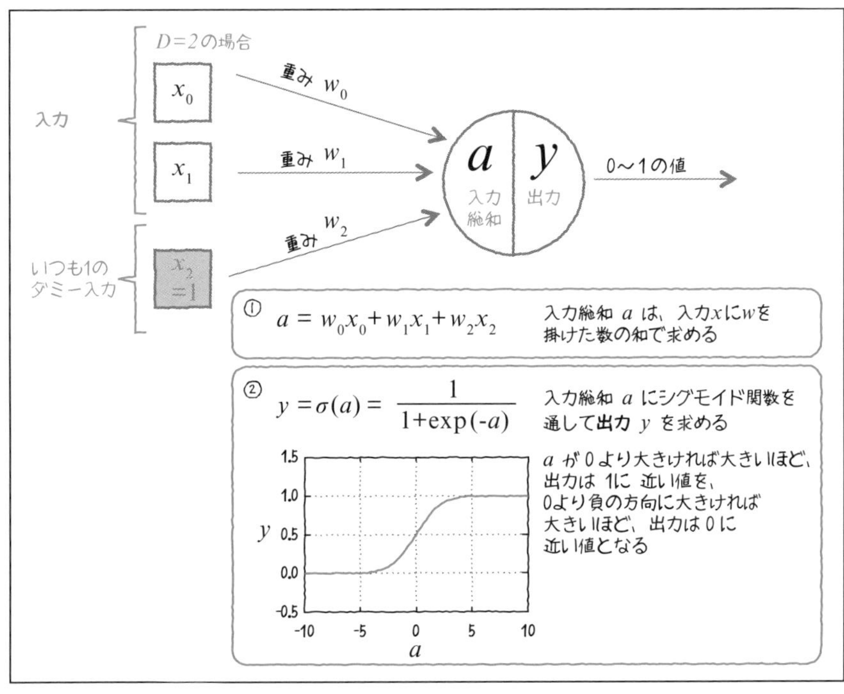

図 7.3：ニューロンモデル

入力値は、正も負の値もとる実数値とします。それぞれの入力に対するシナプス伝達強度（**重み**、**荷重**、などと呼ぶことにします）を w_0、w_1 とし、これらを掛け算して、すべての入力で和をとり定数 w_2 を加えたものを、**入力総和**（膜電位、ロジット）a とします（式 7-1）。

$$a = w_0x_0 + w_1x_1 + w_2 \tag{7-1}$$

w_2 は、第5章（5.3.3節）で考えた切片を表すためのパラメータ（バイアスパラメータ、バイアス項）となります。いつものように、常に1をとる第3番目の入力 x_2

があるとして、式 7-2 とします。

$$a = w_0 x_0 + w_1 x_1 + w_2 x_2 \tag{7-2}$$

すると式 7-2 は和の記号ですっきり書くことができます（式 7-3)。

$$a = \sum_{i=0}^{2} w_i x_i \tag{7-3}$$

前章でも解説しましたが、このような x_2 のような入力を**ダミー入力**（バイアス入力）と呼びます。この入力総和 a をシグモイド関数（4.7.5 項「シグモイド関数」を参照）に通したもの、式 7-4 を、ニューロンの出力値 y とします。

$$y = \frac{1}{1 + \exp(-a)} \tag{7-4}$$

y は、0 から 1 までの連続値をとります。神経細胞の出力は、パルスを発するか、発しないかの 2 種類の値しかないとも考えられますが、ここでは、出力値は単位時間当たりのパルスの数、つまり**発火頻度**を表していると考えましょう。a が大きければ大きいほど、発火頻度は発火頻度の限界値 1 に近づき、逆に、a が負の大きな値をとればとるほど、発火頻度は 0 に近づき、ほとんど発火しない状態となると考えるのです。

さて、式 7-1 ～式 7-4 でニューロンモデルが定義されたわけですが、これは、6.2.2 項で解説した、2 次元入力 2 クラス分類のロジスティック回帰モデルそのものです。つまり、このニューロンモデルは、2 次元の入力空間 (x_0, x_1) を直線で分け、片側に 0 から 0.5 の数値を、もう片側には 0.5 から 1 の数値を割り振る機能を持ちます。図 7.4 に、$w_0 = -1$、$w_1 = 2$、$w_2 = 4$ のときの入力総和とニューロンの出力の関係を図示しました。このようなグラフを**入出力マップ**と呼ぶことにしましょう。

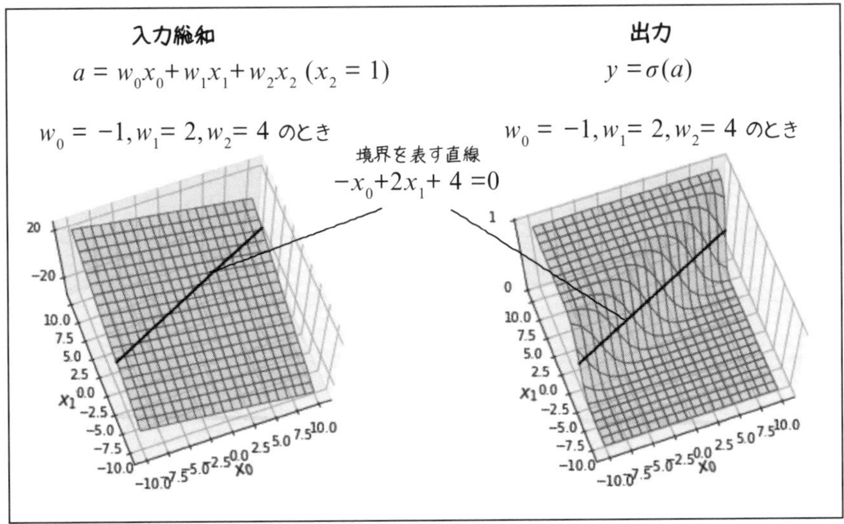

図 7.4：ニューロンモデルの入出力関係

入力空間に対する入力総和は平面で表されます。入力総和がちょうど0となるのは、直線$w_0x_0 + w_1x_1 + w_2 = 0$の上の入力、図 7.4 の例の場合では$-x_0 + 2x_1 + 4 = 0$の上にある入力となります。その直線で仕切られる片側の領域は正、もう片側の領域は負の値をとっています。

出力は、入力総和の平面をシグモイド関数に通したものなので、入力総和の平面を範囲 0 〜 1 の間に押しつぶした形になります。入力総和が 0 であった直線上の入力は、出力では 0 と 1 の中間である 0.5 となります。

入力次元数が 2 ではなく D とした一般的な場合は、式 7-5、式 7-6 となります。

$$a = \sum_{i=0}^{D} w_i x_i \tag{7-5}$$

$$y = \frac{1}{1 + \exp(-a)} \tag{7-6}$$

ここで、x_D は常に 1 の値をとるダミー入力です。図 7.4 の拡張として考えれば、ニューロンモデルは、D 次元の入力空間を D-1 次元の平面（のような空間）で 2 つに分ける働きがあると言えます。

それでは、6.2.2 項で解説した線形ロジスティック回帰モデルの復習になりますが、ニューロンモデルの学習方法を確認しておきましょう。まず、目的関数は平均交差エントロピー誤差とします（式 7-7）。

$$E(\mathbf{w}) = -\frac{1}{N}\sum_{n=0}^{N-1}\{t_n \log y_n + (1 - t_n)\log(1 - y_n)\} \tag{7-7}$$

この誤差関数のパラメータに関する勾配は、式 7-8 となります。

$$\frac{\partial E}{\partial w_i} = \frac{1}{N}\sum_{n=0}^{N-1}(y_n - t_n)x_{ni} \tag{7-8}$$

パラメータの学習則はこの勾配を使って、式 7-9 となります。

$$w_i(\tau + 1) = w_i(\tau) - \alpha \frac{\partial E}{\partial w_i} \tag{7-9}$$

プログラムによる実装は、6.2.2 項の線形ロジスティック回帰モデルと同じなので割愛します。

7.2 ニューラルネットワークモデル

7.2.1 2層フィードフォワードニューラルネット

さて、ここからが本題です。ニューロンモデルは、入力空間を線で分けるという単純な機能しかありませんが、これを素子としてたくさん組み合わせることで強力な力を発揮することができます。このようなニューロンの集合体のモデルを**ニューラルネットワークモデル**（または単に、ニューラルネット）と呼びます。ニューラルネットワークモデルには、様々な構造や機能を持ったものが提案されていますが、ここでは、信号が一方向にのみ流れる**フィードフォワードニューラルネット**を考えましょう（図 7.5）。

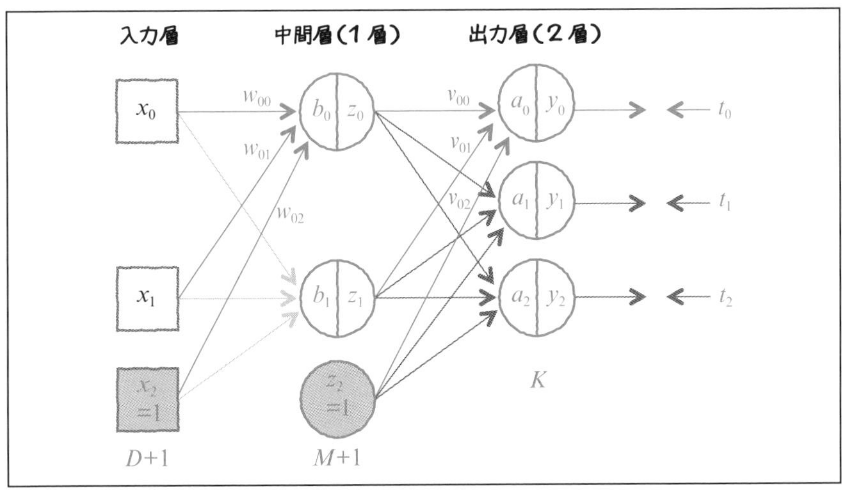

図 7.5：2層フィードフォワードニューラルネットワーク

図 7.5 に示したのは2層のフィードフォワードニューラルネットです。入力層も含めて3層と呼ぶ場合もありますが、ここではビショップ本にならって2層と呼ぶことにします。重みパラメータは **w** と **v** の2層分だと思えば、2層とするのももっともらしいと思われます。

このニューラルネットは、2次元の入力を（図 7.5 の灰色で表された入力はダミーなので入力次元には入れません）、3つのニューロンで出力しますので、2次元で与えられた数値を、3つのカテゴリーに分類することができます。それぞれの出力ニューロンの出力値が、それぞれのカテゴリーに属する確率を表すように学習させるのです。

さて、ネットワークを数式として詳しく見ていきましょう。入力は、x_0、x_1の 2 次元です。そこに、常に 1 をとるダミーのx_2が加わって、中間層の 2 つのニューロンに情報が伝えられます。i番目の入力からj番目のニューロンへの重みをw_{ji}と書くことにして、j番目のニューロンの入力総和をb_jとします（式 7-10)。

$$b_j = \sum_{i=0}^{2} w_{ji} x_i \tag{7-10}$$

重みw_{ji}のインデックスが 2 つあり、その方向を覚えるのにややこしく感じるかもしれませんが、"左方向"のイメージを持ってください。右方向ではなく、左方向と決めることで、入力総和の計算式の中で、同じインデックスが隣に並ぶという法則が生まれることと、行列表記との対応がよいという利点があります。(図 7.6)。

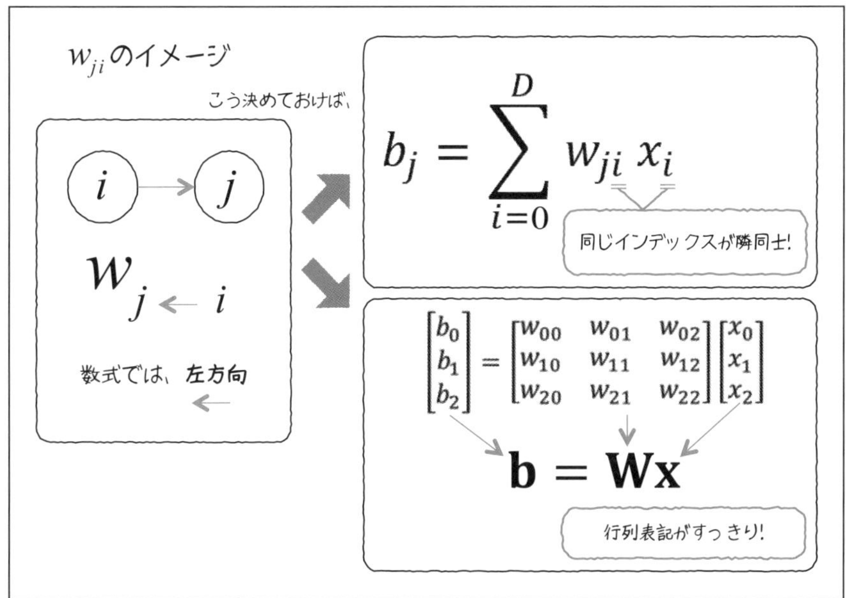

図 7.6：結合のインデックスについて

式 7-10 の入力総和をシグモイド関数に通すことで、中間層ニューロンの出力z_jを得ます（式 7-11)。

$$z_j = h(b_j) \tag{7-11}$$

ここでシグモイド関数を$\sigma()$ではなく$h()$と表記したのは、シグモイド関数に限らず別な関数を使うことが今後はあるからです。$h()$は、入力総和から出力を決定する何らかの関数という意味で、**活性化関数**と呼びます。

この中間層の出力で、出力層のニューロンの活動が決まります。中間層j番目のニューロンから出力層k番目のニューロンへの重みをv_{kj}で表し、出力層k番目のニューロンの入力総和a_kは、式 7-12 となります。

$$a_k = \sum_{j=0}^{2} v_{kj} z_j \tag{7-12}$$

式 7-12 のz_2は、常に 1 の値を出力する**ダミーニューロン**です。おなじみの、バイアス項を和に含める工夫です。

出力層の出力y_kは、ソフトマックス関数を使って式 7-13 のようになります。

$$y_k = \frac{\exp(a_k)}{\sum_{l=0}^{2} \exp(a_l)} = \frac{\exp(a_k)}{u} \tag{7-13}$$

式 7-13 で$u = \sum_{l=0}^{2} \exp(a_l)$としました。ソフトマックス関数を使ったので、出力$y_k$の和、$y_0 + y_1 + y_2$ が 1 となり、確率的な解釈が可能になります。以上で、このネットワークの動作を定義することができました。

より一般的に、入力次元を D、中間層のニューロンの数を M、出力次元を K としたなら、ネットワークは、

中間層の入力総和：　$$b_j = \sum_{i=0}^{D} w_{ji} x_i \tag{7-14}$$

中間層の出力：　$$z_j = h(b_j) \tag{7-15}$$

出力層の入力総和：　$$a_k = \sum_{j=0}^{M} v_{kj} z_j \tag{7-16}$$

出力層の出力：　$$y_k = \frac{\exp(a_k)}{\sum_{l=0}^{K-1} \exp(a_l)} = \frac{\exp(a_k)}{u} \tag{7-17}$$

と定義されます。x_Dとz_Mは、それぞれ常に 1 の値をとるダミー入力とダミーニュー

ロンです。式 7-14 と式 7-16 で和をとる回数は、ダミーニューロンの分まで含めて、それぞれ、$D+1$、$M+1$ となっている点に注意してください。

7.2.2 2層フィードフォワードニューラルネットの実装

さて、Python で実装してその動作を確かめてみましょう。その前にまず、使用するデータをリスト 7-1-(1) で作ります。これは 6.3.1 項で 3 クラス分類用に使ったデータとほぼ同じですが、データ数は 2 倍の **N=200** となっています。

In
```
# -- リスト 7-1-(1)
import numpy as np


# データ生成 ----------
np.random.seed(seed=1)                       # 乱数を固定
N = 200                                      # データの数
K = 3                                        # 分布の数
T = np.zeros((N, 3), dtype=np.uint8)  # 空の T を準備
X = np.zeros((N, 2))                         # 空の X を準備
X0_min, X0_max = -3, 3                       # X0 の範囲、表示用
X1_min, X1_max = -3, 3                       # X1 の範囲、表示用
prm_mu = np.array([[-0.5, -0.5], [0.5, 1.0], [1, -0.5]])   # 分布の中心
prm_sig = np.array([[0.7, 0.7], [0.8, 0.3], [0.3, 0.8]])   # 分布の分散
prm_pi = np.array([0.4, 0.8, 1])        # 各分布への割合を決めるパラメータ
for n in range(N):
    r = np.random.rand()
    # 3 クラス用の目標データ T を作成
    for k in range(K):
        if r < prm_pi[k]:
            T[n, k] = 1
            break
    # T に対して入力データ X を作成
    for k in range(2):
        X[n, k] = \
            np.random.randn() * prm_sig[T[n, :] == 1, k] \
```

```
                + prm_mu[T[n, :] == 1, k]
```

このデータをリスト 7-1-(2) で、訓練データ **X_train**、**T_train** とテストデータ **X_test**、**T_test** に分けておきます。オーバーフィッティングが起きていないかを確かめられるようにするためです。リストの最後で分割したデータを保存します。

In

```
# リスト 7-1-(2)
# 訓練データとテストデータに分割 ----------
TrainingRatio = 0.5
N_training = int(N * TrainingRatio)
X_train = X[:N_training, :]
X_test = X[N_training:, :]
T_train = T[:N_training, :]
T_test = T[N_training:, :]

# データの保存 ----------
np.savez(
    "ch7_data.npz",
    X_train=X_train, T_train=T_train, X_test=X_test, T_test=T_test,
    X0_min=X0_min, X0_max=X0_max, X1_min=X1_min, X1_max=X1_max,
)
```

分割したデータを、リスト 7-1-(3) で図示してみましょう（図 7.7 下）。

In

```
# リスト 7-1-(3)
%matplotlib inline
import matplotlib.pyplot as plt

# データ表示 ----------
def show_data(x, t):
    K = t.shape[1]  # t の列数からクラス数を取得
    col = ["gray", "white", "black"]
    for k in range(K):
```

```
        plt.plot(
            x[t[:, k] == 1, 0], x[t[:, k] == 1, 1], col[k],
            marker="o", linestyle="None",
            markeredgecolor="black", alpha=0.8,
        )
    plt.xlim(X0_min, X0_max)
    plt.ylim(X1_min, X1_max)


# メイン ----------
plt.figure(figsize=(8, 3.7))
# 訓練データ表示
plt.subplot(1, 2, 1)
show_data(X_train, T_train)
plt.title("Training Data")
plt.grid()
# テストデータ表示
plt.subplot(1, 2, 2)
show_data(X_test, T_test)
plt.title("Test Data")
plt.grid()
plt.show()
```

Out

```
# 実行結果は図 7.7 下を参照
```

7

ニューラルネットワーク・ディープラーニング

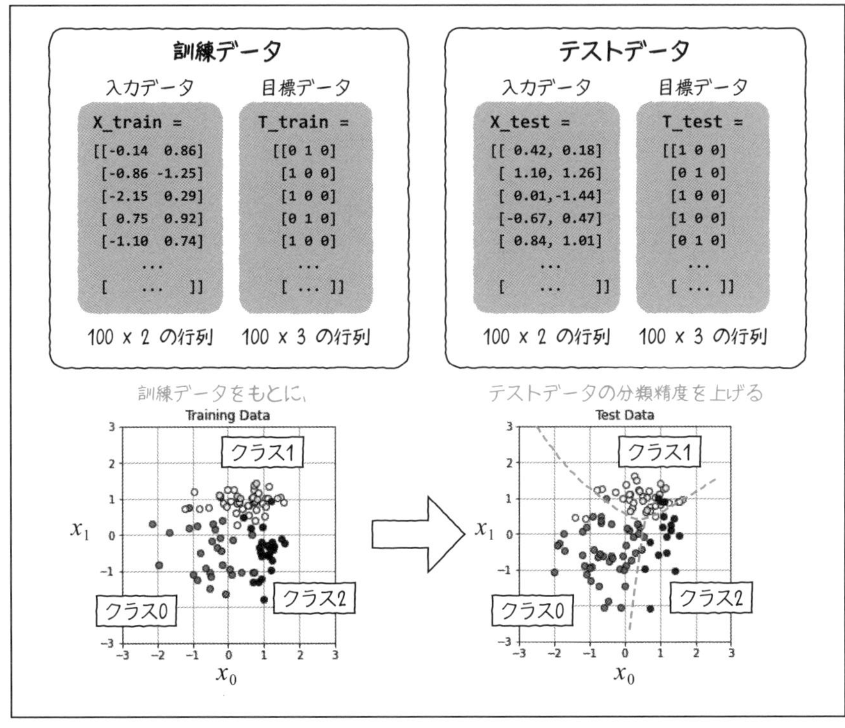

図 7.7：3 クラス分類問題の人工データ

ここでは、**show_data(x, t)** という分布の表示用の関数を作り、訓練データでもテストデータでも共通で使えるようにしました。

それでは、データの準備ができましたので、早速、図 7.5 で示したネットワークを作っていきましょう。そして、このネットワークでどれくらい 3 クラス分類問題が解けるかを見ていきましょう。

2 層のフィードフォワードニューラルネットワークを定義する関数を **FNN** とします（図 7.8）。実際のコードはリスト 7-1-(4) となりますが、まず、引数と出力について説明します。**FNN** は、入力 **x** に対して **y** を出力します。入力 **x** は D 次元ベクトル、出力 **y** は K 次元ベクトルですが、当面 $D=2$、$K=3$ として話を進めていきます。

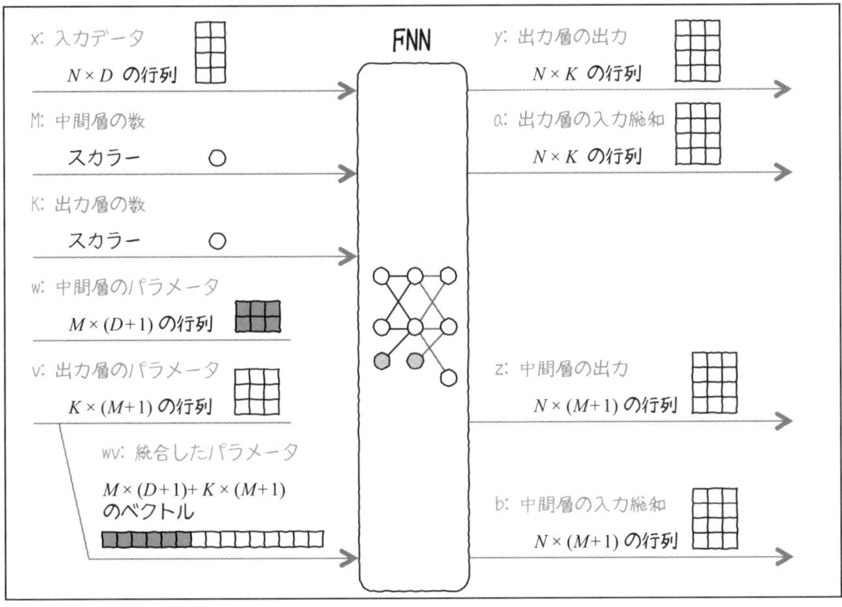

図 7.8：フィードフォワードネットワークモデルの関数 FNN の引数と出力

ネットワークの関数は、N 個のデータをまとめて処理できるように設計します。そこで、**x** をデータ数 $N\times D$次元の行列、**y** をデータ数 $N\times K$ 次元の行列とします。ベクトル **y** の要素 **y[n, 0]**、**y[n, 1]**、**y[n, 2]** は、**x[n, :]** がクラス 0、1、2 へ属する確率を表しているとします。すべて足したら 1 になるという制約があることに注意してください。また、中間層の数や出力の次元も自由に変えられるように、それぞれを M、K とし、ネットワークへの引数とします（N と D は、入力データ **x** の次元でわかるので、引数には入れません）。

ネットワークの動作を決める重要なパラメータ、中間層の重み $\mathbf{W}$ と出力層の重み $\mathbf{V}$ も、ネットワークに渡します。$\mathbf{W}$ は、$M\times(D+1)$ の行列（バイアス入力からの重みもあるので $D+1$ となっています）であり、$\mathbf{V}$ は、$K\times(M+1)$ の行列です（これも中間層のバイアスニューロンを考慮して $M+1$ となっています）。

$\mathbf{W}$ と $\mathbf{V}$ の情報は、$\mathbf{W}$ と $\mathbf{V}$ をひとまとめにしたベクトル **wv** で渡します。例えば、中間層のニューロン数 $M=2$、出力次元数 $K=3$ の場合を想定して、以下の重みをネットワークに渡したいとします。

$$\mathbf{W}=\begin{bmatrix}0 & 1 & 2\\ 3 & 4 & 5\end{bmatrix}\qquad M\times(D+1)=2\times 3$$

$$\mathbf{V} = \begin{bmatrix} 6 & 7 & 8 \\ 9 & 10 & 11 \\ 12 & 13 & 14 \end{bmatrix} \quad K \times (M+1) = 3 \times 3$$

この場合、**wv** は、以下のようにセットします。

```
wv = np.array([0, 1, 2, 3, 4, 5, 6, 7, 8, 9, 10, 11, 12, 13, 14])
```

wv の長さは、$M \times (D+1) + K \times (M+1)$ です。学習させるパラメータをひとまとめにしておくことで、後の最適化のプログラムが作りやすくなります。

FNN の出力は、N 個のデータに対応した出力 **y**（$N \times K$ の行列）と、中間層の出力 **z**、出力層と中間層の入力総和 **a**、**b** も出力するようにします。この情報は、**wv** を学習させるときに使います。

ネットワークのプログラムのコードは、以下のリスト 7-1-(4) になります。

In

```
# リスト 7-1-(4)
# シグモイド関数 ----------
def sigmoid(a):
    y = 1 / (1 + np.exp(-a))  # 式 7-6
    return y


# ネットワーク  ----------
def FNN(wv, M, K, x):
    N, D = x.shape  # 入力次元
    w = wv[: M * (D + 1)]      # 中間層ニューロンへの重み
    w = w.reshape(M, (D + 1))
    v = wv[M * (D + 1) :]      # 出力層ニューロンへの重み
    v = v.reshape((K, M + 1))
    b = np.zeros((N, M + 1))  # 中間層ニューロンの入力総和
    z = np.zeros((N, M + 1))  # 中間層ニューロンの出力
    a = np.zeros((N, K))      # 出力層ニューロンの入力総和
    y = np.zeros((N, K))      # 出力層ニューロンの出力
    for n in range(N):
        # 式 7-14、式 7-15 で中間層の出力 z を計算
        for m in range(M):
```

```
            # (A) x[n, :]の末尾に1を加える
            x_add1 = np.r_[x[n, :], 1]
            b[n, m] = w[m, :] @ x_add1
            z[n, m] = sigmoid(b[n, m])
        # 式7-16、式7-17で出力層の出力yを計算
        z[n, M] = 1  # ダミーニューロン
        u = 0
        for k in range(K):
            a[n, k] = v[k, :] @ z[n, :]
            u = u + np.exp(a[n, k])
        for k in range(K):
            y[n, k] = np.exp(a[n, k]) / u
    return y, a, z, b


# テスト ----------
wv = np.ones(15)
M, K = 2, 3
y, a, z, b = FNN(wv, M, K, X_train[:2, :])
print("y =\n", np.round(y, 6))
print("a =\n", np.round(a, 6))
print("z =\n", np.round(z, 6))
print("b =\n", np.round(b, 6))
```

Out

```
y =
 [[0.333333 0.333333 0.333333]
 [0.333333 0.333333 0.333333]]
a =
 [[2.697184 2.697184 2.697184]
 [1.491726 1.491726 1.491726]]
z =
 [[0.848592 0.848592 1.      ]
 [0.245863 0.245863 1.      ]]
b =
 [[ 1.723598  1.723598  0.      ]
```

```
 [-1.120798 -1.120798  0.       ]]
```

リストの最後で動作のテストをしています。**M = 2**、**K = 3** として、**wv** は、長さが 2 × 3 + 3 × 3 = 15 の重みベクトルとなります。**wv** の要素すべてを 1 にし、入力として、**X_train** の 2 データ分だけを入力したときの出力が表示されます。上から、**y**、**a**、**z**、**b** の値となります。2 データ分入れたので、すべての行列は 2 行の行列となっています。

(A) の部分で、**np.r_[x[n, :], 1]** という箇所は、常に 1 となるダミー入力を **x** の 3 番目の要素として付け加えている部分です。**np.r_[A, B]** は、ndarray 型と数値や ndarray 型同士を横に連結させるという命令です。

7.2.3 数値微分法

それでは、この 2 層のフィードフォワードネットワークに 3 分類問題を解かせることを考えていきます。まず、分類問題ですので、誤差関数は式 7-18 のように平均交差エントロピー誤差を使います。

$$E(\mathbf{W},\mathbf{V}) = -\frac{1}{N}\sum_{n=0}^{N-1}\sum_{k=0}^{K-1} t_{nk} \log\ (y_{nk}) \qquad \textbf{(7-18)}$$

この平均交差エントロピー誤差を、以下のように **cee_FNN** という関数で実装します（リスト 7-1-(5)）。

In

```
# リスト 7-1-(5)
# 平均交差エントロピー誤差 ----------
def cee_FNN(wv, M, K, x, t):
    N, D = x.shape
    y, a, z, b = FNN(wv, M, K, x)
    # (A) 式 7-18 の計算
    cee = -(t.reshape(-1) @ np.log(y.reshape(-1))) / N
    return cee


# テスト ----------
wv = np.ones(15)
M, K = 2, 3
```

```
cee = cee_FNN(wv, M, K, X_train[:2, :], T_train[:2, :])
print(f"cee = {cee:.6}")
```

Out
```
cee = 1.09861
```

cee_FNNには、**FNN**と同様に、パラメータ**w**と**v**を一緒にした**wv**を入力します。また、ネットワークの大きさを決める**M**と**K**、そして、入力データ**x**と目標データ**t**も入力します。内部で、**FNN**が**x**に対する**y**を出力し、その**y**と**t**を比べることで交差エントロピーが計算されます **(A)**。この計算では、式 7-18 の 2 重の和を、内積で一気に計算しています（4.2.2 項 参照）。

動作テストは、**M = 2**、**K = 3**を想定して、**wv**は、長さが 2×3+3×3=15 のベクトルとします。この要素すべてを 1 とし、データ**x**、**t**には訓練データのはじめの 2 個分を使ったときの出力が表示されます。

勾配法を適用するには、誤差関数を各パラメータで偏微分した式が必要ですが、実は、この微分の計算をまじめにしなくても、計算スピードを気にしないのであれば、簡単に微分値を求める方法があります。まず、それを試してみましょう。

例えば、図 7.9 に示したような誤差関数 $E(w)$ を想定し、w は w^* という値をとっているとします。勾配法では、w^* 地点における $E(w)$ の w に関する偏微分 $\partial E/\partial w$ を計算し、それにマイナスを掛けた方向に w^*を更新します。

しかし、まじめに微分から傾きを計算しなくても、w^*のちょっと手前の地点 $w^* - \epsilon$（ϵ は、0.001 などの十分に小さい数とします）での $E(w^* - \epsilon)$ と、w^*からちょっとだけ先の $w^* + \epsilon$ の地点での $E(w^* + \epsilon)$ の値を求めてしまえば、式 7-19 のように w^* 地点での傾きを近似することができます（図 7.9）。

$$\left.\frac{\partial E}{\partial w}\right|_{w^*} \cong \frac{E(w^* + \epsilon) - E(w^* - \epsilon)}{2\epsilon} \qquad \text{(7-19)}$$

微分の式にw^*を代入した値は、
w^*地点のグラフの傾きを表す。

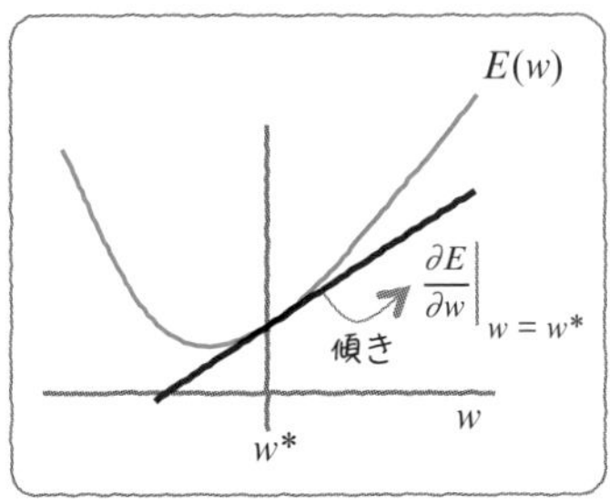

この計算をするには、微分の式$\partial E/\partial w$を
導出していないとできない。

しかし、近似的でなら、微分式を使わなくても
w^*地点での傾きは計算できる。

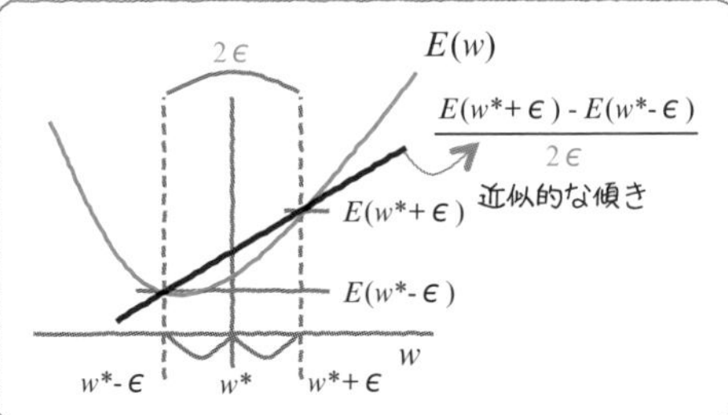

この近似は、ϵを小さくとればとるほど、
真の値に近くなる。

図 7.9：数値微分

さて、実際にはパラメータは 1 つだけではなく複数個あります。例えば、パラメータが 3 つ、w_0、w_1、w_2とあったとして、今、w_0^*、w_1^*、w_2^*という点での$E(w_0, w_1, w_2)$の傾きを知りたいとしたら、まず、w_1^*、w_2^*はそのままに固定し、w_0^*の前後でϵだけずらした 2 点の傾き、式 7-20 としてw_0に関する偏微分を近似します。

$$\left.\frac{\partial E}{\partial w_0}\right|_{w_0^*, w_1^*, w_2^*} \cong \frac{E(w_0^* + \epsilon, w_1^*, w_2^*) - E(w_0^* - \epsilon, w_1^*, w_2^*)}{2\epsilon} \tag{7-20}$$

w_1、w_2に関しても同様にして、それ以外のパラメータを固定し偏微分を求めます。直感的には、パラメータ空間の今いる地点で、その近傍の誤差関数の大きさを求めてみて、誤差関数がどの方向に傾いているかを調べるという方法になります。

この方法はあくまでも近似ですが、ϵを十分に小さくとることで近似は真の値に十分に近づきます。この方法の欠点は、精度の誤差よりも、むしろ計算コストにあります。1 つのパラメータの微分を計算するためにパラメータ 1 つに対して 2 回のEの計算を必要とするからです。

それでは、**cee_FNN** の数値微分を出力する関数 **dcee_FNN_num** を、リスト 7-1-(6) で作ります。

In

```
# リスト 7-1-(6)
# 平均交差エントロピー誤差の数値微分 ----------
def dcee_FNN_num(wv, M, K, x, t):
    epsilon = 0.001
    dwv = np.zeros_like(wv)
```

```
    # 式 7-20 の計算
    for iwv in range(len(wv)):
        wv_shifted = wv.copy()
        wv_shifted[iwv] = wv[iwv] + epsilon
        mse1 = cee_FNN(wv_shifted, M, K, x, t)
        wv_shifted[iwv] = wv[iwv] - epsilon
        mse2 = cee_FNN(wv_shifted, M, K, x, t)
        dwv[iwv] = (mse1 - mse2) / (2 * epsilon)
    return dwv

# -- dwv の棒グラフによる表示 ----------
def show_dwv(dwv, D, M):
    v_start = M * (D + 1)     # v の始めのインデックス
    v_end = dwv.shape[0] - 1  # v の最後のインデックス
    plt.bar(  # dw の表示
        range(0, v_start), dwv[:v_start],
        color="black", align="center",
    )
    plt.bar(  # dv の表示
        range(v_start, v_end + 1), dwv[v_start:],
        color="cornflowerblue", align="center",
    )
    plt.xticks(range(0, v_end + 1))
    plt.xlim(-1, v_end + 1)

# テスト ----------
D, M, K, N = 2, 2, 3, 2
wv_n = M * (D + 1) + K * (M + 1)
np.random.seed(seed=1)
wv = np.random.normal(
    0.0, 1.0, wv_n)  # 平均 0.0 分散 1.0 の wv_n 個の乱数
dwv = dcee_FNN_num(
    wv, M, K, X_train[:N, :], T_train[:N, :])
print("numerical dwv")
```

```
print("dwv =\n", np.round(dwv, 6))


# グラフ描画 ----------
plt.figure(figsize=(5, 3))
show_dwv(dwv, D, M)
plt.show()
```

Out

```
# 実行結果は図 7.10 を参照
```

ϵ は、プログラムの中で **epsilon = 0.001** としています。**M = 2**、**K = 3** とし、重みをランダムに生成、**X_train** と **T_train** の 2 データ分だけを入力したときの動作チェックの出力が表示されます。15 個の重みパラメータそれぞれに対する数値偏微分値です。ただ、数値だけですとピンときませんので、パラメータの値を棒グラフで表示する関数 **show_dwv** を作り、表示させました（図 7.10）。後で、解析的な微分の結果と比べましょう。

割と短い単純なコードで、2 層のネットワークの各パラメータの偏微分値が求まりました。

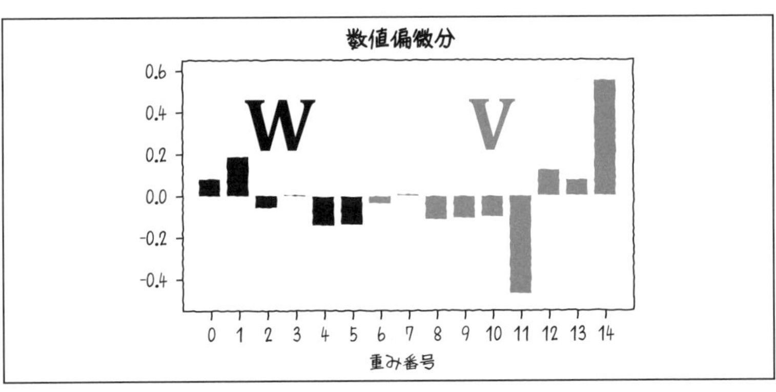

図 7.10：数値偏微分

7.2.4 数値微分法による勾配法

それでは、この関数を使って勾配法を適用し、図 7.7 の分類問題を解いてみます。関数名は以下のように、**fit_FNN_num** とします。

```
fit_FNN_num(wv_init, M, K, x_train, t_train, x_test, t_test, tau_max, alpha)
```

入力でこれまでと異なる箇所は、まず、学習させる重みの初期値として **wv_init** を入れるところです。また、訓練データだけでなく、テストデータも入力します。これは、学習ステップごとにテストデータでの誤差もチェックしてオーバーフィッティングが起きていないかを確かめるためです。もちろん、テストデータの情報は、パラメータの学習には使いません。**tau_max** は学習のステップ数で、**alpha** は学習定数になります。**fit_FNN_num** の出力は、最適化されたパラメータ **wv** となります。

それでは、リスト 7-1-(7) で重みパラメータを求めてみましょう。ただし、実行するのに少し時間がかかるかもしれませんので注意してください。筆者のノート PC (Intel Core i7-6600U, 2.6GHz) では 1000 step 計算するのに 3 分 17 秒かかりました。もし、使っているパソコンのスペックに自信のない場合は、学習ステップ数を少なめにして実行することをお勧めします。リスト 7-1-(7) の **(B)** の **tau_max = 1000** が学習ステップ数を表しているので、10 くらいで試してみて、どれくらい時間がかかるかを確かめてみるとよいでしょう。それを 100 倍した時間でも許容できそうでしたら、1000 に戻して実行してみてください。現実的な時間でなければ、ここはスキップして、後で説明するもっと早いコードを試しましょう。

In

```
# リスト 7-1-(7)
import time


# 数値微分を使った勾配法 -------
def fit_FNN_num(
    wv_init, M, K,
    x_train, t_train, x_test, t_test,
    tau_max, alpha,
):
    # 訓練データの誤差の履歴保存用
    cee_train = np.zeros(tau_max)
    # テストデータの誤差の履歴保存用
    cee_test = np.zeros(tau_max)
    # wv の履歴保存用
    wv = np.zeros((tau_max, len(wv_init)))
    # wv の初期値をセットし、そのときの誤差を計算
```

```
    wv[0, :] = wv_init
    cee_train[0] = cee_FNN(wv_init, M, K, x_train, t_train)
    cee_test[0] = cee_FNN(wv_init, M, K, x_test, t_test)
    # 勾配法
    for tau in range(tau_max - 1):  # (A)
        dcee = dcee_FNN_num(wv[tau, :], M, K, x_train, t_train)
        wv[tau + 1, :] = wv[tau, :] - alpha * dcee
        cee_train[tau + 1] = \
            cee_FNN(wv[tau + 1, :], M, K, x_train, t_train)
        cee_test[tau + 1] = \
            cee_FNN(wv[tau + 1, :], M, K, x_test, t_test)
    wv_final = wv[-1, :]
    return wv_final, wv, cee_train, cee_test


# メイン ----------
start_time = time.time()
D, M, K = 2, 2, 3
wv_n = M * (D + 1) + K * (M + 1)
np.random.seed(seed=1)
wv_init = np.random.normal(0, 0.01, wv_n)  # wvの初期値
tau_max = 1000  # (B) 学習ステップ
alpha = 0.5
# 勾配法でwvを計算
wv, wv_hist, cee_train, cee_test = \
    fit_FNN_num(
        wv_init, M, K,
        X_train, T_train, X_test, T_test,
        tau_max, alpha,
    )
# 計算時間の表示
calculation_time = time.time() - start_time
print(f"Calculation time:{calculation_time:.2f} sec")
```

Out

```
Calculation time:197.14 sec
```

計算が終了すると、計算にかかった時間が表示されます。リスト 7-1-(7) のはじめの **import time** で読み込む **time** ライブラリは、計算時間を計測するために使っています。**for** ループ **(A)** の中で淡々と **wv** を **dcee_FNN_num** で更新し、その都度、訓練データでの誤差とテストデータでの誤差を計算しています。

計算が終わりましたら、リスト 7-1-(8) で結果を図示してみましょう。

In

```
# リスト 7-1-(8)
# 学習誤差の表示 ----------
plt.figure(figsize=(3, 3))
plt.plot(cee_train, "black", label="training")
plt.plot(cee_test, "cornflowerblue", label="test")
plt.legend()
plt.show()
```

Out

```
# 実行結果は図 7.11(A) を参照
```

学習のプログラムがうまく働いていれば、訓練データの誤差が単調に減少し、一定の値で収束していることが確認できるはずです（図 7.11(A)・黒線）。学習に使っていないテストデータの誤差も、途中で上がってしまうことなく単調に下がっていれば（図 7.11(A)・青線）、オーバーフィッティングは起きていないと解釈できます。面白いことに、400 ステップ付近で学習が収束したように見えますが、そこからまた急激に学習が進んでいます。ここで一体何が起きたのでしょうか？

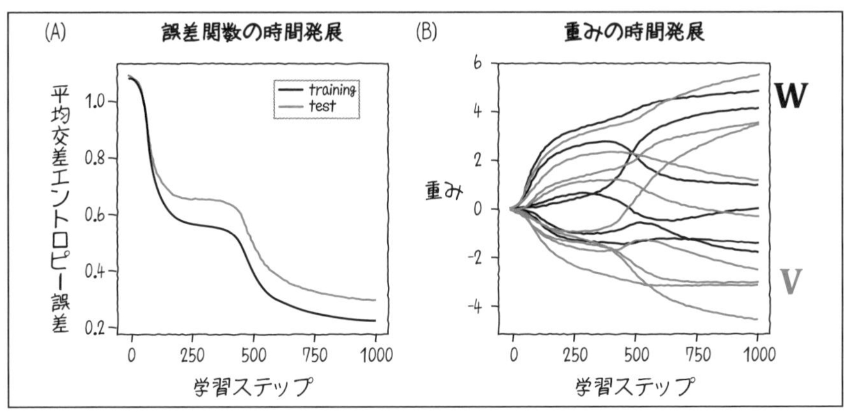

図 7.11：数値微分を使った勾配法の実行結果

重みの時間発展も、リスト 7-1-(9) でプロットしてみましょう。

In

```
# リスト 7-1-(9)
# 重みの時間発展の表示 ----------
plt.figure(figsize=(3, 3))
v_start = M * (D + 1)  # v の始めのインデックス
plt.plot(wv_hist[:, :v_start], "black")
plt.plot(wv_hist[:, v_start:], "cornflowerblue")
plt.show()
```

Out

```
# 実行結果は図 7.11(B) を参照
```

図 7.11(B)に中間層の重み **W** を黒、出力層の重み **V** を青で示しました。0 周辺の初期値ではじまった重みは、それぞれが徐々に何らかの値に収束しようとしていることがわかります。しかし、よく見ると、400 ステップ付近でそれぞれの重みのグラフが交差していることがわかります。これは、重みを更新する方向、つまり、誤差関数の勾配の方向が変化したことを意味します。重みが**鞍点**（**サドルポイント**）と呼ばれる地点の近くを通過したからかもしれません。

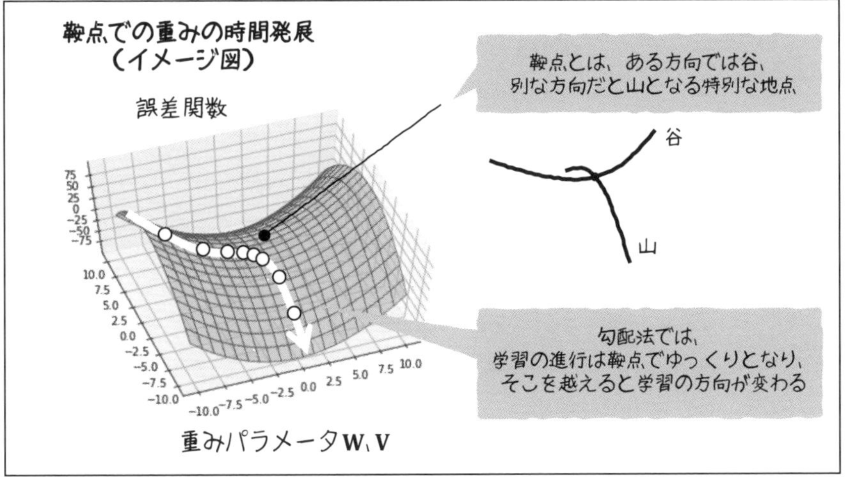

図 7.12：鞍点（サドルポイント）

鞍点とは、ある方向では谷、別な方向では山となっている地点のことです。重み空間が 15 次元ですので誤差関数を図示することはできませんが、もし、2 次元だったとして鞍点のイメージを描くと、図 7.12 のようになります。勾配法によって、重みは谷の中心に向かって進んでいきますが、中心に近づけば近づくほど勾配は小さくなり、更新もゆっくりになっていきます。しかし、ある程度進めばそこから徐々に方向が変化して、更新スピードは回復します。

ニューラルネットワークによって作られる誤差関数の地形は複雑です。非線形性の強いニューラルネットワークの場合は、図 7.11 の例のように、いったん学習が収束しかけてもそこで学習を止めずにもっと頑張れば、学習がまた一気に進むということがよくあります。ニューラルネットワークの学習ステップ数を決めるのは、なかなか難しい問題なのです。

さて、誤差や重みの時間発展を観察するだけでは、まだ、ネットワークが本当に学習したという実感は湧きません。そこで、データ空間に対して、クラス 0、1、2 と判定する領域の境界線をリスト 7-1-(10) で表示してみましょう。以下の **show_FNN** は、重みパラメータ **wv** を渡すと、表示する入力空間を 60×60 に分割し、すべての入力点に対して、ネットワークの出力をチェックします。そして、それぞれのカテゴリーで 0.5 または 0.9 以上の出力が得られる領域を、等高線で表示します。

In
```
# リスト 7-1-(10)
# 境界線表示関数 ----------
```

```
def show_FNN(wv, M, K):
    x0_n, x1_n = 60, 60  # 等高線表示の解像度
    x0 = np.linspace(X0_min, X0_max, x0_n)
    x1 = np.linspace(X1_min, X1_max, x1_n)
    xx0, xx1 = np.meshgrid(x0, x1)
    # xx0 と xx1 を 1 次元ベクトルに展開し、
    # それぞれを 0 列目と 1 行目に配置した行列 x を作る
    x = np.c_[xx0.reshape(-1), xx1.reshape(-1)]
    # 行列 x に対する y を一度に求める
    y, a, z, b = FNN(wv, M, K, x)
    for ic in range(K):
        f = y[:, ic]
        f = f.reshape(x1_n, x0_n)
        cont = plt.contour(  # 等高線表示
            xx0, xx1, f,
            levels=[0.5, 0.9], colors=["cornflowerblue", "black"],
        )
        cont.clabel(fmt="%.2f", fontsize=9)
    plt.xlim(X0_min, X0_max)
    plt.ylim(X1_min, X1_max)


# 境界線の表示 ----------
plt.figure(figsize=(3, 3))
show_data(X_test, T_test)
show_FNN(wv, M, K)
plt.grid()
plt.show()
```

Out

```
# 実行結果は図 7.13 を参照
```

リスト 7-1-(10) の実行結果を図 7.13 に示しました。学習には使わなかったテストデータ上でも、うまく境界線が引けていることが確認できました。よい感じですね。

しかし、どのような仕組みで、このような境界線が現れたのでしょうか？　どんどん疑問が湧いてきますが、この数値微分の話はここでいったん切り上げて、7.2.9 項「学

習後のニューロンの特性」でまた仕組みを考えます。

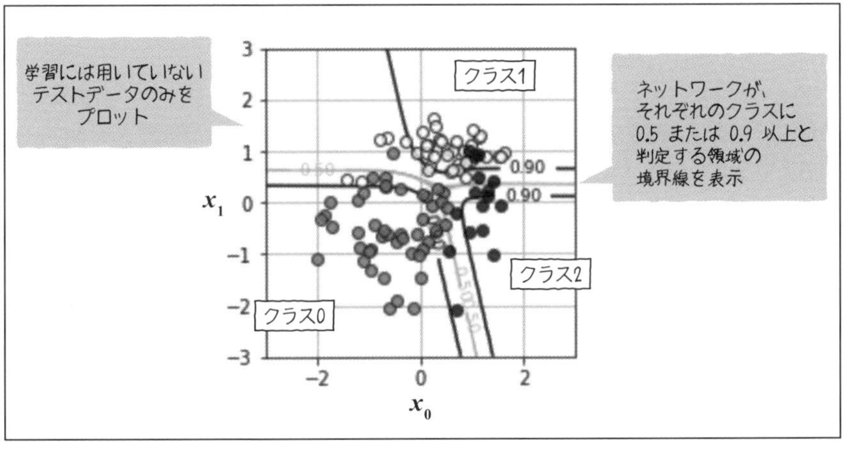

図 7.13：数値微分法による勾配法で得られた、クラス間の境界線

それにしても、数値微分は実行速度が遅いですね。次の 7.2.5 項で、いよいよ、偏微分を解析的に求めましょう。そして、実行速度を加速させます。

7.2.5 誤差逆伝搬法（バックプロパゲーション）

フィードフォワードニューラルネットワークに学習をさせる方法として、**誤差逆伝搬法（バックプロパゲーション）**が有名です。この誤差逆伝搬法では、ネットワークの出力で生じる誤差（教師信号との差）の情報を使って、出力層の重み v_{kj} から中間層への重み w_{ji} へと入力方向と逆向きに重みを更新していくことから、この名前が付いています。しかし、実は、この誤差逆伝搬法は勾配法そのものです。勾配法をフィードフォワードネットワークに適用すると誤差逆伝搬の法則が自然に導出されるのです。

それでは、勾配法を適用するために、誤差関数をパラメータで偏微分していきましょう。まず、ネットワークにはクラス分類をさせますので、誤差関数には式 7-18 ですでに示している平均交差エントロピー誤差を考えます（式 7-21）。

$$E(\mathbf{W},\mathbf{V}) = -\frac{1}{N}\sum_{n=0}^{N-1}\sum_{k=0}^{K-1} t_{nk}\log(y_{nk}) \tag{7-21}$$

そして、1 つのデータ n だけに対する交差エントロピー誤差 E_n を式 7-22 のように定義します。

$$E_n(\mathbf{W},\mathbf{V}) = -\sum_{k=0}^{K-1} t_{nk}\log(y_{nk}) \tag{7-22}$$

この式 7-22 を使って、式 7-21 を以下の式 7-23 のように表すことができます。

$$E(\mathbf{W},\mathbf{V}) = \frac{1}{N}\sum_{n=0}^{N-1} E_n(\mathbf{W},\mathbf{V}) \tag{7-23}$$

つまり、平均交差エントロピー誤差は、データ個別の交差エントロピー誤差の平均だと解釈できます。勾配法で使う E のパラメータの偏微分は、例えば、$\partial E/\partial w_{ji}$ を考えると、和と微分は交換できることから（4.5.5 項「和と微分の交換」を参照）、各データ n に対する $\partial E_n/\partial w_{ji}$ を求めて平均すれば本命の $\partial E/\partial w_{ji}$ が求まることになります（式 7-24）。

$$\frac{\partial E}{\partial w_{ji}} = \frac{\partial}{\partial w_{ji}} \frac{1}{N} \sum_{n=0}^{N-1} E_n = \frac{1}{N} \sum_{n=0}^{N-1} \frac{\partial E_n}{\partial w_{ji}} \tag{7-24}$$

よって、$\partial E_n / \partial w_{ji}$ の導出を目指すことにします。

ネットワークのパラメータは、**W**だけでなく、**V**もあります。ここでは、$D=2$、$M=2$、$K=3$ の場合を想定して、まず、E_n を v_{kj} で偏微分した式を求め（7.2.6 項）、その次に、E_n を w_{ji} で偏微分した式を求める（7.2.7 項）という順番で導出していきます。

この導出はこの本の最後の山場とも言えます。ですので、1 つ 1 つゆっくり解説していきます。このような導出を経験しておけば、今後、皆さんがオリジナルのモデルを考えたとき、その学習則の導出に役立つはずです。

7.2.6 $\partial E/\partial v_{kj}$ を求める

まず、**連鎖律**（4.4.4 項を参照）を使って、$\partial E/\partial v_{kj}$ を、式 7-25 のように 2 つの微分の掛け算に分解します。

$$\frac{\partial E}{\partial v_{kj}}=\frac{\partial E}{\partial a_k}\frac{\partial a_k}{\partial v_{kj}} \tag{7-25}$$

ここで、E は、先に述べた E_n のことです。式を見やすくするために、しばらく n は省略しておきます。まず、初めの部分である $\partial E/\partial a_k$ を $k=0$ の場合で求めていきましょう。式 7-22 を使って E の部分を書き下すと、式 7-26 となり、t と y のみで書くことができます。

$$\frac{\partial E}{\partial a_0}=\frac{\partial}{\partial a_0}(-t_0\log y_0-t_1\log y_1-t_2\log y_2) \tag{7-26}$$

ここで、t_k は教師信号ですので入力総和の a_0 で変化することはありませんが、ネットワークの出力である y_k のほうは、当然、入力総和 a_0 と関係しています。そこで、t_k は定数、y_k は a_0 の関数として式 7-26 を展開すると、式 7-27 が得られます。

$$\frac{\partial E}{\partial a_0}=-t_0\frac{1}{y_0}\frac{\partial y_0}{\partial a_0}-t_1\frac{1}{y_1}\frac{\partial y_1}{\partial a_0}-t_2\frac{1}{y_2}\frac{\partial y_2}{\partial a_0} \tag{7-27}$$

この変形には、対数関数の微分公式 4-111 を使いました。ここで上式の第 1 項の $\partial y_0/\partial a_0$ の部分は、y が a のソフトマックス関数で作られていますので、4.7.6 項で導いた公式 4-130 を使って、式 7-28 のようになります。

$$\frac{\partial y_0}{\partial a_0}=y_0(1-y_0) \tag{7-28}$$

同じようにして、式 7-27 の第 2 項、第 3 項の偏微分の部分も、公式 4-130 を使って、式 7-29、式 7-30 となります。

$$\frac{\partial y_1}{\partial a_0}=-y_0y_1 \tag{7-29}$$

$$\frac{\partial y_2}{\partial a_0} = -y_0 y_2 \quad \text{(7-30)}$$

よって、式 7-27 は、式 7-31 のようになります。

$$\begin{aligned}\frac{\partial E}{\partial a_0} &= -t_0 \frac{1}{y_0}\frac{\partial y_0}{\partial a_0} - t_1 \frac{1}{y_1}\frac{\partial y_1}{\partial a_0} - t_2 \frac{1}{y_2}\frac{\partial y_2}{\partial a_0} \\ &= -t_0(1 - y_0) + t_1 y_0 + t_2 y_0 \\ &= (t_0 + t_1 + t_2)y_0 - t_0 \\ &= y_0 - t_0\end{aligned} \quad \text{(7-31)}$$

最後は$t_0 + t_1 + t_2 = 1$を使いました。t_0、t_1、t_2のどれか 1 つが 1 でそれ以外は 0 であることを考えると、どのような場合でも$t_0 + t_1 + t_2 = 1$が成り立つからです。それにしても、驚くくらい簡単になってしまいました。y_0が初めのニューロンの出力で、t_0がそれに対する教師信号なので、$y_0 - t_0$は誤差を表していると言えます。同じようにして、k= 1 、2 の場合も式 7-32 のように求まります。

$$\frac{\partial E}{\partial a_1} = y_1 - t_1, \qquad \frac{\partial E}{\partial a_2} = y_2 - t_2 \quad \text{(7-32)}$$

よって、式 7-31、式 7-32 をまとめると、式 7-25 の初めの部分は、式 7-33 のように表すことができます。

$$\frac{\partial E}{\partial a_k} = y_k - t_k \quad \text{(7-33)}$$

この$\partial E/\partial a_k$は前述のように出力層（第 2 層）の誤差を表しているので、式 7-34 のように書き表すことにします。

$$\frac{\partial E}{\partial a_k} = \delta_k^{(2)} \quad \text{(7-34)}$$

ちなみに、結果（式 7-33）は、誤差関数に交差エントロピーを使ったから得られたものです。もし、誤差関数に二乗誤差を使えば、式 7-35 が得られます。

$$\frac{\partial E}{\partial a_k} = \delta_k^{(2)} = (y_k - t_k)h'(a_k) \tag{7-35}$$

$h(x)$ は出力層のニューロンの活性化関数であり、活性化関数にシグモイド関数 $\sigma(x)$ を使った場合は、$h'(x) = \big(1 - \sigma(x)\big)\sigma(x)$ となります（4.7.5 項「シグモイド関数」を参照）。

さて、式 7-25 に戻り、今度は、後半部分の $\partial a_k/\partial v_{kj}$ を考えます。式 7-16 で、$k=0$ の場合を考えると、a_0 は式 7-36 のようになります。

$$a_0 = v_{00}z_0 + v_{01}z_1 + v_{02}z_2 \tag{7-36}$$

ですので、式 7-37 が得られます。

$$\frac{\partial a_0}{\partial v_{00}} = z_0, \qquad \frac{\partial a_0}{\partial v_{01}} = z_1, \qquad \frac{\partial a_0}{\partial v_{02}} = z_2 \tag{7-37}$$

上記をまとめて書けば、式 7-38 のように表せます。

$$\frac{\partial a_0}{\partial v_{0j}} = z_j \tag{7-38}$$

$k=1$、$k=2$ の場合でも同様な結果が得られますので、すべてまとめて、式 7-39 のように表すことができます。

$$\frac{\partial a_k}{\partial v_{kj}} = z_j \tag{7-39}$$

この結果を、式 7-34 と合わせれば、式 7-40 のようになります。

$$\frac{\partial E}{\partial v_{kj}} = \frac{\partial E}{\partial a_k}\frac{\partial a_k}{\partial v_{kj}} = (y_k - t_k)z_j = \delta_k^{(2)}z_j \tag{7-40}$$

よって、v_{kj} の更新規則は、式 7-41 のようになります。

$$v_{kj}(\tau+1) = v_{kj}(\tau) - \alpha\frac{\partial E}{\partial v_{kj}} = v_{kj}(\tau) - \alpha\delta_k^{(2)}z_j \qquad \textbf{(7-41)}$$

それでは、勾配法として導き出された式 7-41 の意味を考えてみましょう（図 7.14）。重み v_{kj} とは、中間層（1層）のニューロン j から出力層（2層）のニューロン k へ情報を伝達する結合の重みです。式 7-41 を解釈すれば、この結合の変更の大きさは、この結合への入力の大きさ z_j とその先で生ずる誤差 $\delta_k^{(2)}$ の積で決まるということです。誤差 $\delta_k^{(2)}$ は、正の値も負の値も 0 もとりえますが、z_j は、$z_j = \sigma(b_j)$ ですので、常に 0 から 1 の間の正の値をとります。

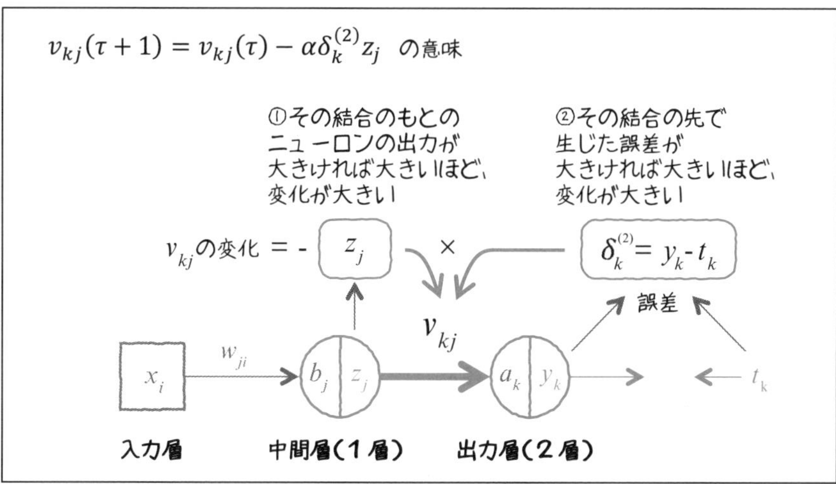

図 7.14：v の学習則の意味

式 7-41 によると、もし、出力 y_k が目標データ t_k と一致していれば、誤差 $\delta_k^{(2)} = (y_k - t_k)$ は 0 となるので、変更分の $-\alpha\delta_k^{(2)}z_j$ は 0 となります。結果、v_{kj} は変化しないことになります。これは、誤差がなければ結合は変更する必要はないことを意味します（実際には、出力は 0 と 1 の間の数値をとるので、誤差が完全に 0 になるということはありません）。

目標データ t_k が 0 なのに、出力 y_k が 0 よりも大きかった場合、誤差 $\delta_k^{(2)} = (y_k - t_k)$ は正の値となります。z_j は常に正ですから、結果、$-\alpha\delta_k^{(2)}z_j$ は負の数となり、v_{kj} は減る方向へ変更されます。つまり、出力が大きすぎて誤差が生じたので、ニューロン z_j からの影響を絞る方向へ重みが変更されると解釈できます。また、入力 z_j が大きかったら、その結合からの出力への寄与が大きかったことになるので、v_{kj} の変更量もその分大きくするようになっていると解釈できます。

7.2.7 $\partial E/\partial w_{ji}$ を求める

それでは次に、入力層から 1 層への重みパラメータ w_{ji} の学習則を導出しましょう。これも丁寧に誤差関数 E を w_{ji} で偏微分していくだけです。v_{kj} のときと同様に、偏微分の連鎖律を使って式 7-42 のように $\partial E/\partial w_{ji}$ を分解します。

$$\frac{\partial E}{\partial w_{ji}} = \frac{\partial E}{\partial b_j}\frac{\partial b_j}{\partial w_{ji}} \tag{7-42}$$

この、初めの中間層ニューロンの入力総和 b_j での偏微分 $\partial E/\partial b_j$ を、式 7-34 で定義した出力層の入力総和の偏微分 $\partial E/\partial a_k = \delta_k^{(2)}$ との類似性から、式 7-43 と、とりあえず定義します。

$$\frac{\partial E}{\partial b_j} = \delta_j^{(1)} \tag{7-43}$$

(1) は 1 層（中間層）であることを意味します。

式 7-42 の 2 番目の $\partial b_j/\partial w_{ji}$ は、式 7-44 となります。

$$\frac{\partial b_j}{\partial w_{ji}} = \frac{\partial}{\partial w_{ji}}\sum_{i'=0}^{D} w_{ji'}x_{i'} = x_i \tag{7-44}$$

よって、w_{ji} の更新規則は、式 7-45 となります。

$$w_{ji}(\tau+1) = w_{ji}(\tau) - \alpha\frac{\partial E}{\partial w_{ji}} = w_{ji}(\tau) - \alpha\delta_j^{(1)}x_i \tag{7-45}$$

これは、v_{kj} の更新規則式 7-41 と同じ形をしています。つまり、w_{ji} も、結合の先で生じた誤差と、結合のもとの入力に比例する形で変更されることがわかります（図 7.15）。

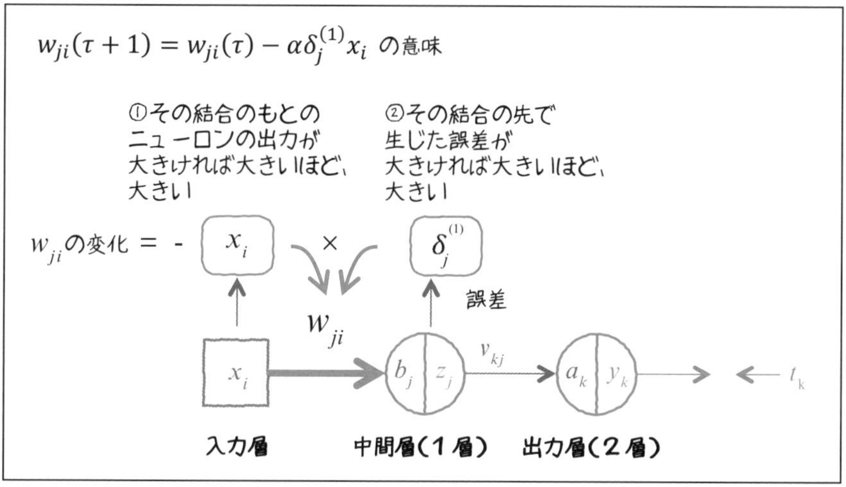

$w_{ji}(\tau+1) = w_{ji}(\tau) - \alpha\delta_j^{(1)} x_i$ の意味

①その結合のもとのニューロンの出力が大きければ大きいほど、大きい

②その結合の先で生じた誤差が大きければ大きいほど、大きい

w_{ji} の変化 = - x_i × $\delta_j^{(1)}$

w_{ji}

誤差

x_i　b_j　z_j　v_{kj}　a_k　y_k　t_k

入力層　中間層（1層）　出力層（2層）

図 7.15：w の学習則の意味

しかし、これでは不十分ですね。$\delta_j^{(1)}$ が何なのかをまだ調べていませんでした。これも、偏微分の連鎖律（4.5.4 項）を使って、式 7-46 のように展開しましょう。関数の入れ子の関係が $E\Big(a_0\big(z_0(b_0), z_1(b_1)\big), a_1\big(z_0(b_0), z_1(b_1)\big), a_2\big(z_0(b_0), z_1(b_1)\big)\Big)$ であることに注意してください。

$$\delta_j^{(1)} = \frac{\partial E}{\partial b_j} = \left\{\sum_{k=0}^{K-1} \frac{\partial E}{\partial a_k}\frac{\partial a_k}{\partial z_j}\right\}\frac{\partial z_j}{\partial b_j} \tag{7-46}$$

分解した最初の $\partial E/\partial a_k$ は、式 7-34 の定義より、$\delta_k^{(2)}$ で表すことができます。式 7-46 の 2 番目の $\partial a_k/\partial z_j$ は、式 7-47 のようになります。

$$\frac{\partial a_k}{\partial z_j} = \frac{\partial}{\partial z_j}\sum_{j'=0}^{M} v_{kj'} z_{j'} = v_{kj} \tag{7-47}$$

式 7-46 の 3 番目の $\partial z_j/\partial b_j$ は、中間層の活性化関数を $h(\ )$ とすると、式 7-48 のように表されます（中間層の活性化関数はシグモイド関数としていますが、ここではひとまず $h(\ )$ とします）。

$$\frac{\partial z_j}{\partial b_j} = \frac{\partial}{\partial b_j} h(b_j) = h'(b_j) \tag{7-48}$$

よって式 7-46 は、次の式 7-49 となります。

$$\delta_j^{(1)} = h'(b_j) \sum_{k=0}^{K-1} v_{kj} \delta_k^{(2)} \tag{7-49}$$

さて、この式をじっと見てみましょう。はじめの $h'(b_j)$ は、活性化関数の微分であり、その微分は常に正の数です。次の和の中は、出力先の誤差である $\delta_k^{(2)}$ を、v_{kj} の重みで集めてきている形になっています（図 7.16）。つまり、$\delta_j^{(1)}$ は、結合先で生じた誤差 $\delta_k^{(2)}$ を逆方向に伝達させて計算しているとみなせるのです。

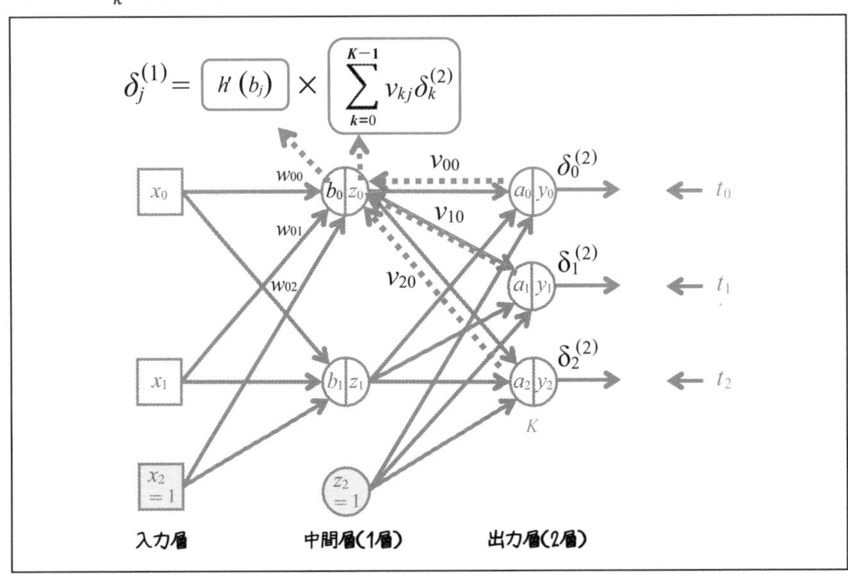

図 7.16：誤差の逆伝搬

それでは、導出したネットワークのパラメータの更新の仕方を図で直感的にまとめてみましょう。以下のようになります。

① ネットワークに **x** を入力し、その出力 **y** を得ます（図 7.17）。この際、途中で計算される **b**、**z**、**a** も保持しておきます。

② 出力 **y** を目標データ **t** と比べて、その差（誤差）を計算します。この誤差は、出力層の各ニューロンに割り当てられると考えます（図 7.18）。

③ 出力層の誤差を使って、中間層の誤差を計算します（図 7.19）。

④ 結合元の信号強度と結合先の誤差の情報を使って、重みパラメータを更新しま

す（図 7.20）。

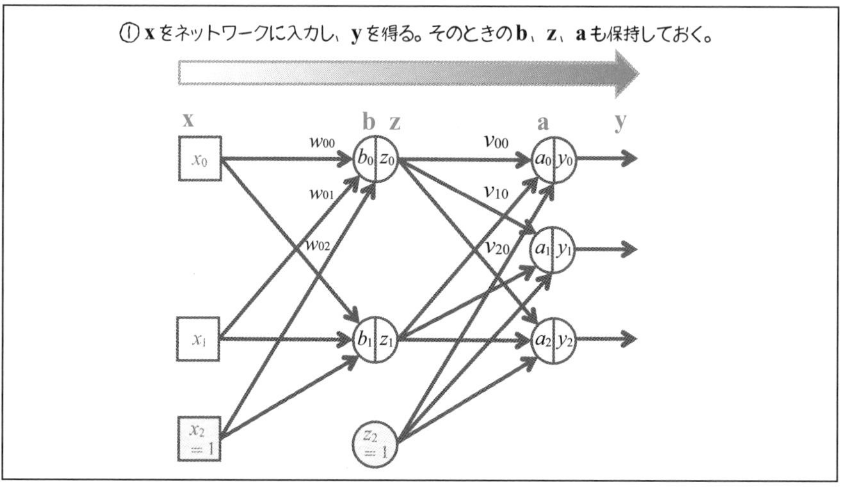

図 7.17：誤差逆伝搬法①

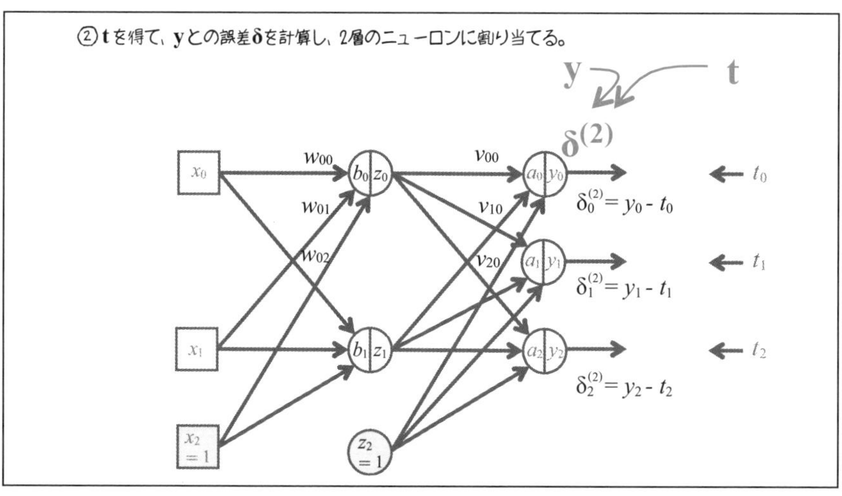

図 7.18：誤差逆伝搬法②

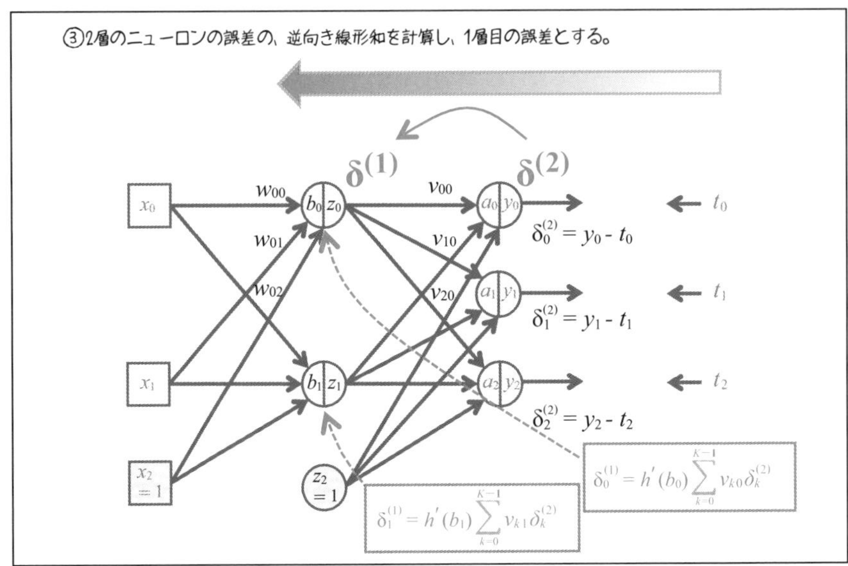

図 7.19：誤差逆伝搬法③

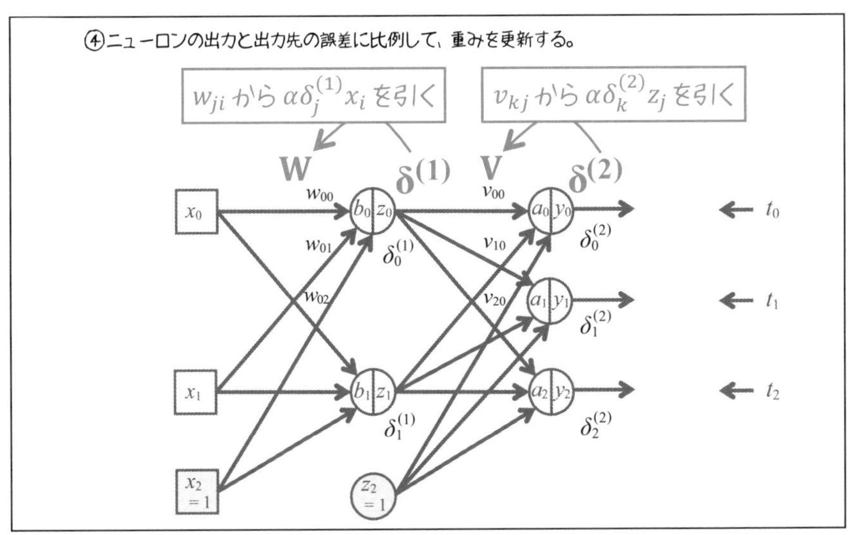

図 7.20：誤差逆伝搬法④

この一連の手続きは、式 7-24 で説明しましたように、データ 1 つ分に対する更新になります。実際には、N 個のデータがありますので、データを 1 つずつ変えながら①～④ の手続きを行い、各データ n に対する更新分（$\Delta v_{kj}(n)$ と $\Delta w_{ji}(n)$）を求めます。

そしてそれらの平均で、v_{kj}とw_{ji}を更新します（図 7.21）。

さて、導出した学習則は、2 層のフィードフォワードネットワークに限ったものでしたが、3 層や 4 層などのネットワークではどのような更新規則が導けるのでしょうか。面白いことに、全く同じ形になるのです。層が多い場合でも②と③の手順を使って、出力側に近い層から入力側へ向かって順番に、各ニューロンでの誤差を計算していきます。そして、④の手順によって、それぞれの重みを、結合元のニューロンの活性と、結合先の誤差の情報を使い変更していけばよいのです。

それでは、ここまでのところを数式ありで図 7.21 にまとめました。これをもとに、いよいよプログラムでの実装に進みます。

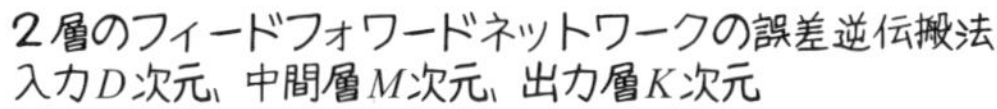

2層のフィードフォワードネットワークの誤差逆伝搬法
入力D次元、中間層M次元、出力層K次元

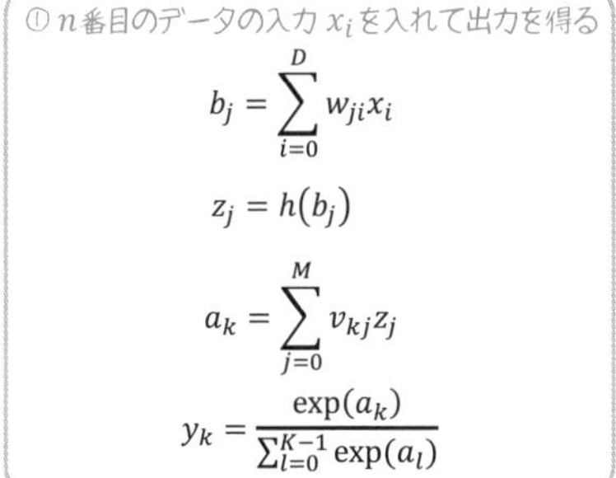

① n番目のデータの入力 x_i を入れて出力を得る
$b_j = \sum_{i=0}^{D} w_{ji} x_i$
$z_j = h(b_j)$
$a_k = \sum_{j=0}^{M} v_{kj} z_j$
$y_k = \frac{\exp(a_k)}{\sum_{l=0}^{K-1} \exp(a_l)}$

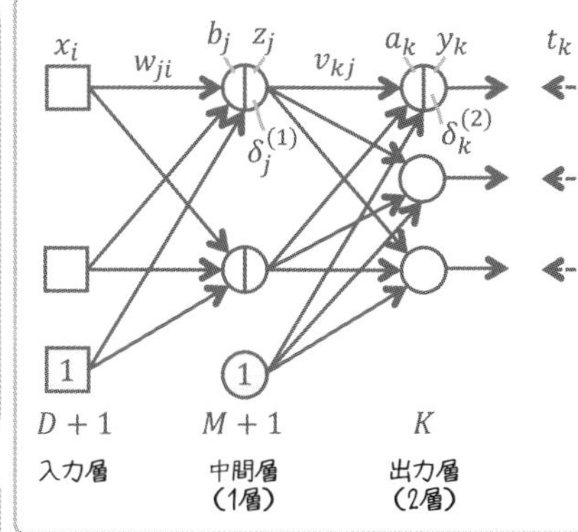

②③ 2層と1層の誤差を得る

$$\delta_k^{(2)} = y_k - t_k$$

$$\delta_j^{(1)} = h'(b_j) \sum_{k=0}^{K-1} v_{kj} \delta_k^{(2)}$$

④データnに対する更新分を得る

$$\Delta v_{kj}(n) = \delta_k^{(2)} z_j$$

$$\Delta w_{ji}(n) = \delta_j^{(1)} x_i$$

⑤ ①～④をすべてのデータで行い、
更新分の平均でパラメータを更新する

$$v_{kj}(\tau+1) = v_{kj}(\tau) - \alpha \frac{1}{N} \sum_{n=0}^{N-1} \Delta v_{kj}(n)$$

$$w_{ji}(\tau+1) = w_{ji}(\tau) - \alpha \frac{1}{N} \sum_{n=0}^{N-1} \Delta w_{ji}(n)$$

図 7.21：誤差逆伝搬法まとめ

7.2.8 誤差逆伝搬法の実装

それでは、勾配法、つまり、誤差逆伝搬法（バックプロパゲーション）で$\partial E/\partial w$と$\partial E/\partial v$を求めるプログラムリスト 7-1-(11) を作ります。関数名は、**dcee_FNN**とします。入力する情報は、**cee_FNN**と全く同じです。$\partial E/\partial w$と$\partial E/\partial v$は、プログラムの中では、それぞれ**dw**、**dv**としていますが、関数の出力は、これらを結合した**dwv**とします。

In

```
# リスト 7-1-(11)
# -- 解析的微分 ----------
def dcee_FNN(wv, M, K, x, t):
    N, D = x.shape
    # wv を w と v に戻す
    v_start = M * (D + 1)
    w = wv[:v_start]
    w = w.reshape(M, D + 1)
    v = wv[v_start:]
    v = v.reshape(K, M + 1)
    # ① 入力 x を入れて出力 y を得る
    y, a, z, b = FNN(wv, M, K, x)
    # 出力変数の準備
    dwv = np.zeros_like(wv)
    dw = np.zeros((M, D + 1))
    dv = np.zeros((K, M + 1))
    delta1 = np.zeros(M)  # 1 層目誤差
    delta2 = np.zeros(K)  # 2 層目誤差 (k=0 の部分は使わず)
    for n in range(N):  # (A)
        # ② 2 層（出力層）の誤差を得る
        for k in range(K):
            delta2[k] = y[n, k] - t[n, k]
        # ③ 1 層（中間層）の誤差を得る
        for j in range(M):
            delta1[j] = z[n, j] * (1 - z[n, j]) * v[:, j] @ delta2
```

```
        # ④ vの更新分（dv）を得る
        for k in range(K):
            dv[k, :] = dv[k, :] + delta2[k] * z[n, :] / N
        # ④ wの更新分（dw）を得る
        for j in range(M):
            x_add1 = np.r_[x[n, :], 1]
            dw[j, :] = dw[j, :] + delta1[j] * x_add1 / N
    # dw と dv を合体させて dwv とする
    dwv = np.c_[
        dw.reshape((1, M * (D + 1))),
        dv.reshape((1, K * (M + 1))),
    ]
    dwv = dwv.reshape(-1)
    return dwv

# テスト ----------
D, M, K, N = 2, 2, 3, 2
wv_n = M * (D + 1) + K * (M + 1)
np.random.seed(seed=1)
wv = np.random.normal(0.0, 1.0, wv_n)
dwv_ana = dcee_FNN(wv, M, K, X_train[:N, :], T_train[:N, :])
dwv_num = dcee_FNN_num(wv, M, K, X_train[:N, :], T_train[:N, :])
# 結果表示
print("analytical dwv")
print("dwv =\n", np.round(dwv_ana, 6))
print("numerical dwv")
print("dwv =\n", np.round(dwv_num, 6))

# グラフ描画 ----------
plt.figure(figsize=(8, 3))
plt.subplots_adjust(wspace=0.5)
# 解析的微分
plt.subplot(1, 2, 1)
show_dwv(dwv_ana, D, M)
```

```
    plt.title("analitical")
    # 数値微分
    plt.subplot(1, 2, 2)
    show_dwv(dwv_num, D, M)
    plt.title("numerical")
    plt.show()
```

Out

```
# 実行結果は図 7.22 を参照
```

動作確認として、ランダムに生成した重みパラメータ **wv** に対して解析的微分値 **dwv_ana** を出力し、前回に作成した数値微分値 **dwv_num** の値も表示します。

解析的微分の値は、7.2.3 項で計算した数値微分の値とほぼ一致していることがわかります。グラフで表しても両者はほとんど同じです（図 7.22）。これで、解析的微分が正しく計算できていたことが確認できました。①〜④の手続きは、ループ **(A)** で N 回繰り返され、各繰り返しで得られるすべての **dv** の平均を計算しています。**dw** についても同様です。

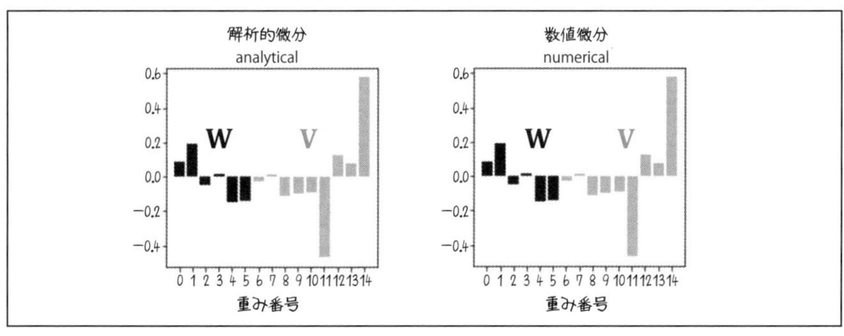

図 7.22：解析的微分と数値微分

それでは、数値微分で解いた分類問題を、この誤差逆伝搬法で解いてみましょう（リスト 7-1-(12)）。関数 **fit_FNN** は数値微分の場合の **fit_FNN_num** とほとんど同じで、数値微分 **dcee_FNN_num** を使っていた部分を、先ほど作成した **dcee_FNN** に変えるだけです **(A)**。

In

```
# リスト 7-1-(12)
# 解析的微分を使った勾配法 -------
def fit_FNN(
```

```
    wv_init, M, K,
    x_train, t_train, x_test, t_test,
    tau_max, alpha,
):
    # 訓練データの誤差の履歴保存用
    cee_train = np.zeros(tau_max)
    # テストデータの誤差の履歴保存用
    cee_test = np.zeros(tau_max)
    # wv の履歴保存用
    wv = np.zeros((tau_max, len(wv_init)))
    # wv の初期値をセットし、そのときの誤差を計算
    wv[0, :] = wv_init
    cee_train[0] = cee_FNN(wv_init, M, K, x_train, t_train)
    cee_test[0] = cee_FNN(wv_init, M, K, x_test, t_test)
    # 勾配法
    for tau in range(tau_max - 1):
        dcee = dcee_FNN(wv[tau, :], M, K, x_train, t_train)  # (A)
        wv[tau + 1, :] = wv[tau, :] - alpha * dcee
        cee_train[tau + 1] = \
            cee_FNN(wv[tau + 1, :], M, K, x_train, t_train)
        cee_test[tau + 1] = \
            cee_FNN(wv[tau + 1, :], M, K, x_test, t_test)
    wv_final = wv[-1, :]
    return wv_final, wv, cee_train, cee_test


# メイン ----------
start_time = time.time()
D, M, K = 2, 2, 3
wv_n = M * (D + 1) + K * (M + 1)
np.random.seed(seed=1)
wv_init = np.random.normal(0, 0.01, wv_n)  # wv の初期値
tau_max = 1000  # (B) 学習ステップ
alpha = 0.5
# 勾配法で wv を計算
```

```
wv, wv_hist, cee_train, cee_test = \
    fit_FNN(
        wv_init, M, K,
        X_train, T_train, X_test, T_test,
        tau_max, alpha,
    )
# 計算時間の表示
calculation_time = time.time() - start_time
print(f"Calculation time:{calculation_time:.2f} sec")
```

Out

```
Calculation time:25.32 sec
```

数値微分のときと比べて計算はずっと早く終わりました。筆者の PC だと、25.32 秒でしたので、数値微分を使った勾配法（197.14 秒）と比べて、7.8 倍も早くなりました。うれしいですね。微分の苦労も吹き飛びます。きちんと微分をするということの必要性が実感できたのではないかと思います。以下のリスト 7-1-(13) で結果を表示します。

In

```
# リスト 7-1-(13)
D, M, K = 2, 2, 3
plt.figure(figsize=(12, 3))
plt.subplots_adjust(wspace=0.5)

# 学習誤差の表示 ----------
plt.subplot(1, 3, 1)
plt.plot(cee_train, "black", label="training")
plt.plot(cee_test, "cornflowerblue", label="test")
plt.legend()

# 重みの時間発展の表示 ----------
plt.subplot(1, 3, 2)
v_start = M * (D + 1)  # v の始めのインデックス
plt.plot(wv_hist[:, :v_start], "black")
plt.plot(wv_hist[:, v_start:], "cornflowerblue")
```

```
# 境界線の表示 ----------
plt.subplot(1, 3, 3)
show_data(X_test, T_test)
show_FNN(wv, M, K)
plt.grid()
plt.show()
```

Out

```
# 実行結果は図 7.23 を参照
```

数値微分のときとほぼ同じ結果が得られました（図 7.23）。

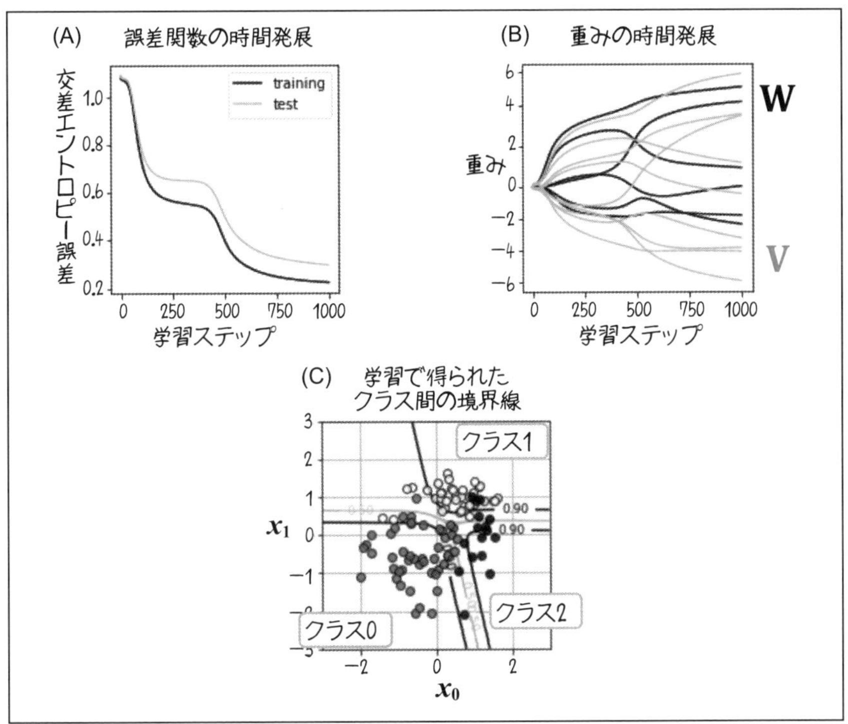

図 7.23：解析的微分を使った勾配法（誤差逆伝搬法）の実行結果

このニューラルネットワークは最小サイズですが、ネットワークの規模が大きくなればなるほど、微分式を使って計算速度を上げることの重要性は増していきます。それでは、数値微分は意味のないものだったのでしょうか。いいえ、数値微分は、導出した微分の式が正しいかをチェックする強力なツールになります。これから、新しい誤差関数の微分の式を求める必要がある場合には、まず初めに数値微分で正しい値を出しておくことをお勧めします。

さて、今一度、ここまで作ってきた主要なプログラムを振り返ってみましょう（図7.24）。ネットワークのパラメータを求めるプログラムの本体は、先ほど作った **fit_FNN** です。**X_train** と **T_train** で **wv** を学習させ、**X_test** と **T_test** で評価を行います。この中では、交差エントロピーを小さくする **wv** を求めるために、交差エントロピーを求める **cee_FNN** とその微分 **dcee_FNN** が使われています。また両方の関数の中でネットワークの出力 **FNN** が使われています。**FNN** では中間層のニューロンの活性特性を決める活性化関数 **sigmoid** が使われています。

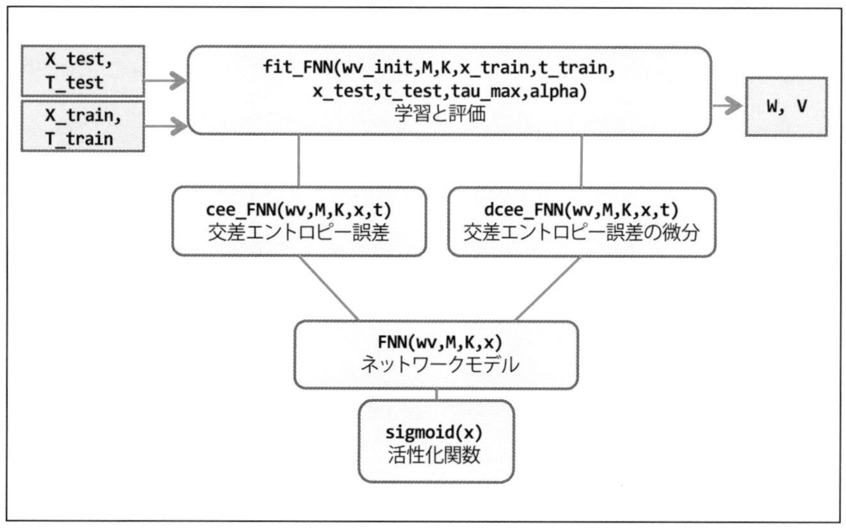

図 7.24：主要なプログラムの関係図

7.2.9 学習後のニューロンの特性

それでは、なぜ、この2層のネットワークは図 7.23(C) で示したような曲線の境界線を作り出すことができたのでしょう。学習の結果、各ニューロンはどういう性質を獲得したのでしょうか。リスト 7-1-(14) で、b_j、z_j、a_k、y_kの特性を図示してみます（図 7.25）。

In
```
# リスト 7-1-(14)
# サーフェス表示関数 ----------
def show_activation3d(ax, xx0, xx1, f, f_ticks, title):
    x1_n, x0_n = xx0.shape
    f = f.reshape(x1_n, x0_n)
    ax.plot_surface(
        xx0, xx1, f,
        rstride=1, cstride=1, alpha=0.5, color="blue", edgecolor="black",
    )
    ax.view_init(70, -110)
    ax.set_xticklabels([])
    ax.set_yticklabels([])
    ax.set_zticks(f_ticks)
    ax.set_title(title, fontsize=18)


# メイン ----------
M, K = 2, 3
x0_n, x1_n = 20, 20  # 等高線表示の解像度
# 表示データの計算
x0 = np.linspace(X0_min, X0_max, x0_n)
x1 = np.linspace(X1_min, X1_max, x1_n)
xx0, xx1 = np.meshgrid(x0, x1)
x = np.c_[xx0.reshape(-1), xx1.reshape(-1)]
y, a, z, b = FNN(wv, M, K, x)
# グラフ描画
fig = plt.figure(figsize=(12, 9))
```

```
plt.subplots_adjust(
    left=0.075, bottom=0.05, right=0.95, top=0.95,
    wspace=0.4, hspace=0.4,
)
# b,z の表示
for m in range(M):
    ax = fig.add_subplot(3, 4, 1 + m * 4, projection="3d")
    show_activation3d(ax, xx0, xx1, b[:, m], [-10, 10], f"$b_{m:d}$")
    ax = fig.add_subplot(3, 4, 2 + m * 4, projection="3d")
    show_activation3d(ax, xx0, xx1, z[:, m], [0, 1], f"$z_{m:d}$")
# a,y の表示
for k in range(K):
    ax = fig.add_subplot(3, 4, 3 + k * 4, projection="3d")
    show_activation3d(ax, xx0, xx1, a[:, k], [-5, 5], f"$a_{k:d}$")
    ax = fig.add_subplot(3, 4, 4 + k * 4, projection="3d")
    show_activation3d(ax, xx0, xx1, y[:, k], [0, 1], f"$y_{k:d}$")

plt.show()
```

Out

```
# 実行結果は図 7.25 を参照
```

図 7.25 の各グラフは、様々なx_0、x_1のペアが入力された場合の各変数の値を表しています（入出力マップ）。中間層入力総和 b_j は、入力 x_i の線形和ですので、入出力マップは平面です。$\mathbf{W}$ によって面の傾きが決まります。

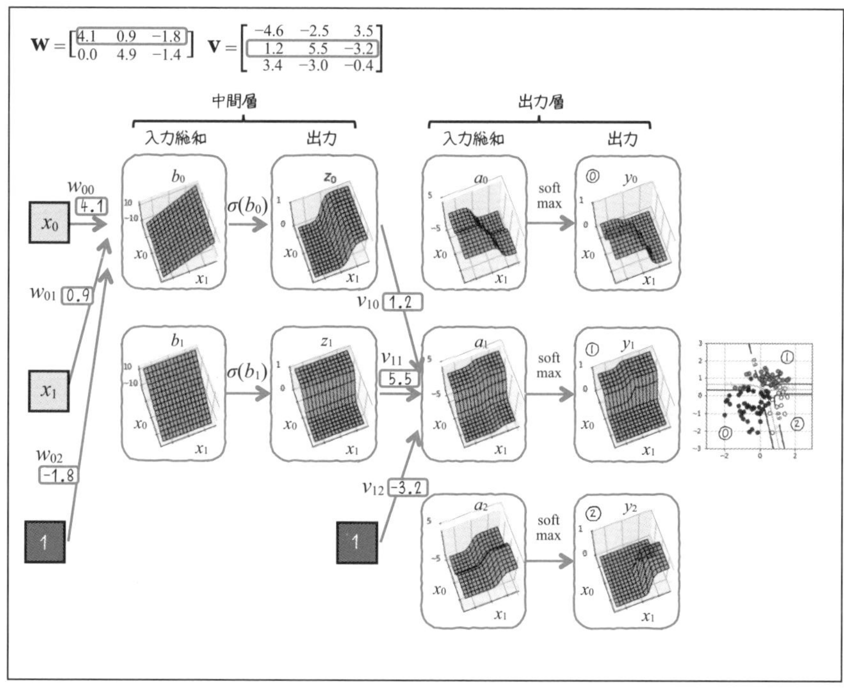

図 7.25：誤差逆伝搬法で得られた重みによる、入力総和・ニューロン出力の特性

入力総和 b_j の入出力マップは、シグモイド関数 $\sigma(\ )$ をくぐると、低い部分と高い部分がそれぞれ 0 と 1 の範囲に押し込められて、出力 z_j となります。

出力層の入力総和a_kの入出力マップは、z_0、z_1 の 2 つの入出力マップの線形和で作られます。例えば、a_1 のマップは、z_0 のマップを 1.2 倍したものと z_1 のマップを 5.5 倍したものを足し合わせ、最後に全体を 3.2 下げて作られています。確かに、a_1 のマップは、z_0 と z_1 を重ねたような特徴を持っていることがわかります。a_0 も a_1 のマップも、z_0 と z_1 の組み合わせによって作られていることがわかります。

aはソフトマックス関数を通り、0〜1 の範囲に押しつぶされ、y_kが作られます。y_0、y_1、y_2の盛り上がっている部分は、それぞれクラス⓪、①、②と分類される範囲に対応しています。y_kは、ソフトマックス関数で加工された結果なので、⓪、①、②の面をすべて足せば、高さが 1 の平面になります。

単純なニューロンがネットワークを形成することでより複雑な境界線が引けるようになる、という仕組みがイメージできたでしょうか？　これで、この本の最大の難所であったフィードフォワードニューラルネットワークの理論的説明は終わりです。

7.3 Kerasでニューラルネットワークモデル

ここまでは、ニューラルネットのプログラムを自前で作ってきましたが、今ではニューラルネットワーク用の様々なライブラリがリリースされており､それらを使うと、大規模なニューラルネットワークが比較的短いコードで実装でき、更に高速に動かすことができます。例えば、Googleが開発したTensorFlowが有名です。そして、2015年にリリースされたKerasというライブラリを使うと、TensorFlow（または、Theano）を非常に簡単に動かすことができます（ラッパーライブラリと呼ばれています)。

現在Kerasは、TensorFlowとは別々にインストールする独立版Kerasと、TensorFlowに組み込まれているTensorFlow.Kerasの2種類が存在しますが、ここからは、TensorFlow.Kerasを使っていきましょう。TensorFlowのインストールは第1章を参考にしてください。

7.3.1 2層フィードフォワードニューラルネット

Kerasでこれまでと同じ、3分類問題を解く2層フィードフォワードネットワークを作って動かしてみましょう。

まず、いったんメモリをリセットしましょう。

In
```
%reset
```

Out
```
Once deleted, variables cannot be recovered. Proceed (y/[n])? y
```

次に必要なライブラリの**import**と、保存していたデータの**load**です（リスト7-2-(1))。

In
```
# リスト 7-2-(1)
%matplotlib inline
import numpy as np
import matplotlib.pyplot as plt
import time
```

```
# データの load ----------
data = np.load("ch7_data.npz")
X_train = data["X_train"]
T_train = data["T_train"]
X_test = data["X_test"]
T_test = data["T_test"]
X0_min = data["X0_min"]
X0_max = data["X0_max"]
X1_min = data["X1_min"]
X1_max = data["X1_max"]
```

次に、前回定義していたデータを図示する関数も定義し直しておきます（リスト7-2-(2)）。

In

```
# リスト 7-2-(2)
# データの図示 ----------
def show_data(x, t):
    K = t.shape[1]  # t の列数からクラス数を取得
    col = ["gray", "white", "black"]
    for k in range(K):
        plt.plot(
            x[t[:, k] == 1, 0], x[t[:, k] == 1, 1], col[k],
            marker="o", linestyle="None",
            markeredgecolor="black", alpha=0.8,
        )
    plt.xlim(X0_min, X0_max)
    plt.ylim(X1_min, X1_max)
```

それでは、Kerasを使って、7.2節で構築した2層フィードフォワードニューラルネットワークモデルを作り、学習をさせてみましょう（リスト7-2-(3)）。

In

```
# リスト 7-2-(3)
import tensorflow
from tensorflow.keras.optimizers import SGD
from tensorflow.keras.models import Sequential
from tensorflow.keras.layers import Dense

tensorflow.random.set_seed(seed=0)  # 乱数の固定

# Sequential モデルの作成 ----------
model = Sequential()  # (A)
model.add(Dense(units=2, input_dim=2, activation="sigmoid"))  # (B)
model.add(Dense(units=3, activation="softmax"))  # (C)

# 学習方法の設定 ----------
sgd = SGD(learning_rate=0.5)  # (D)
model.compile(  # (E)
    optimizer=sgd, loss="categorical_crossentropy", metrics=["accuracy"])

# 学習 ----------
start_time = time.time()
history = model.fit(  # (F)
    X_train, T_train,
    epochs=1000, batch_size=100, verbose=0,
    validation_data=(X_test, T_test),
)

# モデル評価 ----------
score = model.evaluate(X_test, T_test, verbose=0)  # (G)
calculation_time = time.time() - start_time

# 結果表示 ----------
```

```
print(f"cross entropy {score[0]:.2f}, accuracy {score[1]:.2f}")
print(f"Calculation time:{calculation_time:.2f} sec")
```

Out

```
cross entropy 0.28, accuracy 0.89
Calculation time:19.69 sec
```

7.2 節でコツコツと作ってきた機能がこの短いプログラムで実現されています。学習で得られた最終的な交差エントロピー誤差は 0.28 で、0.89 の正答率が得られました。筆者のノート PC では、1000 step 計算するのにかかった時間は 19.69 秒でした。自前の誤差逆伝搬法は 25.32 秒でしたので、それよりも 6 秒近くも早くなりました。Keras はとてもいいライブラリですね。

7.3.2 Kerasの使い方の流れ

それでは、リスト7-2-(3)を抜粋しながら、Kerasの使い方の流れを簡単に説明します。詳しくは、Kerasの公式ホームページ（URL https://keras.io/）や、TensorFlow.Kerasの公式チュートリアル（URL https://www.tensorflow.org/guide/keras）が参考になります。

まず、TensorFlowのimportと、Kerasで必要なライブラリ（クラス）のimportを行います。そして、実行するたびに同じ結果が得られるように、TensorFlow内で使用される乱数の固定も行います。

```
import tensorflow
from tensorflow.keras.optimizers import SGD
from tensorflow.keras.models import Sequential
from tensorflow.keras.layers import Dense

tensorflow.random.set_seed(seed=0) # 乱数の固定
```

次に、**Sequential**というタイプのネットワークモデルとして**model**を作成します。

```
model = Sequential()  # (A)
```

この**model**は変数ではなく、"Sequentialクラスから生成されたオブジェクト"です。オブジェクトとは、いくつかの変数と関数をセットにしたものと考えてください。Kerasでは、この**model**に層を加えていくことでネットワークの構造を定義します。

まず、この**model**に中間層として**Dense**という全結合型の層を加えます。

```
model.add(Dense(units=2, input_dim=2, activation="sigmoid"))  # (B)
```

Dense()のはじめの引数**units=2**はニューロン数です。**input_dim=2**は、入力の次元が2であることを指定しています。**activation="sigmoid"**は、活性化関数にシグモイド関数(sigmoid function)を使うという指示です。各ニューロンの重みパラメータは乱数で初期化されます。そのために、はじめに乱数の固定を行いました。

同様に出力層も**Dense()**で定義します。

```
model.add(Dense(units=3, activation="softmax"))  # (C)
```

Dense() の引数の **units=3** はニューロン数を、**activation="softmax"** は、活性化関数にはソフトマックスを使うという意味です。ここでも、各ニューロンの重みパラメータは乱数で初期化されます。これでネットワークの構造の定義は終わりです。

次は、学習方法の設定を **SGD()** で行い、その内容を **sgd** に入れます。

```
sgd = SGD(learning_rate=0.5)  # (D)
```

SGD() は、第 6 章で説明した純粋な勾配法に対応します。**learning_rate** は学習率です。**sgd** を **model.compile()** に **optimizer** の引数で渡すことで、学習方法の設定がなされます。

```
model.compile(  # (E)
    optimizer=sgd, loss="categorical_crossentropy", metrics=["accuracy"])
```

loss="categorical_crossentropy" は、目的関数を交差エントロピー誤差にする、という指定です。**metrics=["accuracy"]** は、学習の評価として正答率(accuracy)も計算する、という指示です。正答率とは、予測の確率が最も高いクラスを予測としたときに、全データに対して何割正解できたかという割合です。

実際の学習は、**model.fit()** で実行します。

```
history = model.fit(  # (F)
    X_train, T_train,
    epochs=1000, batch_size=100, verbose=0,
    validation_data=(X_test, T_test),
)
```

model.fit() の引数の **X_train**、**T_train** は訓練データの指定、**epochs=1000** は、全データを学習に使う回数、**batch_size=100** は、1 ステップ分の勾配を計算するのに使う学習データの数、**verbose=0** は、学習の進行状況を表示しない、**validation_data=(X_test, T_test)** は、評価用のデータの指定、となります。出力の **history** には学習過程での情報が入ります。

最後、**model.evaluate()** で最終的な学習の評価値を出力します。戻り値を **score** で受け取ると、**score[0]** にはテストデータの交差エントロピー誤差、**score[1]** には、テストデータの正答率が入ります。

```
score = model.evaluate(X_test, T_test, verbose=0)  # (G)
```

```
print(f"cross entropy {score[0]:.2f}, accuracy {score[1]:.2f}")
```

それでは、次に、学習過程とその結果をリスト 7-2-(4) でグラフ表示しましょう（図 7.26）。

In

```
# リスト 7-2-(4)
plt.figure(figsize=(12, 3))
plt.subplots_adjust(wspace=0.5)

# 学習曲線表示 ----------
plt.subplot(1, 3, 1)
# (A) 訓練データの誤差の表示
plt.plot(history.history["loss"], "black", label="training")
# (B) # テストデータの誤差の表示
plt.plot(history.history["val_loss"], "cornflowerblue", label="test")
plt.legend()

# 精度表示 ----------
plt.subplot(1, 3, 2)
# (C) 訓練データの正答率の表示
plt.plot(history.history["accuracy"], "black", label="training")
# (D) テストデータの正答率の表示
plt.plot(history.history["val_accuracy"], "cornflowerblue", label="test")
plt.legend()

# 境界線表示 ----------
plt.subplot(1, 3, 3)
show_data(X_test, T_test)
```

```
x0_n, x1_n = 60, 60  # 等高線表示の解像度
# 表示データの計算
x0 = np.linspace(X0_min, X0_max, x0_n)
x1 = np.linspace(X1_min, X1_max, x1_n)
xx0, xx1 = np.meshgrid(x0, x1)
x = np.c_[xx0.reshape(-1), xx1.reshape(-1)]
y = model.predict(x)  # (E) xに対するモデルの予測yを得る
# 等高線表示
K = 3
for ic in range(K):
    f = y[:, ic]
    f = f.reshape(x1_n, x0_n)
    cont = plt.contour(
        xx0, xx1, f,
        levels=[0.5, 0.9], colors=["cornflowerblue", "black"],
    )
    cont.clabel(fmt="%.2f", fontsize=9)
    plt.xlim(X0_min, X0_max)
    plt.ylim(X1_min, X1_max)
plt.grid()
plt.show()
```

Out

```
# 実行結果は図7.26を参照
```

学習過程における、訓練データの交差エントロピー誤差の時系列情報は、**history.history["loss"]** で参照することができます **(A)**。テストデータの交差エントロピー誤差は、**history.history["val_loss"]** で参照できます **(B)**。

同様に、訓練データの正答率は、**history.history["accuracy"]** で参照でき **(C)**、テストデータの正答率は、**history.history["val_accuracy"]** で参照できます **(D)**。

学習が完了したモデルによる任意の入力 **x** に対する予測は、**model.predict(x)** で得ることができます **(E)**。入力 **x** は **X_train** のようにデータをひとまとめにした行列で、出力もそれに対応した行列になります。

図7.26 (A) から、訓練データの誤差が速やかに減少していることがわかります。ま

た、テストデータの誤差も増加していないことからオーバーフィッティングは起きていないと言えます。図 7.26 (B) は、訓練データとテストデータで正答率を示しています。学習がうまくいっていれば正答率は 1 に近づいていきますが、目的関数とは異なるので、ときには減少するということも起こりえます。正答率はパフォーマンスのよさが直感的にわかるので、ネットワークのパフォーマンスの評価としてよく使われます。図 7.26 (C) には、学習したモデルが、7.2 節のモデルと同様にカテゴリー間の境界をうまく表していることが示されています。

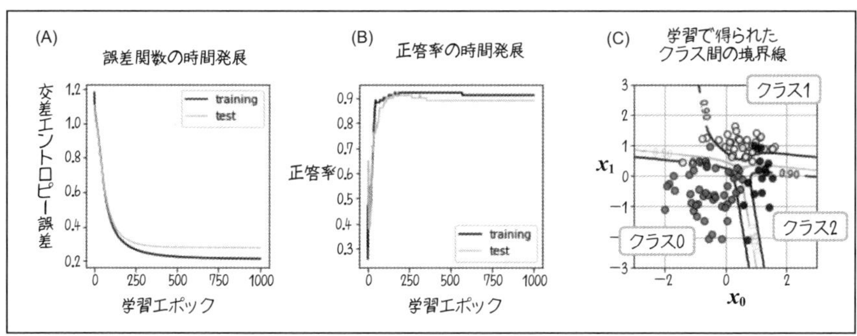

図 7.26：Keras による 2 層フィードフォワードネットワークの実行結果

Keras を使って、これまでのモデルと変わらずに学習させることができました。第 8 章では、手書き数字認識という実践的な内容を解説します。

第8章

ニューラルネットワーク・ディープラーニングの応用（手書き数字の認識）

それではここからは、実践的な問題として、手書き数字（28 × 28 ピクセル、グレースケール画像）をフィードフォワードネットワークに認識させてみましょう。

第 7 章の最後で解説した Keras を使い、単純なネットワークからスタートし、徐々にテクニックを加え、パフォーマンスを上げていきます。

8.1 MNIST データベース

手書き数字のデータセットには、MNIST と呼ばれる有名なデータベースを使います。MNIST は、THE MNIST DATABASE of handwritten（URL http://yann.lecun.com/exdb/mnist/ ）から無料でダウンロードできますが、便利なことに Keras のコードからも簡単に読み込むことができます。次のリスト 8-1-(1) を実行してください。

In
```
# リスト 8-1-(1)
from tensorflow.keras.datasets import mnist


(x_train, y_train), (x_test, y_test) = mnist.load_data()
```

実行すると、60000 個のトレーニング用データ（画像とクラス）が **x_train**、**y_train** に、10000 個のテスト用データが **x_test**、**y_test** に格納されます。

x_train は、60000 × 28 × 28 の配列変数で、各要素は 0-255 の値をとる整数です。*i* 番目の画像は、**x_train[i,:,:]** で取り出すことができます。**y_train** は、各要素が 0-9 の整数値をとる、長さが 60000 の 1 次元配列変数で、**y[i]** には画像 **i** に対応した 0-9 の値が格納されています。

実感を得るために、**x_train** に格納された初めの 3 つの画像をリスト 8-1-(2) で表示してみましょう（図 8.1）。目標データ **y_train** の値は画像の右下に青色の数字で表示されます。

In

```
# リスト 8-1-(2)
%matplotlib inline
import numpy as np
import matplotlib.pyplot as plt


plt.figure(figsize=(12, 3.2))
plt.subplots_adjust(wspace=0.5)
plt.gray()
for id in range(3):
    plt.subplot(1, 3, id + 1)
    img = x_train[id, :, :]
    plt.pcolor(255 - img)  # 白黒を反転して表示
    plt.text(
        24.5, 26, f"{y_train[id]}", color="cornflowerblue", fontsize=18)
    plt.xlim(0, 27)
    plt.ylim(27, 0)
plt.show()
```

Out

```
# 実行結果は図 8.1 を参照
```

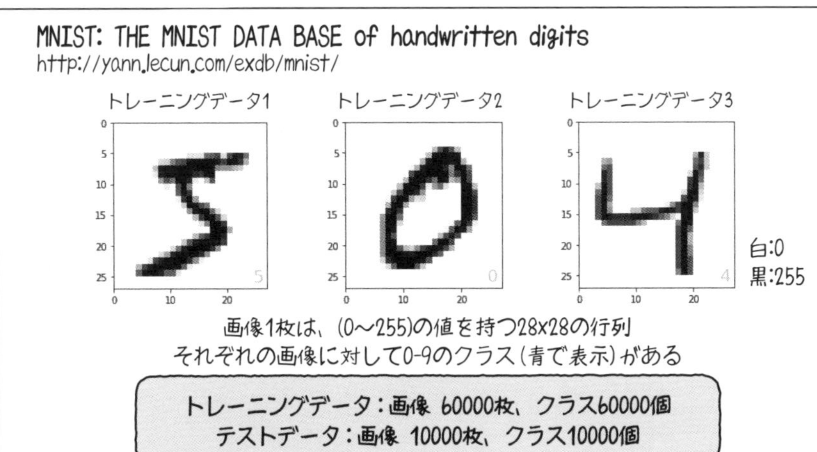

図 8.1:MNIST 手書き数字データベース

8.2 2層フィードフォワードネットワークモデル

それでは、まず第7章で扱ったような2層フィードフォワードネットワークモデルで、この手書き数字のクラス分類問題がどれくらいできるのかを見てみましょう。まず、リスト8-1-(3)でデータを使いやすい形に変えます。

In
```
# リスト 8-1-(3)
from tensorflow.keras.utils import to_categorical


# 訓練データの前処理
x_train = x_train.reshape(60000, 784)              # (A)
x_train = x_train.astype("float32")                # (B)
x_train = x_train / 255                            # (C)
y_train = to_categorical(y_train, num_classes=10)  # (D)
# テストデータの前処理
x_test = x_test.reshape(10000, 784)
x_test = x_test.astype("float32")
x_test = x_test / 255
y_test = to_categorical(y_test, num_classes=10)
```

リスト8-1-(3)の解説です。このネットワークでは、28 × 28の画像データを784の長さのベクトルとして扱います。そこで、60000 × 28 × 28 の配列を、60000 × 784 の配列に変換します **(A)**。また、入力は実数値として扱いたいので、int型をfloat型に変換し **(B)**、255で割って **(C)**、0 ～ 1の実数値に変換します。**y_train** の要素は0-9の整数値ですが、**to_categorical()** というKerasの関数を使って1-of-K符号化法に変更します **(D)**。同様に、**x_test** と **y_test** にも同じ変更を施します。

これでデータの準備は整いました。次に、本題のネットワークモデルを考えましょう（図8.2）。

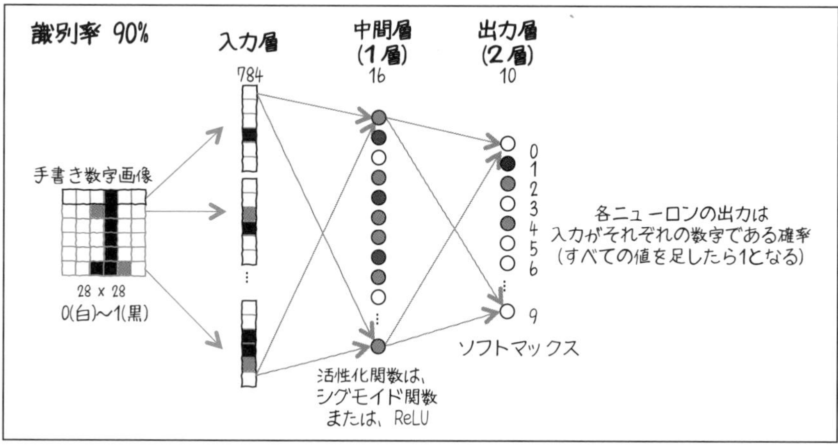

図 8.2：手書き数字認識用　2 層フィードフォワードネットワーク

入力は 784 次元のベクトルです。ネットワークの出力層は、10 種類の数字の分類ができるように 10 個のニューロンとし、それぞれのニューロンの出力値が確率を表すように活性化関数にはソフトマックスを使います。入力と出力をつなぐ中間層は、16 個とし、その活性化関数は、7.2 節で扱ってきたようにシグモイド関数としましょう。リスト 8-1-(4) でこのネットワークを定義します。

In

```
# リスト 8-1-(4)
import tensorflow
from tensorflow.keras.models import Sequential
from tensorflow.keras.layers import Dense

tensorflow.random.set_seed(seed=1)                    # (A) 乱数の固定

# モデルの定義 ----------
model = Sequential()                                              # (B)
model.add(Dense(units=16, input_dim=784, activation="sigmoid"))  # (C)
model.add(Dense(units=10, activation="softmax"))                  # (D)
model.compile(                                                    # (E)
    loss="categorical_crossentropy", optimizer="adam",
    metrics=["accuracy"],
)
```

初めに **(A)** で TensorFlow で使用される乱数の固定（seed 値の設定）を行っています。この命令文によって、実行するたびに同じ結果が再現されるようになります。

(B) で、**model** を **Sequential()** で定義し、784 次元を入力に持つ 16 個の中間層 **(C)**、10 個の出力層 **(D)** を定義しています。

(E) の **model.compile()** の引数で、**optimizer="adam"** として、アルゴリズムを Adam に設定しました。**Adam**（Adaptive moment estimation）は 2015 年にキングマ氏等が発表したアルゴリズムで、勾配法をより洗練させたものです。

それでは、リスト 8-1-(5) で学習をさせてみます。

In

```
# リスト 8-1-(5)
import time


# 学習 ----------
start_time = time.time()
history = model.fit(
    x_train, y_train,
    batch_size=1000, epochs=10, verbose=1,  # (A)
    validation_data=(x_test, y_test),
)
score = model.evaluate(x_test, y_test, verbose=0)
calculation_time = time.time() - start_time


# 結果表示 ----------
print(f"Test loss: {score[0]:.4f}")
print(f"Test accuracy: {score[1]:.4f}")
print(f"Calculation time:{calculation_time:.2f} sec")
```

Out

```
Epoch 1/10
60/60 [==============================] - 1s 9ms/step - loss: 1.9521 -
accuracy: 0.4804 - val_loss: 1.6529 - val_accuracy: 0.7004
Epoch 2/10
60/60 [==============================] - 0s 7ms/step - loss: 1.4853 -
accuracy: 0.7453 - val_loss: 1.3127 - val_accuracy: 0.7970
（・・・略・・・）
```

```
Epoch 10/10
60/60 [==============================] - 0s 6ms/step - loss: 0.5022 -
accuracy: 0.8949 - val_loss: 0.4772 - val_accuracy: 0.9000
Test loss: 0.4772
Test accuracy: 0.9000
Calculation time:6.06 sec
```

実行すると、**(A)** で **verbose=1** と設定したのでエポックごとの学習の評価値が表示され、最後に、テストデータでの交差エントロピー誤差（Test loss）、正答率（Test accuracy）、計算時間（Calculation time）が表示されます。

ここで、7.3 節でも触れましたが、**(A)** の **batch_size**、**epochs** について補足しておきます。これまでは、すべてのデータセットに対する誤差関数の勾配を、更新の 1 ステップごとに計算していましたが、データが大きいとその計算にとても時間がかかってしまいます。そのような場合には、データの一部で誤差関数の勾配を計算する、**確率的勾配法**という方法が使われます。この 1 回の更新に使うデータの大きさが**バッチサイズ**（**batch_size**）で、**(A)** の **batch_size=1000** で指定しています。このように指定すると、更新するごとに別な 1000 個のデータセットから勾配が計算されてパラメータが更新されていきます。

一部のデータセットで計算される勾配方向は、全体のデータセットから計算される真の勾配方向とは若干異なります。つまり、全体の誤差が最小になる方向へまっすぐ進んでいくのではなく、若干ノイズの影響を受けているかのようにふらつきながら、徐々に誤差の低い方向へ進んでいくことになります（図 8.3）。

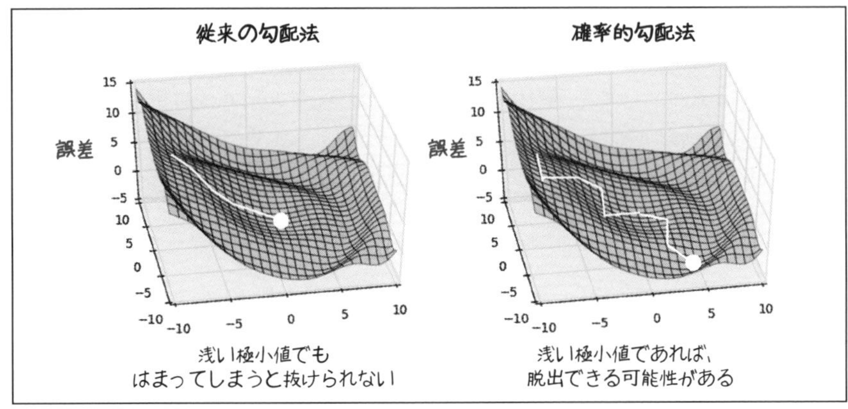

図 8.3：確率的勾配法のイメージ

従来の勾配法では、いったん局所解にはまってしまうと、それがどんなに浅くても抜け出ることはできません。一方、確率的勾配法の場合は、「ふらつきの効果のおかげで局所解を抜け出せることもありえる」という、うれしい性質があります。

(A) での**エポック数**（**epochs**）は、学習の更新回数を決めるパラメータです。例えば、訓練データが 60000 個で、**batch_size** を 1000 とした場合、学習データをすべて使うのに 60 回のパラメータ更新が行われますが、これを 1 エポックと呼びます。エポックを **epochs=10** と指定するとその 10 倍ですので、600 回のパラメータ更新が行われることになります。

(A) での **verbose=1** は、学習過程の表示の指定です。この指定で、学習の進行具合が表示され、エポックごとに、誤差、精度、計算時間が表示されます（表示させたくない場合は **verbose=0** とします）。

筆者のノート PC では、約 6 秒で計算が終わりました。**Test accuracy : 0.9000** は、テストデータでの正答率です。つまり、90.00% のテストデータで正答できたことを示しています。

オーバーフィッティングが起きていなかったかを確認するために、テストデータの誤差の時間発展をリスト 8-1-(6) で見てみましょう。

In
```
# リスト 8-1-(6)
plt.figure(figsize=(10, 4))
plt.subplots_adjust(wspace=0.5)


# 交差エントロピー誤差の表示 ----------
```

```
plt.subplot(1, 2, 1)
plt.plot(history.history["loss"], "black", label="training")
plt.plot(history.history["val_loss"], "cornflowerblue", label="test")
plt.legend()
plt.xlabel("epoch")
plt.ylabel("loss")
plt.ylim(0, 10)
plt.grid()

# 正答率の表示 ----------
plt.subplot(1, 2, 2)
plt.plot(history.history["accuracy"], "black", label="training")
plt.plot(history.history["val_accuracy"], "cornflowerblue", label="test")
plt.legend()
plt.xlabel("epoch")
plt.ylabel("acc")
plt.ylim(0, 1)
plt.grid()
plt.show()
```

Out

```
# 実行結果は図 8.4 を参照
```

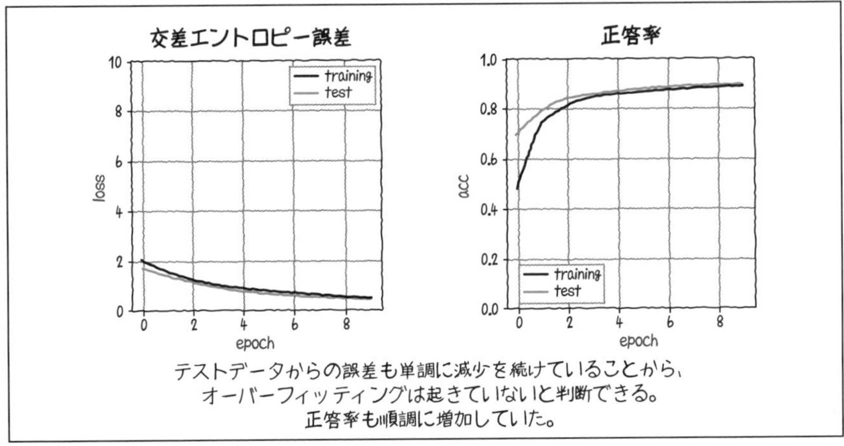
交差エントロピー誤差
正答率
training
test
loss
acc
epoch
テストデータからの誤差も単調に減少を続けていることから、
オーバーフィッティングは起きていないと判断できる。
正答率も順調に増加していた。

図 8.4：2 層フィードフォワードネットワークモデルの誤差と正答率の変化

出力結果を図 8.4 で見てみましょう。オーバーフィッティングは起きていないようですね。

さて 90.00% という精度は、よいほうなのでしょうか？　それとも、いまいちな結果なのでしょうか？　次に、実際のテストデータを入力したときのモデルの出力を以下のリスト 8-1-(7) で見てみましょう。

In

```
# リスト 8-1-(7)
def show_prediction():
    # テストデータに対する出力を計算 ----------
    n_show = 96
    # (A) y は n_show x 10 の行列
    y = model.predict(x_test[:n_show, :])

    # 結果の描画 ----------
    plt.figure(figsize=(12, 8))
    for i in range(n_show):
        x = x_test[i, :]
        x = x.reshape(28, 28)
        # y[i, j] の j=0 ～ 9 にはそれぞれの数字に対する確率が入っている
        # 最も確率が大きい数字を予測した数値とする
        prediction = np.argmax(y[i, :])
```

```
        plt.subplot(8, 12, i + 1)
        plt.gray()
        plt.pcolor(1 - x)  # 入力画像の表示（白黒を反転）
        plt.text(22, 25.5, f"{prediction}", fontsize=12)
        if prediction != np.argmax(y_test[i, :]):
            plt.plot(  # 間違っていた場合の青い線の表示
                [0, 27], [1, 1], "cornflowerblue", linewidth=5)
        plt.xlim(0, 27)
        plt.ylim(27, 0)
        plt.xticks([], "")  # x 軸の目盛りを消す
        plt.yticks([], "")  # y 軸の目盛りを消す


# メイン ----------
show_prediction()
plt.show()
```

Out

```
# 実行結果は図 8.5 を参照
```

右下の数字はネットワークの出力を示す。青の横線は不正解だった場合。

図 8.5：2 層フィードフォワードネットワークモデルのテストデータに対する出力結果

(A) の **y = model.predict(x_test[:n_show, :])** で、テストデータの始めの

n_show 個分（96 個）に対するモデルの出力 **y** が得られます（図 8.5）。

このようにモデルのパフォーマンスを直接見るのも重要ですね。モデルの働きを実感できます。大体うまくいっているようにも見えますが、間違った結果は、8 個もありました。それらの数字に目を向けてみると、確かに読みにくい文字もありますが、どう見ても 3 なのに 2 と答えてしまっていたり、逆に 2 にしか見えないのに 3 と答えてしまっているケースもあります。そうなると、この精度は、あまり満足のいかないレベルと言えるでしょう。

8.3 ReLU 活性化関数

活性化関数にはシグモイド関数が伝統的に使われてきましたが、今では ReLU（Rectified Linear Unit）と呼ばれる活性化関数もよく使われています（図 8.6）。2015 年、ヤン氏、ベンジオ氏、ヒントン氏が論文誌『ネイチャー』で発表した論文では、ReLU が活性化関数として最善だとしています。（Yann, Bengio, and Hinton, 2015）。

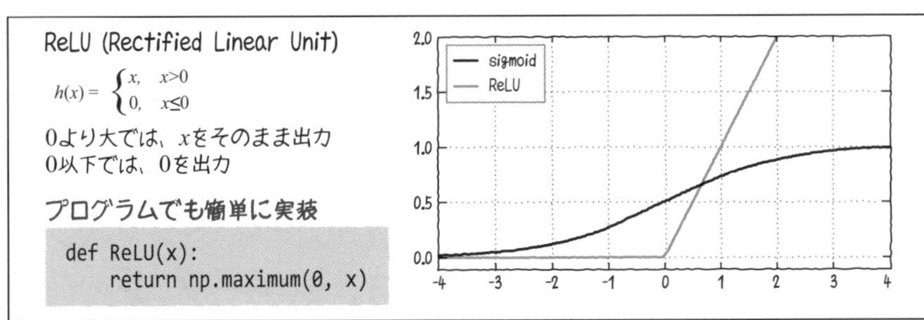

図 8.6：ReLU 活性化関数

シグモイド関数は、入力の x がある程度大きくなると常に 1 に近い値を出力するので、入力の変化が出力に反映されにくくなります。その結果、誤差関数の重みパラメータに関する偏微分が 0 に近い値になり、勾配法による学習が遅くなるという問題点がありました。しかし、ReLU を使うことで、入力が正であれば学習の停滞の問題は回避されます。また、プログラム上では **np.maximum(0, x)** として簡単に表すことができるので、計算が速いという利点もあります。

早速、先ほどのネットワークの中間層の活性化関数を ReLU に変えて実行してみましょう。リスト 8-1-(8) です。リスト 8-1-(4) とリスト 8-1-(5) を合わせて、中間層の **activation** を **"sigmoid"** から **"relu"** に変えただけです **(A)**。

In

```
# リスト 8-1-(8)
tensorflow.random.set_seed(seed=1)  # 乱数の固定
# モデルの定義 -----------
model = Sequential()
model.add(Dense(units=16, input_dim=784, activation="relu"))  # (A)
model.add(Dense(units=10, activation="softmax"))
model.compile(
    loss="categorical_crossentropy",
    optimizer="adam", metrics=["accuracy"],
)
# 学習 ----------
start_time = time.time()
history = model.fit(
    x_train, y_train,
    batch_size=1000, epochs=10, verbose=1,
    validation_data=(x_test, y_test),
)
score = model.evaluate(x_test, y_test, verbose=0)
calculation_time = time.time() - start_time

# 結果表示 ----------
print(f"Test loss: {score[0]:.4f}")
print(f"Test accuracy: {score[1]:.4f}")
print(f"Calculation time:{calculation_time:.2f} sec")
```

Out

```
Epoch 1/10
60/60 [==============================] - 1s 10ms/step - loss: 1.3740 -
accuracy: 0.6429 - val_loss: 0.7304 - val_accuracy: 0.8465
(・・・略・・・)
Epoch 10/10
60/60 [==============================] - 0s 6ms/step - loss: 0.2515 -
accuracy: 0.9291 - val_loss: 0.2470 - val_accuracy: 0.9279
Test loss: 0.2470
Test accuracy: 0.9279
```

```
Calculation time:5.05 sec
```

シグモイド関数を使った場合では 90.00% だった精度が 92.79% にまで、約 3% 上がりました。

この後で、リスト 8-1-(7) で定義した **show_prediction()** を実行すると（リスト 8-1-(9)）、テストデータでの認識の例を見ることができます。

In
```
# リスト 8-1-(9)
show_prediction()
plt.show()
```

Out
```
# 実行結果は図 8.7 を参照
```

右下の数字はネットワークの出力を示す。青の横線は不正解だった場合。

図 8.7：ReLU を使った 2 層フィードフォワードネットワークモデルの出力結果

図 8.7 で詳しく見てみましょう。はじめの 96 個のデータの中では、誤認識は 5 個に減りました。数値上では、たった 3% の向上とも言えますが、実際のパフォーマンスを見てみると、3% とは大きな改善であったことが実感できます。しかし、まだ、ふがいなさも残ります。

さて、このネットワークはどのようなパラメータを獲得したのでしょうか？　ネットワークモデルの中間層の重みパラメータは、**model.layers[0].get_weights()**

[0] で取得することができます。バイアスパラメータは、**model.layers[0].get_weights()[1]** で取得できます。また、出力層のパラメータは、**layers[0]** の部分を **layers[1]** とすれば取得できます。それでは、中間層の重みパラメータを図示するために、リスト 8-1-(10) を実行しましょう。

In

```
# リスト 8-1-(10)
# 1 層目の重みの視覚化
ws = model.layers[0].get_weights()[0]
plt.figure(figsize=(12, 3))
plt.gray()
plt.subplots_adjust(wspace=0.35, hspace=0.5)
for i in range(16):
    plt.subplot(2, 8, i + 1)
    w = ws[:, i]
    w = w.reshape(28, 28)
    plt.pcolor(-w)
    plt.title(f"{i}")
    plt.xlim(0, 27)
    plt.ylim(27, 0)
    plt.xticks([], "")
    plt.yticks([], "")
plt.show()
```

Out

```
# 実行結果は図 8.8 を参照
```

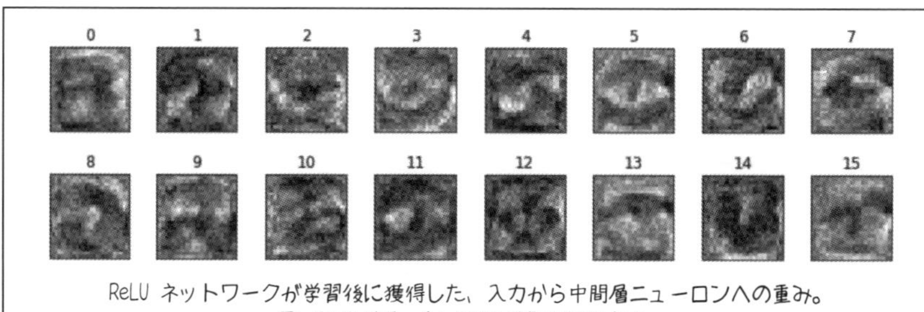
0
1
2
3
4
5
6
7
8
9
10
11
12
13
14
15
ReLU ネットワークが学習後に獲得した、入力から中間層ニューロンへの重み。
黒い部分が正、白い部分が負の値を表す。
黒い部分に入力イメージがあると、そのユニットは活性し、
逆に、白い部分に入力イメージがあるとユニットは抑制される。

図 8.8：2 層フィードフォワードネットワークモデルの中間層ニューロンの重み

図 8.8 のような不思議な模様の図が得られました。詳しく見ていきましょう。

これは、28 × 28 の入力から中間層の 16 個のニューロンへの重みを図示しています。重みの値が正の場合が黒で、負の場合は白で表しています。もともとは重みはランダムに設定されていましたので、この模様は学習によって獲得されたものと考えられます。黒い部分に文字の一部があると、そのニューロンは活性し、白い部分に文字の一部があると、抑制されます。例えば、1 番のニューロンの重みは、全体にうっすらと 2 に見える形が黒く現れています。つまり、このニューロンは、2 のような画像で活動を上げるニューロンなのです。おそらく、“2” を認識するのに役立っているのでしょう。その他のニューロンも、何らかの数字の形の特徴に反応するようになっているようです。

さて、単純なフィードフォワードネットワークモデルでも、約 93% の精度を出せることがわかりましたが、更に精度を上げるにはどうしたらよいでしょうか？　中間層のニューロンを増やす方法も期待できるでしょう。しかし、もっと根本的な問題があります。実は、このモデルは、「入力は 2 次元画像」という空間の情報を全く使っていないのです。

28 × 28 の入力画像は、長さが 784 のベクトルに展開してネットワークに入力しています。画素の並ぶ順番は、ネットワークのパフォーマンスに全く関係がありません。例えば、すべてのデータセットに対して、画像の位置 (1,1) のピクセル値と (3,5) のピクセル値を取り換えたとしても、全く同じ精度で学習ができるのです。このような変換を何度もして、1 つ 1 つの画像がもはや砂嵐状態になってしまったとしても、やはり、パフォーマンスは変わらないのです（図 8.9）。

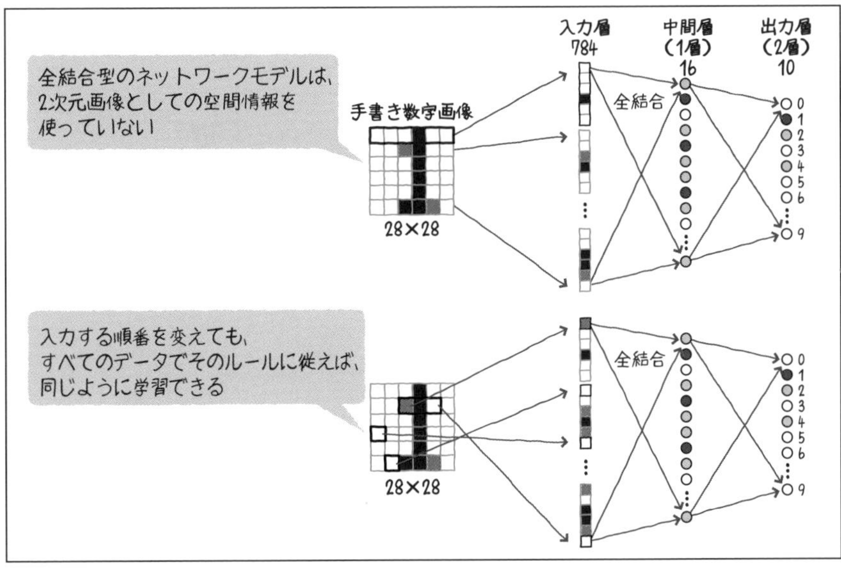

図 8.9：2 層フィードフォワードネットワークは空間情報を使っていない

その理由は、ネットワークの構造が全結合型であり、すべての入力成分が対等の関係にあるからです。隣同士の入力成分も離れた入力成分も数式の上では全く一緒の関係なのです。このことから、空間の情報が使われていないとわかります。

8.4 空間フィルター

それでは、空間の情報とは具体的には一体なんでしょうか？　それは、直線や、カーブする曲線、円や四角など、形を表す情報です。このような形を取り出す方法として、**空間フィルター**という画像処理法があります。

フィルターは、2 次元の行列で表されます。例えば、縦のエッジを強調する 3 × 3 のフィルターの例を図 8.10 に示しました。画像の一部とフィルターの要素の積の和を、画像をスライドさせながら画像の全領域で求めていきます。このような計算を、**畳み込み演算 (Convolution)** と呼びます。

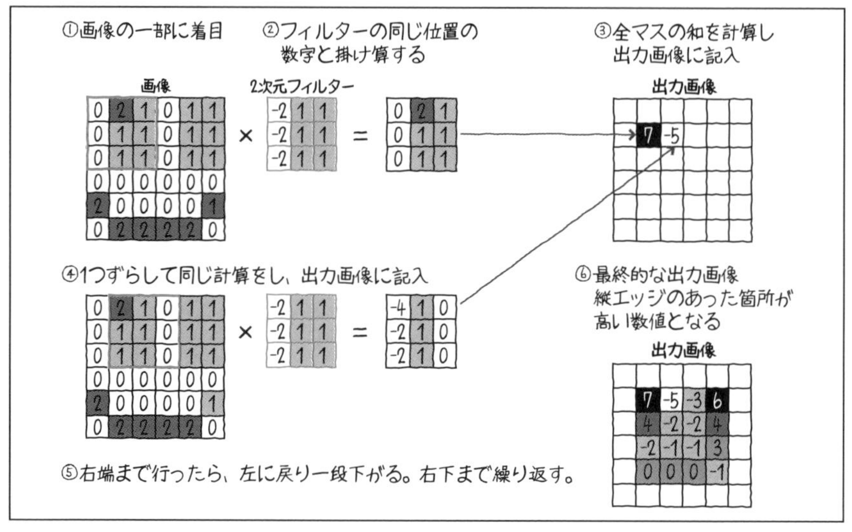

図 8.10：縦エッジを検出する 2 次元フィルター、畳み込み演算

元画像の位置 (i, j) のピクセル値を $x(i, j)$ 、3 × 3 のフィルターを $h(i, j)$ としたら、畳み込み演算で得られる値 $g(i, j)$ は、式 8-1 となります。

$$g(i,j)=\sum_{u=-1}^{1}\sum_{v=-1}^{1}x(i+u,j+v)\,h(u+1,v+1) \tag{8-1}$$

フィルターの大きさは、3 × 3 だけでなく任意に決めることができますが、5 × 5、7 × 7 など、中心を決められる奇数の幅が使いやすいでしょう。

それでは、実際の手書き数字に、畳み込み演算をしてみます。画像データを 1 次元から 2 次元に変えるために、ここでいったんメモリーをリセットします。以下のように入力すると確認が表示されますので、[y] キーを押して、[Enter] キー を押します。

In
```
%reset
```

Out
```
Once deleted, variables cannot be recovered. Proceed (y/[n])?
```

再び MNIST データを読み込みますが、今度は、(data index) × 28 × 28 のまま使います（リスト 8-2-(1)）。値は、0 ～ 1 の float にします。**y_test** と **y_train** は前回同様に 1-of-K 符号化法に変換しておきます。

In

```
# リスト 8-2-(1)
import numpy as np
from tensorflow.keras.datasets import mnist
from tensorflow.keras.utils import to_categorical


# mnist データのロード
(x_train, y_train), (x_test, y_test) = mnist.load_data()
# 訓練データの前処理
x_train = x_train.reshape(60000, 28, 28, 1)
x_train = x_train.astype("float32")
x_train = x_train / 255
y_train = to_categorical(y_train, num_classes=10)
# テストデータの前処理
x_test = x_test.reshape(10000, 28, 28, 1)
x_test = x_test.astype("float32")
x_test = x_test / 255
y_test = to_categorical(y_test, num_classes=10)
```

それでは、以下のリスト 8-2-(2) で縦と横のエッジを強調する 2 つのフィルターを訓練データの 3 番目の "4" に適用してみましょう。フィルターはコード中の **(A)** と **(B)** で、**myfil1** と **myfil2** として定義しています。

In

```
# リスト 8-2-(2)
%matplotlib inline
import matplotlib.pyplot as plt


# フィルターの準備 ----------
myfil1 = np.array([[ 1,  1,  1],                  # (A)
                   [ 1,  1,  1],
                   [-2, -2, -2]], dtype=float)
myfil2 = np.array([[-2,  1,  1],                  # (B)
                   [-2,  1,  1],
                   [-2,  1,  1]], dtype=float)
```

```
# 入力画像の準備 ----------
id_img = 2  # 使用する画像のインデックス
x_img = x_train[id_img, :, :, 0]
img_h = 28
img_w = 28
x_img = x_img.reshape(img_h, img_w)  # 入力画像
out_img1 = np.zeros_like(x_img)  # myfil1 の出力用の行列を準備
out_img2 = np.zeros_like(x_img)  # myfil2 の出力用の行列を準備

# フィルター処理 ----------
for ih in range(img_h - 3 + 1):
    for iw in range(img_w - 3 + 1):
        img_part = x_img[ih : ih + 3, iw : iw + 3]
        out_img1[ih + 1, iw + 1] \
            = img_part.reshape(-1) @ myfil1.reshape(-1)
        out_img2[ih + 1, iw + 1] \
            = img_part.reshape(-1) @ myfil2.reshape(-1)

# 表示 ----------
plt.figure(figsize=(12, 3.2))
plt.subplots_adjust(wspace=0.5)
plt.gray()
# 元画像
plt.subplot(1, 3, 1)
plt.pcolor(1 - x_img)
plt.xlim(-1, 29)
plt.ylim(29, -1)
# myfil1 の適用
plt.subplot(1, 3, 2)
plt.pcolor(-out_img1)
plt.xlim(-1, 29)
plt.ylim(29, -1)
# myfil2 の適用
plt.subplot(1, 3, 3)
```

```
plt.pcolor(-out_img2)
plt.xlim(-1, 29)
plt.ylim(29, -1)
plt.show()
```

Out

```
# 実行結果は図 8.11 を参照
```

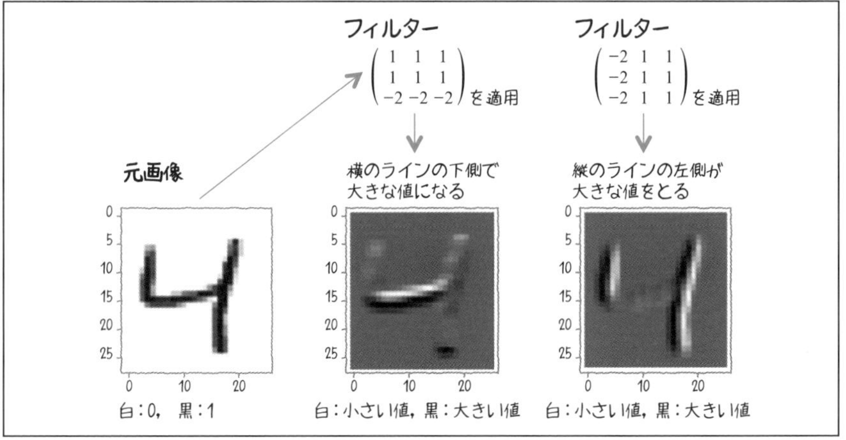

図 8.11：2 次元フィルターを手書き数字データに適用

図 8.11 のような画像が出力されたと思います。例では縦と横のエッジを強調するようなフィルターを試しましたが、フィルターの数値を変えることにより、斜めのエッジの強調、画像の平滑化、細かい部分の強調など、様々な処理が可能です。ところで、図 8.11 のフィルターは、すべての要素を足したら 0 になるようにデザインしています。こうすると、何も空間構造のない均一な部分は 0 に変換され、フィルターで抽出したい構造があった場合には 0 以上の値に変換されることになり、0 を検知レベルの基準とすることができて便利です。

ところで、フィルターを適用すると出力画像のサイズは一回り小さくなりますが、これは不便な場合もあります。例えば、連続的に様々なフィルターを適用すると、画像がどんどん小さくなってしまいます。この対応策として、**パディング**という方法があります（図 8.12）。

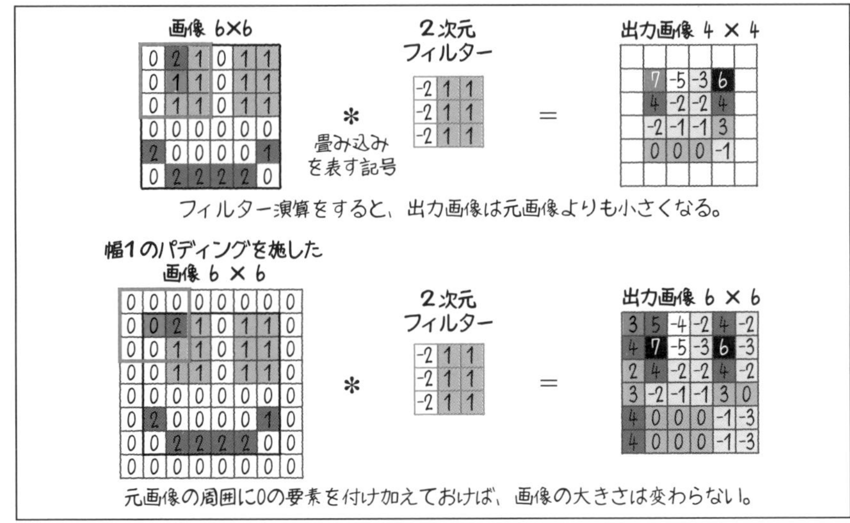

図 8.12：パディング

パディングとは、フィルターを適用する前に、0などの固定した要素で周囲を水増ししておく方法です。3 × 3 のフィルターを適用する場合には、幅 1 のパディングを施せば画像サイズは変わりません。5 × 5 の場合には、幅 2 のパディングをすればよいでしょう。

パディングに加えて、フィルター処理に関わるパラメータがもう 1 つあります。これまでは、フィルターは 1 つの間隔でずらしていましたが、2 でも 3 でも、任意の間隔でずらすことができます。この間隔を**ストライド**と呼びます（図 8.13）。ストライドを大きくすると出力画像は小さくなります。パディングやストライドの値は、ライブラリで畳み込みネットワークを使う際、引数として渡すことになります。

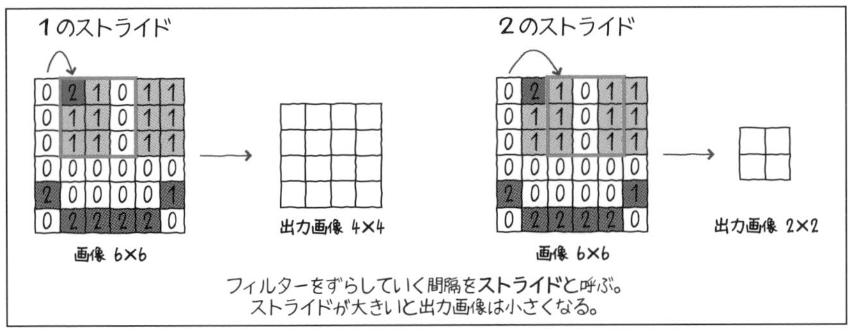

図 8.13：ストライド

8.5 畳み込みニューラルネットワーク

フィルターをニューラルネットワークに応用する準備が整いました。フィルターを使ったニューラルネットワークを**畳み込みニューラルネットワーク**、または、**コンボリューションニューラルネットワーク**（Convolution Neural Network：**CNN**）と呼びます。

フィルターに当てはめる数値によって様々な画像処理ができますが、CNN では、そのフィルター自体を学習させます。まず、フィルター 8 枚を使った単純な CNN を作ってみましょう。図 8.14 に示したように、入力画像に対して、大きさ 3 × 3、パディング 1、ストライド 1 のフィルターを 8 枚適用します。1 枚のフィルターの出力は 28 × 28 の配列となるので、全部で、28 × 28 × 8 の 3 次元配列となりますが、これを 1 次元の長さ 6272 の配列に展開し、全結合で 10 個の出力層ニューロンに結合します。

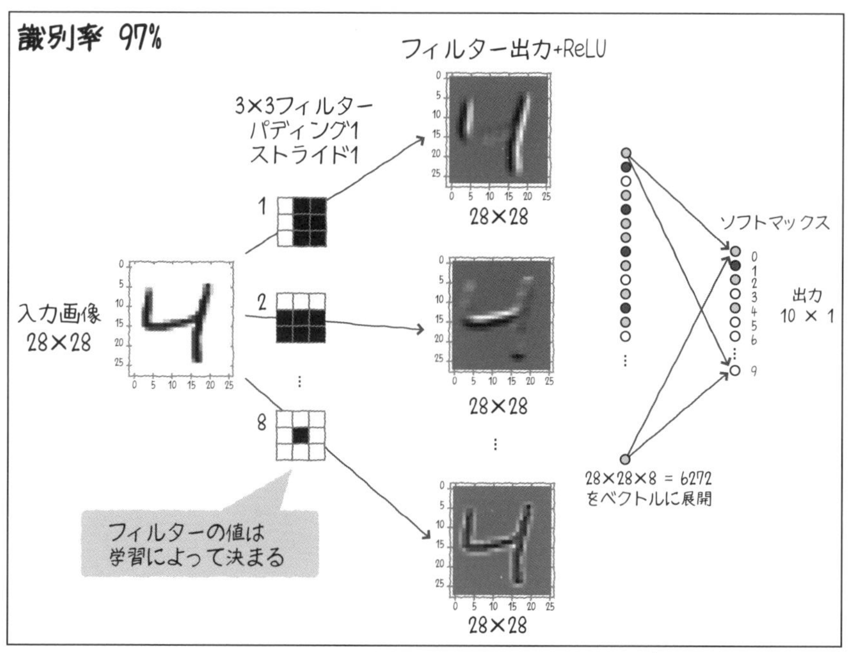

図 8.14：2 層畳み込みニューラルネットワーク

それでは、リスト 8-2-(3) で、CNN を Keras で実装します。

In

```
# リスト 8-2-(3)
import tensorflow
from tensorflow.keras.models import Sequential
from tensorflow.keras.layers import Conv2D, MaxPooling2D
from tensorflow.keras.layers import Dropout, Flatten, Dense
import time

tensorflow.random.set_seed(seed=1)  # 乱数の固定

# モデルの定義 ----------
model = Sequential()
model.add(
    Conv2D(                          # (A) コンボリューション層
        filters=8, kernel_size=(3, 3),
        padding="same", input_shape=(28, 28, 1),
        activation="relu",
    )
)
model.add(Flatten())                 # (B) 平滑化層
model.add(Dense(units=10, activation="softmax"))
model.compile(
    loss="categorical_crossentropy",
    optimizer="adam", metrics=["accuracy"],
)

# 学習 ----------
start_time = time.time()
history = model.fit(
    x_train, y_train,
    batch_size=1000, epochs=20, verbose=1,
    validation_data=(x_test, y_test),
)
```

```
score = model.evaluate(x_test, y_test, verbose=0)
calculation_time = time.time() - start_time

# 結果表示 ----------
print(f"Test loss: {score[0]:.4f}")
print(f"Test accuracy: {score[1]:.4f}")
print(f"Calculation time:{calculation_time:.2f} sec")
```

Out

```
Epoch 1/20
60/60 [==============================] - 9s 141ms/step - loss: 0.9050 -
accuracy: 0.7897 - val_loss: 0.3645 - val_accuracy: 0.8996
Epoch 2/20
60/60 [==============================] - 8s 128ms/step - loss: 0.3273 -
accuracy: 0.9067 - val_loss: 0.2809 - val_accuracy: 0.9214
(・・・略・・・)
60/60 [==============================] - 9s 143ms/step - loss: 0.0520 -
accuracy: 0.9854 - val_loss: 0.0682 - val_accuracy: 0.9784
Test loss: 0.0682
Test accuracy: 0.9784
Calculation time:171.98 sec
```

リスト 8-2-(3) の新しい部分を解説します。まず、**(A)** でコンボリューション層 **Conv2D()** を **model** に付加しています。

```
model.add(
    Conv2D(                          # (A) コンボリューション層
        filters=8, kernel_size=(3, 3),
        padding="same", input_shape=(28, 28, 1),
        activation="relu",
    )
)
```

最初の引数 **filters=8, kernel_size=(3, 3)** は、「3 × 3 のフィルターを 8 枚使う」という意味です。**padding="same"** は、出力サイズが変わらないようにパディングを付加して処理するという意味になります。**input_shape=(28, 28, 1)** は、入力画像のサイズです。今は白黒画像を扱っているので、最後の引数を **1** にしています。カラー画像を入力する場合には **3** と指定します。**activation="relu"** はフィルターをかけた後の画像に ReLU 活性化関数を通すという指定です。デフォルトでは、バイアス入力も指定されています。バイアスは、各フィルターに 1 変数ずつ割り当てられます。また、フィルターの学習前の初期値はランダムに設定され、バイアスの初期値は 0 に設定されます。

コンボリューション層の出力は 4 次元であり、そのサイズは（バッチ数、フィルター数、出力画像の縦幅、出力画像の横幅）となっています。これを、次の出力層（Dense 層）に入れるには、（バッチ数、フィルター数×出力画像縦幅×出力画像横幅）の 2 次元にしなくてはいけません。この変換は、平滑化層（Flatten）と呼ばれる特別な層を **model.add(Flatten())** で加えることで行っています **(B)**。

さて、実行結果を見てみましょう。筆者の PC では計算は約 171 秒で終わりました。なんと、正答率は 97.84% です。前回の 2 層 ReLU ネットワークでは、92.79% でしたので、かなり改善しました。

リスト 8-1-(7) で定義した **show_prediction()** は、**%reset** してしまっているので、再び実行し定義しておきます（リスト 8-1-(7) の **#　メイン　-----** の手前までをコピーし、新しいセルにペーストして実行）。そしてリスト 8-2-(4) のコマンドを実行して、テストデータの予測の例を表示します。

In

```
# リスト 8-2-(4)
show_prediction()
plt.show()
```

Out

```
# 実行結果は図 8.15 を参照
```

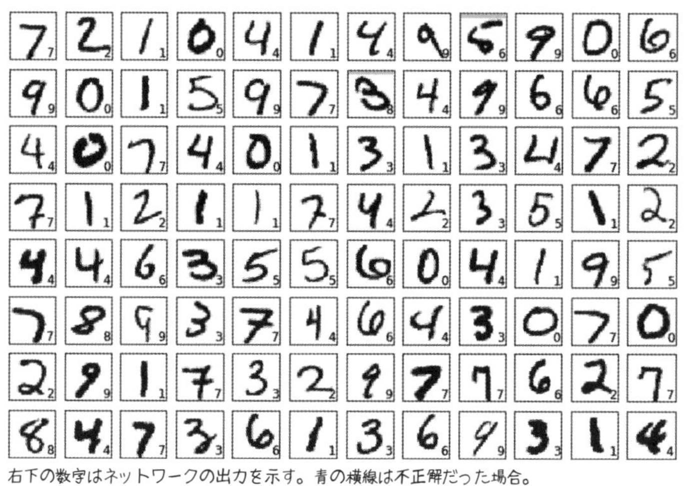

右下の数字はネットワークの出力を示す。青の横線は不正解だった場合。

図 8.15：2 層畳み込みネットワークモデルのテストデータに対する出力結果

この 96 個の中では誤認識はたった 2 つとなりました（図 8.15）。

学習で獲得した 8 枚のフィルターもリスト 8-2-(5) で見てみましょう。

In

```
# リスト 8-2-(5)
plt.figure(figsize=(12, 2.5))
plt.subplots_adjust(wspace=0.2, hspace=0.2)


# 入力画像 (original) の表示 ----------
id_img = 12  # 使用する画像のインデックス
x_img = x_test[id_img, :, :, 0]
img_h, img_w = 28, 28  # 画像サイズ
x_img = x_img.reshape(img_h, img_w)
plt.subplot(2, 9, 10)
plt.gray()
plt.pcolor(-x_img)
plt.title("Original")
plt.xlim(0, img_h)
plt.ylim(img_w, 0)
plt.xticks([], "")
```

```
plt.yticks([], "")

# フィルターとフィルター処理した画像の表示 ----------
ws = model.layers[0].get_weights()[0]  # (A) フィルターの重み取得
max_w, min_w = np.max(ws), np.min(ws)  # 重みの最大最小値
for i in range(8):
    # フィルターの準備
    w = ws[:, :, 0, i]
    w = w.reshape(3, 3)
    # フィルターの表示
    plt.subplot(2, 9, i + 2)
    plt.pcolor(-w, vmin=min_w, vmax=max_w)
    plt.xlim(0, 3)
    plt.ylim(3, 0)
    plt.xticks([], "")
    plt.yticks([], "")
    plt.title(f"{i}")
    # フィルター処理した画像の作成
    out_img = np.zeros_like(x_img)
    for ih in range(img_h - 3 + 1):  # フィルター処理
        for iw in range(img_w - 3 + 1):
            img_part = x_img[ih : ih + 3, iw : iw + 3]
            out_img[ih + 1, iw + 1] = \
                img_part.reshape(-1) @ w.reshape(-1)
    # フィルター処理した画像の表示
    plt.subplot(2, 9, i + 11)
    plt.pcolor(-out_img)
    plt.xlim(0, img_w)
    plt.ylim(img_h, 0)
    plt.xticks([], "")
    plt.yticks([], "")
plt.show()
```

Out

```
# 実行結果は図 8.16 を参照
```

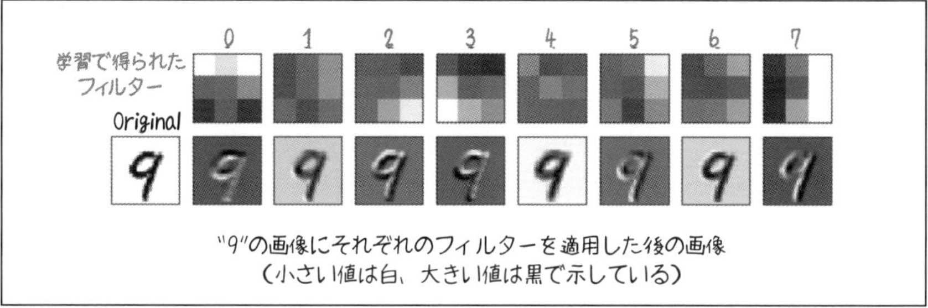

図 8.16：2 層畳み込みネットワークの学習で得られたフィルターとその適用画像

結果を図 8.16 に示しました。また、テストデータ **x_test** の中で 13 番目（インデックスは 12）の "9" の画像を適用した例も表示しましょう。

わかりやすいところで見ると、0 番のフィルターは、横線の上側のエッジを強調し、7 番のフィルターは縦線の右側のエッジを強調する機能があるようです。このようなフィルターが自動的に学習されるのは興味深いですね。

畳み込みネットワークがどのようにして 2 次元の空間情報を取り入れるか、実感できましたでしょうか？　畳み込みネットワークは、もちろん手書き数字だけではなく、文字認識や画像認識などでも力を発揮します。

8.6 プーリング

畳み込み層によって、2次元画像が持つ特徴を利用することができましたが、画像認識に関して、もう1つ重要なことがあります。それは、画像の位置ずれに対する頑強さです。例えば、手書き文字"2"を1ピクセルだけずらした画像を入力した場合でも、各配列に対する数値は完全に変化してしまいます。人間の目からすると、ほとんど同一と言える入力なのに、ネットワークとしては完全に別なパターンと認識されてしまうのです。これは、CNNを使ったとしても同様です。この問題を解決する方法として、**プーリング**という処理があります。

図8.17に2×2の**最大プーリング**（max pooling）と呼ばれる方法の例を示しました。入力画像内の2×2の小領域に着目し、最も大きい数値を出力値とします。小領域は、ストライド2でずらし、同様の処理を繰り返していきます。結果、出力画像の縦横のサイズは、入力画像の半分になります。

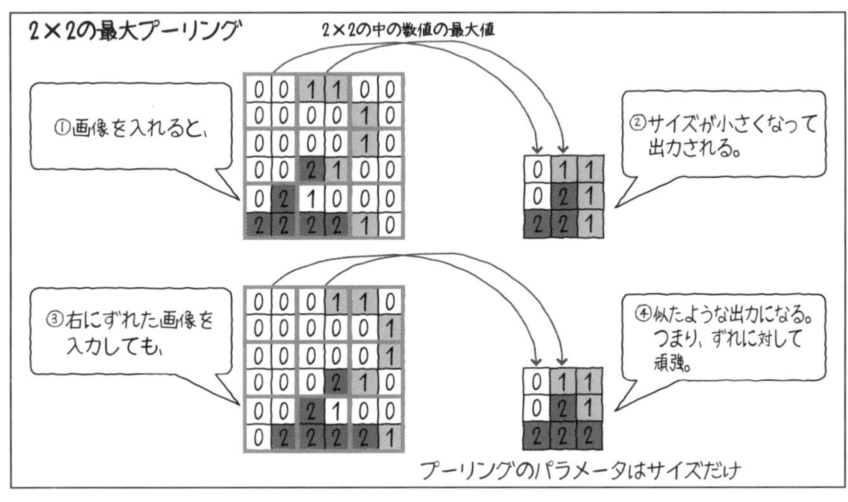

図8.17：プーリング

このようにして得られる出力画像は、入力画像が縦横にずれてもほとんど変わらないという性質があります。このプーリング層をネットワークに取り入れることで、位置だけがずれた画像には似た出力を返すという性質を付加することができるのです。

最大プーリングの他に、**平均プーリング**（average pooling）と呼ばれる方法もあります。この場合は、小領域の数値の平均を出力値とします。

小領域は、2×2だけでなく、3×3や4×4と任意にサイズを決めることができます。それに対するストライドも任意に決められますが、3 × 3 に対してはストライド 3、4 × 4 に対してはストライド 4 というように、小領域サイズと同じ大きさにすることが多いようです。

8.7 ドロップアウト

ネットワークの学習を改善する方法として、**ドロップアウト**という方法がスリバスタバ氏、ヒントン氏等の論文で提案されています (Srivastava, et al., 2014)。この方法は、様々な応用でよい結果をもたらしています（図 8.18）。

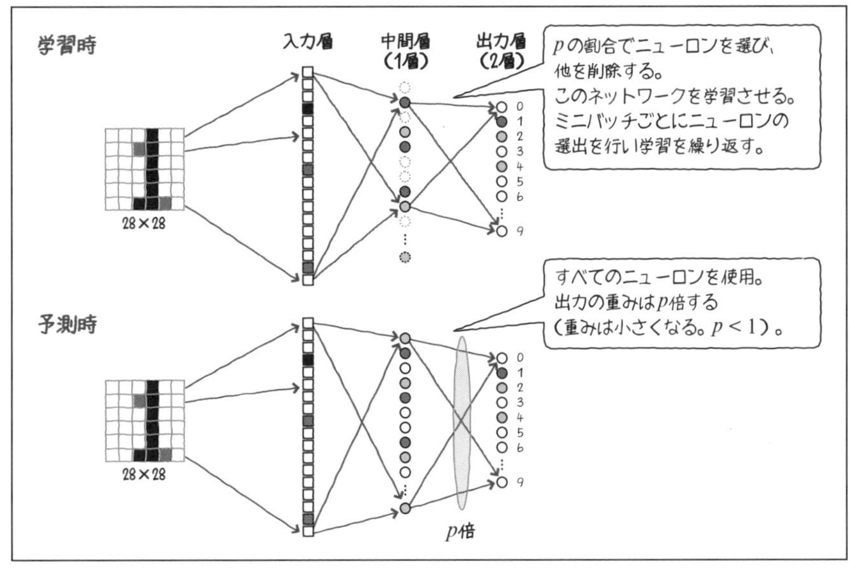

図 8.18：ドロップアウト

ドロップアウトは、学習時に入力層のユニットや中間層のニューロンを確率 p ($p<1$) でランダムに選び、それ以外を無効化する方法です。無効化したニューロンは存在しないものとして学習を更新します。ミニバッチごとにニューロンを選出し直し、この手続きを繰り返します。

学習後に予測をする場合には、すべてのニューロンが使われます。学習時では p の割合のニューロンしか存在しない状態で学習していたのに、予測時には全部参加となると、出力が大きくなってしまいます（$1/p$ 倍)。そこで、予測時には、ドロップアウトを施した層の出力先の重みを p 倍にし（p は 1 以下ですので、減らすことになります)、小さく設定することでつじつまを合わせます。

ドロップアウトは、複数のネットワークを別々に学習させ、予測時にはネットワークを平均化して合体させる効果があると考えられています。

8.8 集大成のMNIST認識ネットワークモデル

さて、畳み込みネットワークにプーリングとドロップアウトも取り入れ、層の数も増やし、フル装備のネットワークを最後に構築しましょう。図 8.19 に集大成ネットワークの模式図を示しました。

まず、1 層、2 層で畳み込み層を連続させます。この連続させるという意味を少し考えてみます。1 層目の畳み込み層は 16 枚のフィルターを使っていますので、出力は、26 × 26 の画像が 16 枚ということになります(パディングを入れていないので画像サイズは 26 × 26)。これを、26 × 26 × 16 の 3 次元配列のデータとして考えます。

次の層での畳み込みは、この 3 次元配列のデータに対して行われます。3 × 3 の 1 枚のフィルターは、実質的には、3 × 3 × 16 の配列で定義されます。その出力は、24 × 24(パディングを入れていないので画像サイズは 24 × 24)の 2 次元配列となります。16 の奥行分は、別々のフィルターが割り当てられていて独立に処理され、その出力が最後に足されるというイメージです。この 3 × 3 × 16 の大きさを持つフィルターが 32 個あるというのが、2 層目の畳み込み層です。結果、出力は 24 × 24 × 32 の 3 次元配列になります。フィルターを定義するパラメータ数は、バイアス項を除けば、3 × 3 × 16 × 32 ということになります。

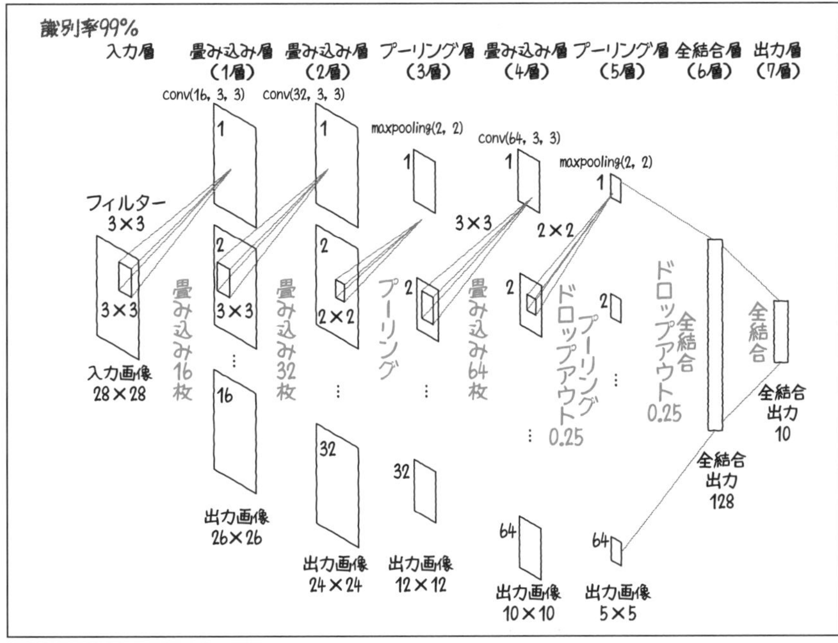

図 8.19：集大成ネットワーク

3 層目は、2 × 2 のマックスプーリング層で画像の縦横のサイズが半分の 12 × 12 となり、4 層目でもう 1 回畳み込み層が来ます。ここでのフィルターの数は 64 枚です。パラメータ数は、3 × 3 × 32 × 64 となります。5 層目で再びマックスプーリングにより画像サイズが 5 × 5 となり、次の 6 層目は 128 個の全結合、最後の 7 層目は出力が 10 個の全結合層となります。5 層と 6 層ではドロップアウトも入れています。

下のリスト 8-2-(6) で、図 8.19 の集大成ネットワークを作成し、学習を行わせます。

In

```
# リスト 8-2-(6)
import tensorflow
from tensorflow.keras.models import Sequential
from tensorflow.keras.layers import Dense, Dropout, Flatten
from tensorflow.keras.layers import Conv2D, MaxPooling2D
import time


tensorflow.random.set_seed(seed=1)  # 乱数の固定
```

```
# モデルの定義 ----------
model = Sequential()
model.add(
    Conv2D(
        filters=16, kernel_size=(3, 3),
        input_shape=(28, 28, 1), activation="relu",
    )
)
model.add(Conv2D(filters=32, kernel_size=(3, 3), activation="relu"))
model.add(MaxPooling2D(pool_size=(2, 2)))         # (A) 最大プーリング層
model.add(Conv2D(filters=64, kernel_size=(3, 3), activation="relu"))
model.add(MaxPooling2D(pool_size=(2, 2)))         # (B) 最大プーリング層
model.add(Dropout(rate=0.25))                     # (C) ドロップアウト層
model.add(Flatten())
model.add(Dense(units=128, activation="relu"))
model.add(Dropout(rate=0.25))                     # (D) ドロップアウト層
model.add(Dense(units=10, activation="softmax"))
model.compile(
    loss="categorical_crossentropy",
    optimizer="adam", metrics=["accuracy"],
)

# 学習 ----------
start_time = time.time()
history = model.fit(
    x_train, y_train,
    batch_size=1000, epochs=20, verbose=1,
    validation_data=(x_test, y_test),
)
score = model.evaluate(x_test, y_test, verbose=0)
calculation_time = time.time() - start_time

# 結果表示 ----------
print(f"Test loss: {score[0]:.4f}")
```

```
print(f"Test accuracy: {score[1]:.4f}")
print(f"Calculation time:{calculation_time:.2f} sec")
```

Out

```
Epoch 1/20
60/60 [==============================] - 59s 969ms/step - loss: 0.7716 -
accuracy: 0.7642 - val_loss: 0.1525 - val_accuracy: 0.9553
Epoch 2/20
60/60 [==============================] - 58s 973ms/step - loss: 0.1514 -
accuracy: 0.9543 - val_loss: 0.0714 - val_accuracy: 0.9772
(…中略…)
Epoch 20/20
60/60 [==============================] - 48s 795ms/step - loss: 0.0171 -
accuracy: 0.9946 - val_loss: 0.0204 - val_accuracy: 0.9936
Test loss: 0.0204
Test accuracy: 0.9936
Calculation time:1014.36 sec
```

筆者のPCでは、約16分で計算は終了し、99.36%の精度が出ました（プーリングとドロップアウトを入れると、**set_seed**で乱数の固定をしていても実行環境によって結果が若干異なるようです）。

リスト8-2-(6)の新しい部分を解説します。最大プーリング層は**(A)**と**(B)**で**model.add(MaxPooling2D(pool_size=(2, 2)))**のようにして追加しています。引数の**pool_size=(2, 2)** で大きさを指定しています。ドロップアウト層は、**(C)**と**(D)**で**model.add(Dropout(rate=0.25))**として追加しています。**0.25**は残すニューロンの割合を意味します。

それでは、テストデータの予測の例を表示してみましょう（**%reset**を実行した後に、リスト8-1-(7)で定義した、**show_prediction()**を実行していなければ、ここでリスト8-1-(7)の**# メイン -----**の手前までをコピーして、新しいセルにペーストして実行してから、次のリスト8-2-(7)を試してください）。

In

```
# リスト 8-2-(7)
show_prediction()
plt.show()
```

Out

```
# 実行結果は図 8.20 を参照
```

右下の数字はネットワークの出力を示す。このテストデータの中ではすべて正解。

図 8.20：集大成ネットワークのテストデータに対する出力結果

テストデータのはじめの 96 個では、誤認識がなくなりすべて正解となりました（図 8.20）。ずっと正解にならなかった上段右から 4 つ目のひしゃげた "5" も、とうとう正解となりました。満足のいく精度が得られましたね。

ここでは、「すべてのテクニックを試してみる」という点に重きをおいてネットワークをデザインしましたので、もっと単純で精度の高いネットワークを作ることも可能でしょう。実際、一般化したドロップアウトを使った DropConnect という非常に単純なモデルが 99.79% という精度を出し、2013 年から 2018 年の間、No.1 のモデルとなっていました（Wan, et al., 2013, ICML）。

しかし、MNIST データよりももっとサイズの大きな自然画像を扱うときや、多くのカテゴリーを扱わなければならない場合には、層の深層化、畳み込み、プーリング、ドロップアウトの効力がより強力に発揮されることでしょう。

第9章

教師なし学習

最後の第 9 章では入力情報だけを使う**教師なし学習の問題**に踏み入ります。教師なし学習の問題には、クラスタリング、次元圧縮、異常検知、などがありますが、ここではクラスタリングの解説をします。

9.1 2 次元入力データ

本章では第 6 章のクラス分類で扱った 2 次元入力データ **X** を使いますが、教師なし学習の問題では、セットとなっていたクラスデータ **T** は使いません。クラスの情報なしで、入力データの似た者同士をクラスに分けることが**クラスタリング**です。

図 9.1 に 2 次元入力データ **X** の分布を **T** による色分けなしで示しました。色分けがなくても、じっと見てみると分布にある傾向があることがわかります。上のほう（$x_0 = 0.5$、$x_1 = 1$ の付近）と、右下のほう（$x_0 = 1$、$x_1 = -0.5$ の付近）に分布の塊があります。そして、左下のほうでは、大きく広範囲にデータ点がばらついており、これも大きな塊とみなせるかもしれません。このようなデータ分布の塊を**クラスター**と呼びます。データ分布からクラスターを見つけ出し、同じクラスターに属するデータ点には同じクラス（ラベル）を、別なクラスターに属するデータ点には別なクラスを割り振ることがクラスタリングです。クラスとクラスターという言葉の使い分けについてですが、クラスは単なるラベルを表すのに対し、クラスターは分布の特徴を表しています。しかし、両者は同義語としても使われる場合もあります。

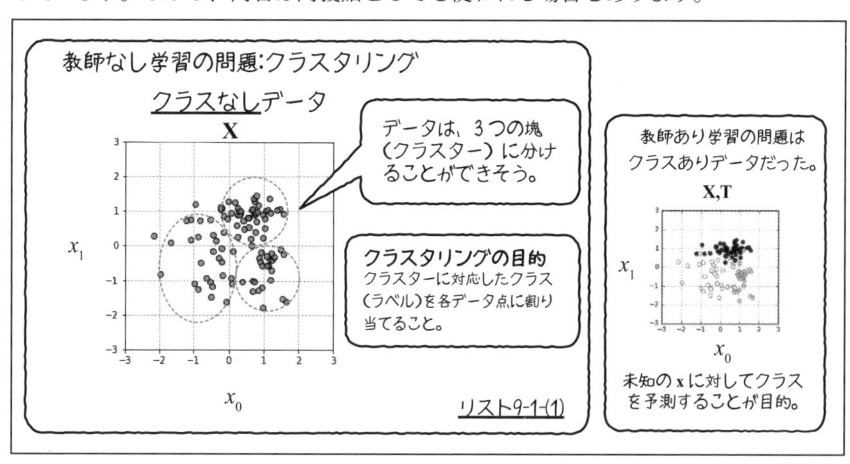

図 9.1：クラスタリング

さて、クラスタリングは何の役に立つのでしょうか。同じクラスターに属するデータ点は、「似ている」とみなすことができ、別なクラスターに属するデータ点は、「似ていない」とみなすことができます。もし、顧客データ（消費金額や購入時間帯など）をクラスタリングすることができたら、出力されたクラスは、主婦層やサラリーマン層など、別なタイプの顧客を表していることになりますので、クラス別に対応した販売戦略を作成することができるでしょう。また、採取した虫のデータ（質量や体長、頭部の大きさなど）に2つのクラスターがあれば、データに2種類の亜種が存在している可能性を見出せるでしょう。

クラスタリングにはいくつもアルゴリズムが提案されていますが、第9章では最もよく使われている **K-means 法**（9.2節）と混合ガウスモデルを使ったクラスタリング（9.3節）を解説します。

それでは、改めてリスト 9-1-(1) でデータを作成します。入力データ **X** の生成過程でクラスデータ **T** も生成されますが、**T** は使いません。

In

```
# リスト 9-1-(1)
%matplotlib inline
import numpy as np
import matplotlib.pyplot as plt

# データ生成 ----------
np.random.seed(seed=1)  # 乱数を固定
N = 100                 # データの数
K = 3                   # ガウス分布の数
T = np.zeros((N, 3), dtype=np.uint8)  # 空の T を準備
X = np.zeros((N, 2))                  # 空の X を準備
X0_min, X0_max = -3, 3  # x0 の範囲、表示用
X1_min, X1_max = -3, 3  # x1 の範囲、表示用
prm_mu = np.array([[-0.5, -0.5], [0.5, 1.0], [1, -0.5]])  # 分布の中心
prm_sig = np.array([[0.7, 0.7], [0.8, 0.3], [0.3, 0.8]])  # 分布の分散
prm_pi = np.array([0.4, 0.8, 1])  # 各分布への割合を決めるパラメータ
cols = ["cornflowerblue", "black", "white"]  # 結果表示用
# T は X を作るために決めるが、データにはしない
for n in range(N):
    r = np.random.rand()
    for k in range(K):
```

```
        if r < prm_pi[k]:
            T[n, k] = 1
            break
    for k in range(2):
        X[n, k] = \
            np.random.randn() * prm_sig[T[n, :] == 1, k] \
            + prm_mu[T[n, :] == 1, k]


# データの図示 ----------
def show_data(x):
    plt.plot(
        x[:, 0], x[:, 1], "gray",
        marker="o", linestyle="None",
        markeredgecolor="black",
        markersize=6, alpha=0.8,
    )
    plt.grid()


# メイン ----------
plt.figure(figsize=(4, 4))
show_data(X)
plt.xlim(X0_min, X0_max)
plt.ylim(X1_min, X1_max)
plt.show()
np.savez(
    "ch9_data.npz", X=X,
    X0_min=X0_min, X0_max=X0_max,
    X1_min=X1_min, X1_max=X1_max,
)
```

Out

```
# 実行結果は図 9.1 を参照
```

後でリセットしてからも使えるように、リストの最後で、生成した **X** と、その範囲を表す **X0_min**、**X0_max**、**X1_min**、**X1_max** を **ch9_data.npz** に保存しています。

9.2 K-means 法

9.2.1 K-means 法の概要

それでは、手順を順番に説明していきます（図 9.2）。

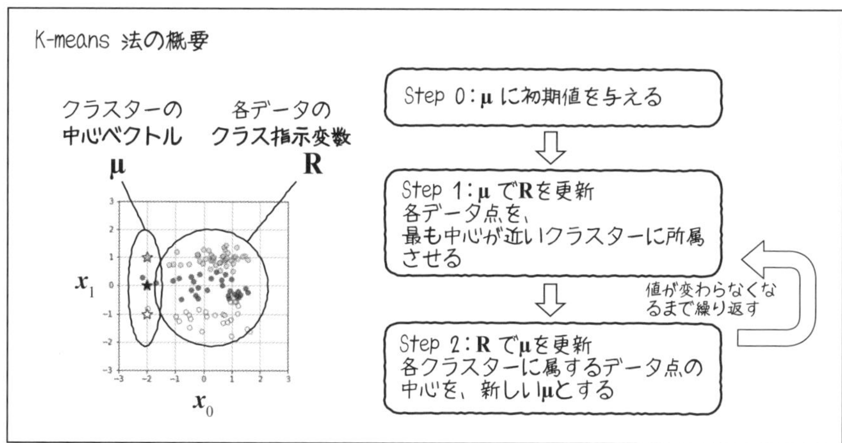

図 9.2: K-means 法

K-means 法も次節で述べる混合ガウスモデルの場合も、あらかじめ分割するクラスターの数 K を決めておく必要があります。この例題では、$K = 3$ 個のクラスターに分類するとしましょう。

K-means 法は 2 つの変数を使います。1 つはクラスターの中心ベクトル$\mathbf{\mu}$で、クラスターの中心位置を表します。もう 1 つは、クラス指示変数 $\mathbf{R}$ であり、各データ点がどのクラスターに属するかを表します。

まず、K-means 法の Step 0 として、クラスターの中心ベクトル$\mathbf{\mu}$に適当な値を与えます。これで、クラスターの中心が暫定的に決まります。

Step 1 では、現時点でのクラスターの中心ベクトル$\mathbf{\mu}$をもとに、クラス指示変数 $\mathbf{R}$ を決定します。Step 2 では、現時点でのクラス指示変数 $\mathbf{R}$ から$\mathbf{\mu}$を更新します。

以降、Step 1 と Step 2 の手順を交互に繰り返し、$\mathbf{\mu}$と $\mathbf{R}$ の更新を続けます。そして、両者の値が変化しなくなったら手続きを終了します。

それでは、各手順の詳細を見ていきましょう。

9.2.2 Step 0：変数の準備と初期化

k 番目のクラスターの中心ベクトルは、式 9-1 で表します。

$$\boldsymbol{\mu}_k = \begin{bmatrix} \mu_{k0} \\ \mu_{k1} \end{bmatrix} \tag{9-1}$$

今、入力次元が 2 次元ですので、クラスターの中心も 2 次元ベクトルとなっています。中心ベクトルには、アルゴリズムの最初に適当な初期値を与えます。

この例では $K=3$ なので 3 つの中心ベクトルをとりあえず、$\boldsymbol{\mu}_0 = [-2, 1]^{\mathrm{T}}$、$\boldsymbol{\mu}_1 = [-2, 0]^{\mathrm{T}}$、$\boldsymbol{\mu}_2 = [-2, -1]^{\mathrm{T}}$ と決めます。

クラス指示変数 **R** は、各データがどのクラスに所属しているかを 1-of-K 符号化法で表した行列です。その成分は式 9-2 のようになります。

$$r_{nk} = \begin{cases} 1 & \text{データ} n \text{が} k \text{に属する場合} \\ 0 & \text{データ} n \text{が} k \text{に属しない場合} \end{cases} \tag{9-2}$$

データ n に対するクラス指示変数をベクトルで表せば、クラス 0 に属する場合には、以下のようになります。

$$\mathbf{r}_n = \begin{bmatrix} r_{n0} \\ r_{n1} \\ r_{n2} \end{bmatrix} = \begin{bmatrix} 1 \\ 0 \\ 0 \end{bmatrix}$$

データすべてをまとめて行列で表した **R** は、式 9-3 のようになります。

$$\mathbf{R} = \begin{bmatrix} r_{00} & r_{01} & r_{02} \\ r_{10} & r_{11} & r_{12} \\ \vdots & \vdots & \vdots \\ r_{N-1,0} & r_{N-1,1} & r_{N-1,2} \end{bmatrix} = \begin{bmatrix} \mathbf{r}_0^{\mathrm{T}} \\ \mathbf{r}_1^{\mathrm{T}} \\ \vdots \\ \mathbf{r}_{N-1}^{\mathrm{T}} \end{bmatrix} = \begin{bmatrix} 1 & 0 & 0 \\ 0 & 0 & 1 \\ \vdots & \vdots & \vdots \\ 1 & 0 & 0 \end{bmatrix} \tag{9-3}$$

それでは、ここまでをプログラムで実装しましょう。リスト 9-1-(2) です。

In

```
# リスト 9-1-(2)
# Mu と R の初期化 ----------
Mu = np.array([[-2, 1], [-2, 0], [-2, -1]])                    # (A)
```

```
R = np.c_[np.ones((N, 1), dtype=int), np.zeros((N, 2), dtype=int)]  # (B)
```

(A) で定義した **Mu** は３つの $\boldsymbol{\mu}_k$ をひとまとめにした 3×2 の行列です。**(B)** では、すべてのデータがクラス０に属するように **R** を初期化しましたが（表示させるためです）、**R** は **Mu** から決まるので、どのように初期化しても、以下のアルゴリズムの結果に影響を与えることはありません。

まず、入力データ **X** と **Mu** と **R** を図示する関数を作っておきましょう。リスト 9-1-(3) です。実行して確認してみましょう。

In

```
# リスト 9-1-(3)
# データの図示関数 ----------
def show_prm(x, r, mu, cols):
    K = r.shape[1]
    for k in range(K):
        # 入力データ x の描写 ( クラス指示変数 r で色分け )
        plt.plot(
            x[r[:, k] == 1, 0], x[r[:, k] == 1, 1], cols[k],
            marker="o", linestyle="None", markeredgecolor="black",
            markersize=6, alpha=0.5,
        )
        # クラスターの中心ベクトル mu を「星マーク」で描写
        plt.plot(
            mu[k, 0], mu[k, 1], cols[k],
            marker="*", markeredgecolor="black",
            markersize=15, markeredgewidth=1,
        )
    plt.xlim(X0_min, X0_max)
    plt.ylim(X1_min, X1_max)
    plt.grid()


# メイン ----------
plt.figure(figsize=(4, 4))
R = np.c_[np.ones((N, 1)), np.zeros((N, 2))]
show_prm(X, R, Mu, cols)
```

```
plt.title("initial Mu and R")
plt.show()
```

Out

```
# 実行結果は図 9.3 を参照
```

実行すると図 9.3 右が表示されます。

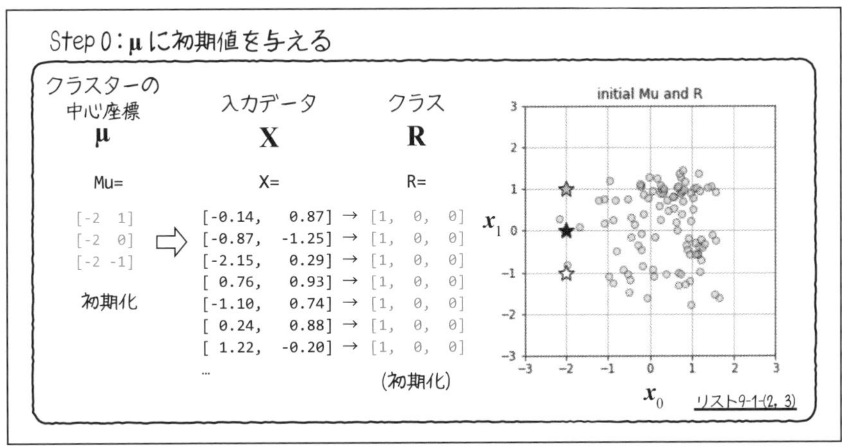

図 9.3：Step 0：パラメータの初期化

9.2.3 Step 1：R の更新

それでは、**R** を更新していきます。更新方法は、

「各データ点を、最も中心が近いクラスターに入れる」

です。まず、1 番目 ($n = 0$) のデータ点 [-0.14, 0.87] に着目して考えましょう（図 9.4）。

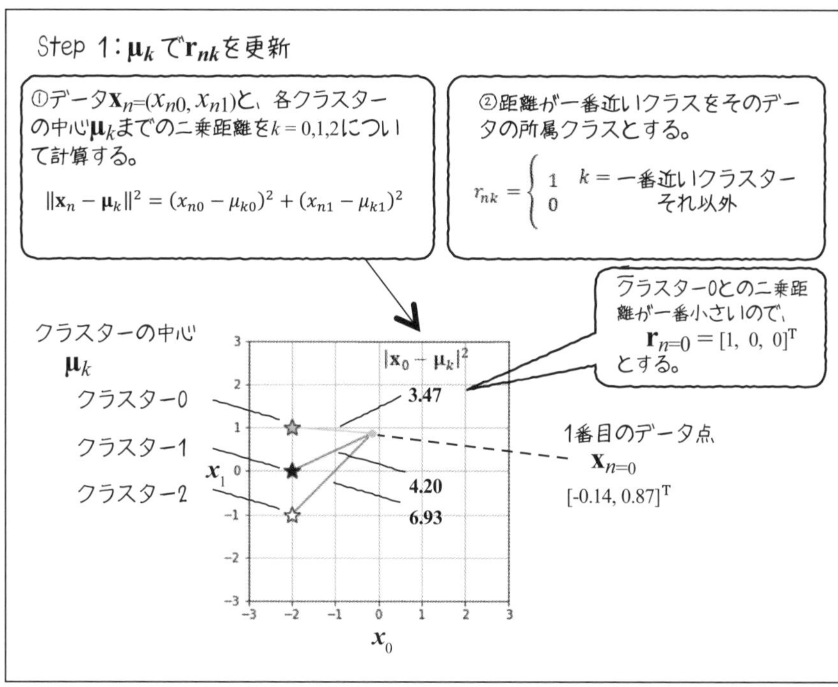

Step 1：$\mathbf{\mu}_k$ で$\mathbf{r}_{nk}$を更新
①データ$\mathbf{x}_n$=(x_{n0}, x_{n1})と、各クラスターの中心$\mathbf{\mu}_k$までの二乗距離をk = 0,1,2について計算する。
$\|\mathbf{x}_n - \mathbf{\mu}_k\|^2 = (x_{n0} - \mu_{k0})^2 + (x_{n1} - \mu_{k1})^2$
②距離が一番近いクラスをそのデータの所属クラスとする。
$r_{nk} = \begin{cases} 1 & k = 一番近いクラスター \\ 0 & それ以外 \end{cases}$
クラスター0との二乗距離が一番小さいので、$\mathbf{r}_{n=0}$ = [1, 0, 0]^T とする。
クラスターの中心
$\mathbf{\mu}_k$
クラスター0
クラスター1
クラスター2
$|\mathbf{x}_0 - \mathbf{\mu}_k|^2$
3.47
4.20
6.93
1番目のデータ点
$\mathbf{x}_{n=0}$
[-0.14, 0.87]^T
x_0
x_1

図 9.4：Step1：1 番目のデータ (n = 0) の $\mathbf{r}_n$ を更新

1 番目のデータ点からクラスターの中心までの二乗距離を、各クラスターについて、式 9-4 で計算します。

$$\|\mathbf{x}_n - \mathbf{\mu}_k\|^2 = (x_{n0} - \mu_{k0})^2 + (x_{n1} - \mu_{k1})^2 \quad (k = 0, 1, 2) \qquad \textbf{(9-4)}$$

ところで、2 点$\mathbf{x}_n$と$\mathbf{\mu}_k$の距離は、式 9-4 の平方根をとったものになりますが、今は、距離そのものが知りたいのではなく、データ点から一番近いクラスターがわかればよいので、平方根の計算を省いた二乗距離を比較して最も近いクラスターを決定します。

計算の結果、クラスター 0、1、2 までの二乗距離はそれぞれ、3.47、4.20、6.93 となりました。一番距離が近かったのは、クラスター 0 です。そこで、$\mathbf{r}_{n=0} = [1, 0, 0]^T$ とします。

これをすべてのデータについて行います（リスト 9-1-(4)）。

In

```
# リスト 9-1-(4)
# r を決める (Step 1) ----------
def step1_kmeans(x0, x1, mu):
    N = len(x0)
    K = mu.shape[0]
    r = np.zeros((N, K))
    for n in range(N):
        d = np.zeros(K)
        # 式 9-4 で二乗距離を計算
        for k in range(K):
            d[k] = (x0[n] - mu[k, 0]) ** 2 + (x1[n] - mu[k, 1]) ** 2
        r[n, np.argmin(d)] = 1  # 最も近いクラスターの所属にする
    return r


# メイン ----------
plt.figure(figsize=(4, 4))
R = step1_kmeans(X[:, 0], X[:, 1], Mu)
show_prm(X, R, Mu, cols)
plt.title("Step 1")
plt.show()
```

Out

```
# 実行結果は図 9.5 を参照
```

この手続きにより、データ点が各クラスに振り分けられました（図 9.5 右)。

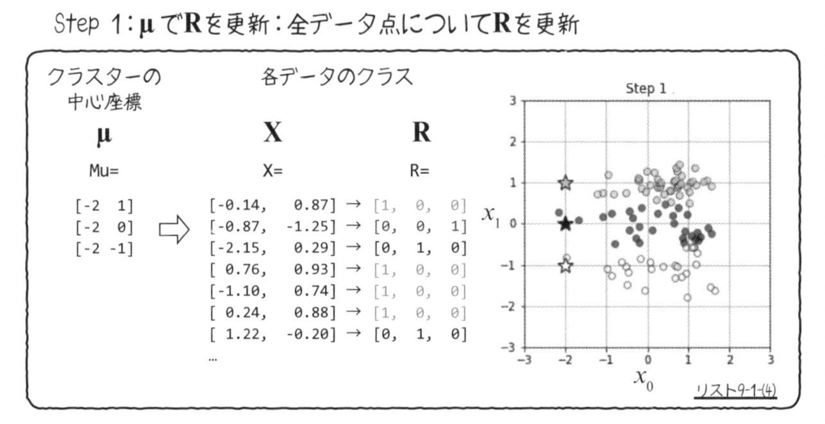

図 9.5：Step 1：全データについて R を更新

9.2.4 Step 2：μの更新

次に、$\mathbf{\mu}$ を更新します。更新方法は、

「各クラスターに属するデータ点の中心を新しい $\mathbf{\mu}$ とする」

です。

まず、$k=0$ に属するデータ、つまり、$\mathbf{r}_n=[1,0,0]^{\mathrm{T}}$ のクラスを持つデータ点に着目し、それぞれの平均を求めて、以下のものとします（式 9-5）。

$$\mu_{k=0,0}=\frac{1}{N_k}\sum_{n\ \mathrm{in\ cluster}\ 0} x_{n0}, \quad \mu_{k=0,1}=\frac{1}{N_k}\sum_{n\ \mathrm{in\ cluster}\ 0} x_{n1} \tag{9-5}$$

ここで、ちょっと苦しい書き方ですが、和の記号の下を ***n* in cluster 0** として、クラスター 0 に属するデータ n について和をとるという意味としました。同様な手続きを、$k=1$、$k=2$ について行えば、Step 2 は完了です。$k=0$ だけでなく、$k=1$ や $k=2$ にも対応できるように式を書けば、式 9-6 のようになります。

$$\mu_{k,0}=\frac{1}{N_k}\sum_{n\ \mathrm{in\ cluster}\ k} x_{n0}, \quad \mu_{k,1}=\frac{1}{N_k}\sum_{n\ \mathrm{in\ cluster}\ k} x_{n1} \quad (k=0,1,2) \tag{9-6}$$

$\mu_{k=0,0}$、$\mu_{k=0,1}$ が、$\mu_{k,0}$、$\mu_{k,1}$ となったことに注意してください。

それでは、リスト 9-1-(5) で **μ** を求めて表示してみましょう。

In

```
# リスト 9-1-(5)
# Mu を決める (Step 2) ----------
def step2_kmeans(x0, x1, r):
    K = r.shape[1]
    mu = np.zeros((K, 2))
    # 式 9-6 の計算
    for k in range(K):
        N_k = np.sum(r[:, k])
        mu[k, 0] = np.sum(r[:, k] * x0) / N_k
        mu[k, 1] = np.sum(r[:, k] * x1) / N_k
    return mu


# メイン ----------
plt.figure(figsize=(4, 4))
Mu = step2_kmeans(X[:, 0], X[:, 1], R)
show_prm(X, R, Mu, cols)
plt.title("Step2")
plt.show()
```

Out

```
# 実行結果は図 9.6 を参照
```

図 9.6 で結果を詳しく見てみましょう。

$\boldsymbol{\mu}_k$ が、それぞれの分布の中心に移動したことが確認できるはずです。

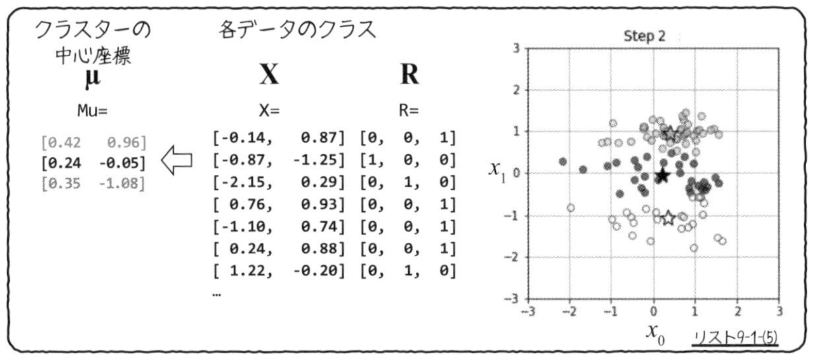

図 9.6：Step2：μ の更新

さて、これでアルゴリズムで行われる計算はすべて解説しました。後は、Step 1 と Step 2 の手続きを繰り返していくだけです。そして変数の値が変化しなくなったらプログラムを終了します。この例では、6 回の繰り返しで変化がなくなりました。（リスト 9-1-(6)）。

In

```
# リスト 9-1-(6)
plt.figure(figsize=(10, 6.5))
Mu = np.array([[-2, 1], [-2, 0], [-2, -1]])
max_it = 6  # 繰り返しの回数
for it in range(0, max_it):
    # step1、R の更新
    R = step1_kmeans(X[:, 0], X[:, 1], Mu)
    # 結果表示
    plt.subplot(2, 3, it + 1)
    show_prm(X, R, Mu, cols)
    plt.title("{0:d}".format(it + 1))
```

```
    plt.xticks(range(X0_min, X0_max), "")
    plt.yticks(range(X1_min, X1_max), "")
    # step2、Mu の更新
    Mu = step2_kmeans(X[:, 0], X[:, 1], R)
plt.show()
```

Out

```
# 実行結果は図 9.7 を参照
```

結果を図 9.7 で詳しく見てみましょう。$\boldsymbol{\mu}_k$ が図 9.1 で予想していた３つのクラスターの中心に徐々に移動し、最後には、各クラスターがうまく異なるクラスに分けられたことがわかります。

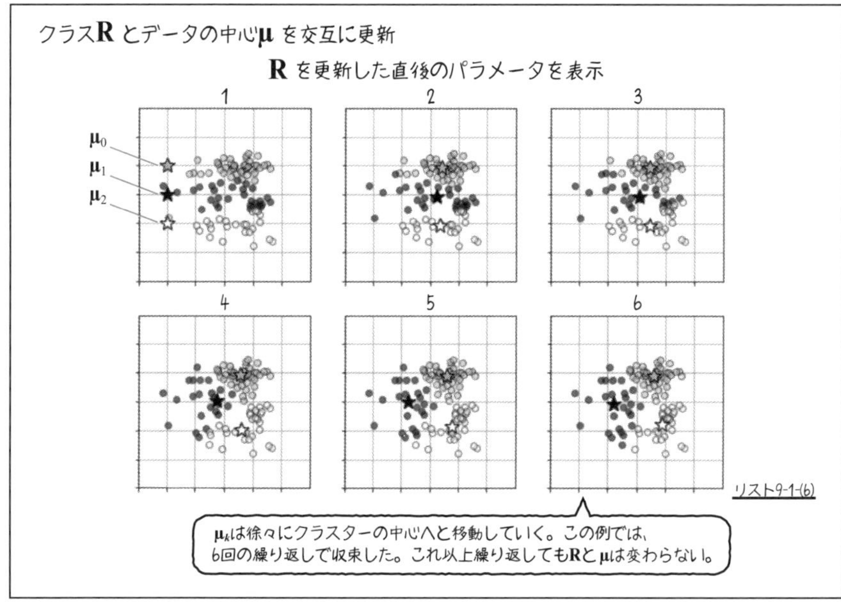

図 9.7：K-means 法によるクラスタリングの過程

9.2.5 歪み尺度

ここまで、K-means 法の手続きを解説しましたが、これまでの教師あり学習の誤差関数のように、学習が進むにつれて減少していく目的関数というものはないのでしょうか？

実は、K-means 法の場合、データ点が所属するクラスターの中心までの二乗距離、これをすべてのデータで和をとったものが目的関数に対応します。式で表すと、式 9-7 のようになり、**歪み尺度**（distortion measure）と名前が付いています。

$$J = \sum_{n \text{ in cluster } 0} \|\mathbf{x}_n - \boldsymbol{\mu}_0\|^2 + \sum_{n \text{ in cluster } 1} \|\mathbf{x}_n - \boldsymbol{\mu}_1\|^2 + \sum_{n \text{ in cluster } 2} \|\mathbf{x}_n - \boldsymbol{\mu}_2\|^2 \quad \text{(9-7)}$$

これを、もう少しエレガントに表すなら、式 9-8 のように、和の記号を使ってコンパクトにします。

$$J = \sum_{k=0}^{2} \sum_{n \text{ in cluster } k} \|\mathbf{x}_n - \boldsymbol{\mu}_k\|^2 \quad \text{(9-8)}$$

r_{nk}は、データ n が所属するクラスターでのみ 1、所属しないクラスターでは 0 となる変数だということを利用すれば、更にエレガントに、式 9-9 のように表すことができます。

$$J = \sum_{n=0}^{N-1} \sum_{k=0}^{K-1} r_{nk} \|\mathbf{x}_n - \boldsymbol{\mu}_k\|^2 \quad \text{(9-9)}$$

それでは歪み尺度が本当に単調に減少するかを確かめましょう。リスト 9-1-(7) で、歪み尺度を計算する `distortion_measure()` を定義し、いったん `R` と `Mu` を初期値に戻します。

In

```
# リスト 9-1-(7)
# 目的関数 ----------
def distortion_measure(x0, x1, r, mu):
    # 入力 x は 2 次元とし、x0、x1 で入力
```

```
    N = len(x0)
    K = r.shape[1]
    J = 0
    # 式9-9の計算
    for n in range(N):
        for k in range(K):
            J = J + r[n, k] * ((x0[n] - mu[k, 0]) ** 2 \
                + (x1[n] - mu[k, 1]) ** 2)
    return J


# テスト ----------
# Mu と R の初期化
Mu = np.array([[-2, 1], [-2, 0], [-2, -1]])
R = np.c_[np.ones((N, 1), dtype=int), np.zeros((N, 2), dtype=int)]
# 歪み尺度の計算
distortion = distortion_measure(X[:, 0], X[:, 1], R, Mu)
print(f"distortion measure = {distortion:.6f}")
```

Out

```
distortion measure = 771.709117
```

プログラムを走らせると、そのテストとして、初期値での歪み尺度が表示されます。

この関数を使って、K-means 法の各繰り返しにおける歪み尺度を計算します（リスト 9-1-(8)）。

In

```
# リスト 9-1-(8)
# メイン ----------
# Mu と R の初期化
N = X.shape[0]
Mu = np.array([[-2, 1], [-2, 0], [-2, -1]])
R = np.c_[np.ones((N, 1), dtype=int), np.zeros((N, 2), dtype=int)]
# k-means 法のステップごとで歪み尺度を計算
max_it = 10
it = 0
DM = np.zeros(max_it)  # 歪み尺度の計算結果を入れる配列を準備
```

```
for it in range(0, max_it):                                    # K-means 法
    R = step1_kmeans(X[:, 0], X[:, 1], Mu)                     # step1
    DM[it] = distortion_measure(X[:, 0], X[:, 1], R, Mu)  # 歪み尺度
    Mu = step2_kmeans(X[:, 0], X[:, 1], R)                     # step2
# 結果表示
print("distortion measure =", np.round(DM, 2))


# グラフ描画 ----------
plt.figure(figsize=(4, 4))
plt.plot(DM, "black", linestyle="-", marker="o")
plt.ylim(40, 80)
plt.grid()
plt.show()
```

Out

```
# 実行結果は図 9.8 を参照
```

図 9.8 で結果のグラフを詳しく見てみましょう。Step1 と Step2 を繰り返すごとに歪み尺度は徐々に減少し、6 回目になると値は 46.86 で止まります。このことは、$\boldsymbol{\mu}$ と $\mathbf{R}$ の値が変化しなくなったことを意味しています。

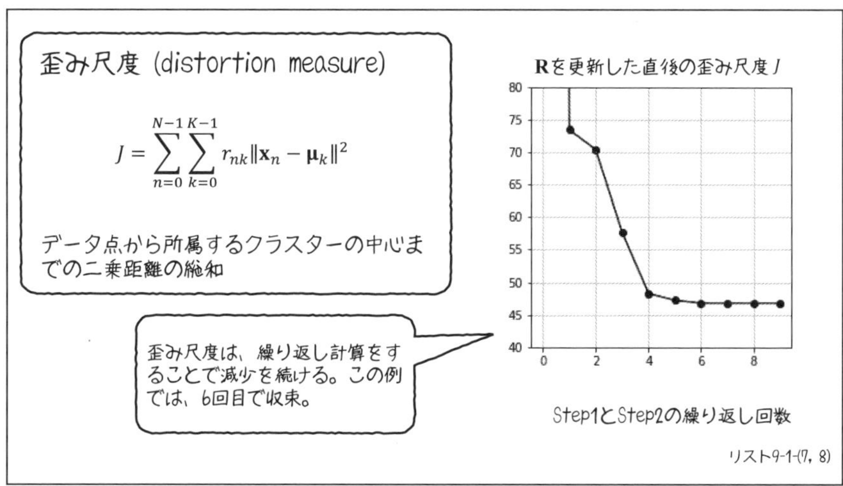

図 9.8：歪み尺度

K-means 法で得られる解は、初期値依存性があります。はじめの $\boldsymbol{\mu}$ に何を割り当

てるかで、結果が変わる可能性があります。ですので、実践的には、様々な$\boldsymbol{\mu}$からスタートさせて得られた結果の中で、最も歪み尺度が小さかった結果を採用するという方法が使われます。

また、この例では、$\boldsymbol{\mu}$をはじめに決めましたが、**R**をはじめに決めてもかまいません。その場合は、**R**をランダムに決めておいて、そこから$\boldsymbol{\mu}$を求めていく手続きになります。

9.3 混合ガウスモデル

それでは次に、混合ガウスモデルを用いたクラスタリングを説明します。

9.3.1 確率的クラスタリング

K-means 法は、データ点を必ずどれかのクラスに割り当てます。ですので、例えば、クラスター 0 の中心にあるデータ点 A も、クラスター 0 の端にあるデータ点 B も、同じ $\mathbf{r} = [1, 0, 0]^{\mathrm{T}}$が割り当てられることになります（図 9.9）。

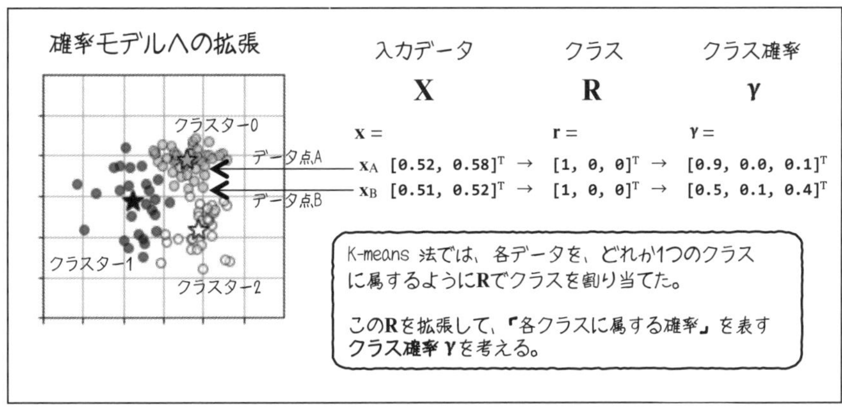

図 9.9：確率モデルへの拡張

「データ点 A は確実にクラスター 0 に属するが、データ点 B はクラスター 0 にもクラスター 2 にも属しうる」というあいまいさも含めて数値化したい場合にはどうすればよいでしょうか？

ここまで読んできた読者の方であればわかると思いますが、第 6 章で見てきたように、確率の概念を導入すればよいのです。

例えば、データ点 A がクラスター 0 に属する確率は 0.9 で、クラスター 1 と 2 に属する確率はそれぞれ、0.0 と 0.1、などと考えます。これを、$\boldsymbol{\gamma}_A$（ガンマ）を使って、式 9-10 のように表します。

$$\boldsymbol{\gamma}_A = \begin{bmatrix} \gamma_{A0} \\ \gamma_{A1} \\ \gamma_{A2} \end{bmatrix} = \begin{bmatrix} 0.9 \\ 0.0 \\ 0.1 \end{bmatrix} \tag{9-10}$$

どんなデータ点も必ずどれかのクラスターに属するので、3 つの確率を足すとかならず 1 になるという性質があります。

一方、クラスター 0 の端にあったデータ点 B は、例えば、式 9-11 のように、クラスター 0 に属する確率を低い数値で表すことになるでしょう。

$$\boldsymbol{\gamma}_B = \begin{bmatrix} \gamma_{B0} \\ \gamma_{B1} \\ \gamma_{B2} \end{bmatrix} = \begin{bmatrix} 0.5 \\ 0.1 \\ 0.4 \end{bmatrix} \tag{9-11}$$

さて、ここまでは「クラスター k に属する確率」などと、簡単に述べてきましたが、これは、一体どのような意味なのでしょうか？　もう少し丁寧に考えてみましょう。

例えば、今考えている 2 次元入力データ $\mathbf{x} = [x_0, x_1]^T$ は、虫の質量と大きさを表しているとします（図 9.10）。

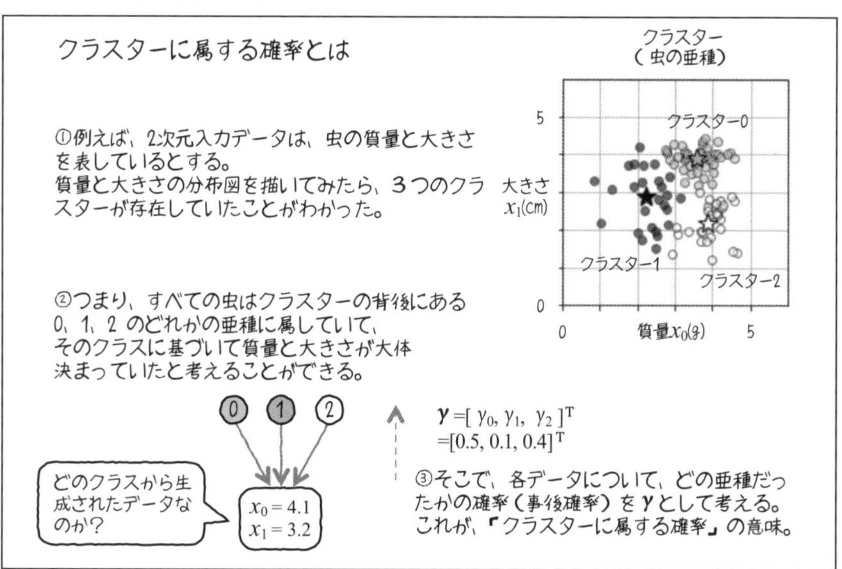

図 9.10：クラスターに属する確率とは

「同じ種類の虫」と思い、どんどん採取して、質量と大きさのデータを記録し、200匹分集めてプロットしたところ、3つのクラスターがあることがわかったとします。

この場合、見た目は同じだと思って収集した虫に、実は「少なくとも3種類の亜種がいた」と解釈することができるでしょう。すべての虫は、どれかの亜種に属しており、それに基づいて質量と大きさが決まっていたと考えることができます。3つのクラスターの存在から、その背後に3つのクラスの存在が示唆されたということです。このように観察はできなかったがデータに影響を与えていた変量を、**潜在変数**（latent variable）、または、**隠れ変数**（hidden variable）と呼びます。

この潜在変数を数式で定義するならば、以下の3次元のベクトル（式9-12）を使って、1-of-K符号化法で表すことができるでしょう。

$$\mathbf{z}_n = \begin{bmatrix} z_{n0} \\ z_{n1} \\ z_{n2} \end{bmatrix} \tag{9-12}$$

データnがクラスkに属するならばz_{nk}のみが1をとり、他の要素は0とします。例えば、n番目のデータがクラス0に属していたならば、$\mathbf{z}_n = [1, 0, 0]^{\mathrm{T}}$、クラス1ならば、$\mathbf{z}_n = [0, 1, 0]^{\mathrm{T}}$となります。すべてのデータをまとめて行列で表すときには$\mathbf{Z}$と大文字表記にします。これはK-means法での$\mathbf{R}$とほとんど同じです。しかしここでは、「潜在変数」というニュアンスを強調して、あえて$\mathbf{Z}$で表すことにします。

さて、この観点からすると、データnが「クラスターkに属する確率γ_{nk}」とは、データ$\mathbf{x}_n$の虫が「クラスkの亜種であった確率」を意味します。数式で表せば、式9-13になります。

$$\gamma_{nk} = P(z_{nk} = 1 | \mathbf{x}_n) \tag{9-13}$$

端的に言えば、「観察できない$\mathbf{Z}$の推定値が$\boldsymbol{\gamma}$だ」と言えます。$\mathbf{Z}$は「どのクラスに属しているか」という事実なので、0または1の値をとりますが、$\boldsymbol{\gamma}$は確率的な推定値なので0から1の実数値をとるということになります。この$\boldsymbol{\gamma}$は、「どのクラスターにどれくらい寄与しているか」という意味合いから**負担率**（responsibility）と呼ばれます。

まとめますと、確率的にクラスタリングするということは、データの背後に潜む潜在変数$\mathbf{Z}$を確率的に$\boldsymbol{\gamma}$として推定することと言えます。

9.3.2 混合ガウスモデル

負担率 $\boldsymbol{\gamma}$ を求めるために、**混合ガウスモデル**（Gaussian mixture model）という確率モデルを導入します（図 9.11）。

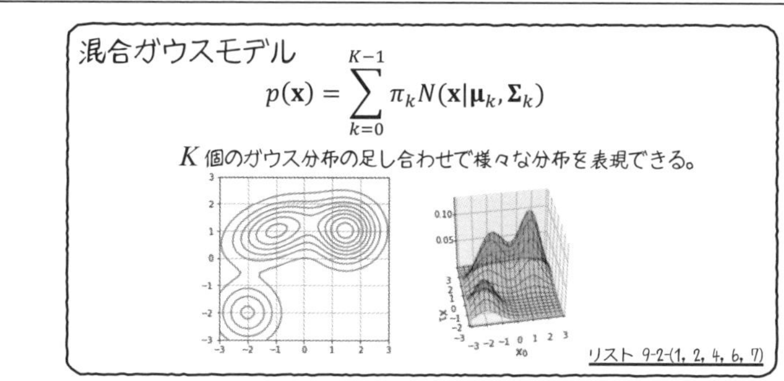

混合ガウスモデル
$p(\mathbf{x}) = \sum_{k=0}^{K-1} \pi_k N(\mathbf{x}|\boldsymbol{\mu}_k, \boldsymbol{\Sigma}_k)$
K 個のガウス分布の足し合わせで様々な分布を表現できる。
リスト 9-2-(1, 2, 4, 6, 7)

分布の形状を決めるパラメータ(入力**x**が2次元の場合)

中心ベクトル：各ガウス分布kの中心

$$\boldsymbol{\mu}_k = [\,\mu_{k0} \quad \mu_{k1}]^{\mathrm{T}}$$

共分散行列：各ガウス分布kの広がり方

$$\boldsymbol{\Sigma} = \begin{bmatrix} \sigma_{k0}^2 & \sigma_{k01} \\ \sigma_{k01} & \sigma_{k1}^2 \end{bmatrix}$$

混合係数：それぞれのガウス分布の大きさの比率

$$\pi_k \qquad 0 \le \pi_k \le 1, \sum_{k=0}^{K-1} \pi_k = 1$$

図 9.11：混合ガウスモデル

混合ガウスモデルは、4.7.9 項で解説した 2 次元のガウス関数を、複数足し合わせたものです（式 9-14）。

$$p(\mathbf{x}) = \sum_{k=0}^{K-1} \pi_k N(\mathbf{x}|\,\boldsymbol{\mu}_k, \boldsymbol{\Sigma}_k) \qquad \textbf{(9-14)}$$

$N(\mathbf{x}\,|\,\boldsymbol{\mu}_k, \boldsymbol{\Sigma}_k)$ は平均 $\boldsymbol{\mu}_k$、共分散行列 $\boldsymbol{\Sigma}_k$ の 2 次元ガウス関数を表しています。式 9-14 は、異なる平均と共分散行列を持った 2 次元ガウス関数が、K 個重なっている分布を表しています。

図 9.11 に $K = \mathbf{3}$ のときの混合ガウスモデルの例を示しました。中心と分布の広がりの異なるガウス分布が 3 つ重なっている形であることがわかると思います。

モデルのパラメータは、各ガウス分布の中心を表す中心ベクトル $\boldsymbol{\mu}_k$、分布の広がりを表す**共分散行列** $\boldsymbol{\Sigma}_k$、そして、各ガウス分布の大きさの比率を表す**混合係数** π_k です。混合係数は、0 から 1 の実数で、k で和をとると 1 にならなくてはなりません（式 9-15）。

$$\sum_{k=0}^{K-1} \pi_k = 1 \tag{9-15}$$

それでは、この混合ガウスモデルを表す関数を作っていきましょう。

まず、いったん Jupyter Notebook のメモリーをリセットしてからはじめます。

In
```
%reset
```

Out
```
Once deleted, variables cannot be recovered. Proceed (y/[n])? y
```

まず、リスト 9-2-(1) で、9.1 節で作成したデータ **X** とその範囲 **X0_min**、**X0_max**、**X1_min**、**X1_max** をロードします。

In
```
# リスト 9-2-(1)
import numpy as np


data = np.load("ch9_data.npz")
X = data["X"]
X0_min = data["X0_min"]
X0_max = data["X0_max"]
X1_min = data["X1_min"]
X1_max = data["X1_max"]
```

次にガウス関数 **gauss(x, mu, sigma)** の定義をします（リスト 9-2-(2)）。

In
```
# リスト 9-2-(2)
# ガウス関数 ----------
def gauss(x, mu, sigma):  # リスト 4-6-(1) の N データ対応バージョン
    N = x.shape[0]
```

```
    y = np.zeros(N)
    inv_sigma = np.linalg.inv(sigma)
    # 式4-142
    a = 1 / (2 * np.pi) * 1 / (np.linalg.det(sigma) ** (1 / 2))
    for n in range(N):
        x_vec = np.array([x[n, 0], x[n, 1]])
        # 式4-138
        y[n] = a * np.exp(
            (-1 / 2) * (x_vec - mu).T @ inv_sigma @ (x_vec - mu))
    return y
```

このガウス関数 **gauss(x, mu, sigma)** は D=2 次元の入力変数を想定しています。引数である **x** は $N \times D$ のデータ行列、**mu** は長さ D の中心ベクトル、**sigma** は $D \times D$ の分散行列です。試しに 3 × 2 (N=3、D=2) のデータ行列 **x** と、長さ 2 の **mu** と 2×2 の **sigma** を定義して、**gauss(x, mu, sigma)** に代入すると、以下のように、3 つのデータに対応した関数の値が返されます（リスト 9-2-(3)）。

In

```
# リスト 9-2-(3)
x = np.array([[1, 2], [2, 1], [3, 4]])
mu = np.array([1, 2])
sigma = np.array([[1, 0], [0, 1]])
print(gauss(x, mu, sigma))
```

Out

```
[ 0.15915494  0.05854983  0.00291502]
```

このガウス関数を複数足し合わせることで、混合ガウスモデル **mixgauss(x, pi, mu, sigma)** を定義します（リスト 9-2-(4)）。

In

```
# リスト  9-2-(4)
# 混合ガウスモデル ----------
def mixgauss(x, pi, mu, sigma):
    N, D = x.shape
    K = len(pi)
    p = np.zeros(N)
```

```
    # 式9-14の計算
    for k in range(K):
        p = p + pi[k] * gauss(x, mu[k, :], sigma[k, :, :])
    return p
```

入力データ **x** は $N \times D$ の行列、混合係数 **pi** は長さ K のベクトル、そして、中心ベクトル **mu** は、今度は $K \times D$ の行列として K 個のガウス関数の中心を一度に指定します。ただし、$D=2$ に限るとします。同様に、共分散行列 **sigma** は $K \times D \times D$ の3次元配列変数で K 個のガウス関数の共分散行列を一気に指定します。適当な数値を入れて動作を確認してみましょう（リスト9-2-(5)）。

In

```
# リスト 9-2-(5)
# テスト ----------
x = np.array([[1, 2], [2, 2], [3, 4]])
pi = np.array([0.3, 0.7])
mu = np.array([[1, 1], [2, 2]])
sigma = np.array([[[1, 0], [0, 1]], [[2, 0], [0, 1]]])
print(mixgauss(x, pi, mu, sigma))
```

Out

```
[ 0.09031182  0.09634263  0.00837489]
```

入力した3つのデータに対する値が出力されました。それでは、この関数はどのような形をしているのでしょうか？　混合ガウスモデルをグラフィカルに描写する関数を作りましょう。リスト9-2-(6)で、等高線表示の関数 **show_contour_mixgauss()** と、3Dのサーフェス表示の関数 **show3d_mixgauss()** を作ります。

In

```
# リスト  9-2-(6)
%matplotlib inline
import matplotlib.pyplot as plt


# 混合ガウス 等高線表示 ----------
def show_contour_mixgauss(pi, mu, sigma):
    x0_n, x1_n = 40, 40  # 等高線表示の解像度
    x0 = np.linspace(X0_min, X0_max, x0_n)
```

```
    x1 = np.linspace(X1_min, X1_max, x1_n)
    xx0, xx1 = np.meshgrid(x0, x1)
    x = np.c_[xx0.reshape(-1), xx1.reshape(-1)]
    f = mixgauss(x, pi, mu, sigma)
    f = f.reshape(x1_n, x0_n)
    plt.contour(xx0, xx1, f, levels=10, colors="gray")


# 混合ガウス サーフェス表示 ----------
def show3d_mixgauss(ax, pi, mu, sigma):
    x0_n, x1_n = 40, 40  # サーフェス表示の解像度
    x0 = np.linspace(X0_min, X0_max, x0_n)
    x1 = np.linspace(X1_min, X1_max, x1_n)
    xx0, xx1 = np.meshgrid(x0, x1)
    x = np.c_[xx0.reshape(-1), xx1.reshape(-1)]
    f = mixgauss(x, pi, mu, sigma)
    f = f.reshape(x0_n, x1_n)
    ax.plot_surface(
        xx0, xx1, f,
        rstride=2, cstride=2, alpha=0.3, color="blue", edgecolor="black",
    )
```

それでは適当なパラメータをセットして混合ガウスモデルを描画してみましょう（リスト 9-2-(7)）。

In

```
# リスト 9-2-(7)
# テスト ----------
pi = np.array([0.2, 0.4, 0.4])
mu = np.array([[-2, -2], [-1, 1], [1.5, 1]])
sigma = np.array([
    [[0.5, 0], [0, 0.5]],
    [[1, 0.25], [0.25, 0.5]],
    [[0.5, 0], [0, 0.5]],
])
plt.figure(figsize=(8, 3.5))
```

```
# 等高線表示
plt.subplot(1, 2, 1)
show_contour_mixgauss(pi, mu, sigma)
plt.grid()
# サーフェス表示
ax = plt.subplot(1, 2, 2, projection="3d")
show3d_mixgauss(ax, pi, mu, sigma)
ax.set_zticks([0.05, 0.10])
ax.set_xlabel("$x_0$", fontsize=14)
ax.set_ylabel("$x_1$", fontsize=14)
ax.view_init(40, -100)
plt.xlim(X0_min, X0_max)
plt.ylim(X1_min, X1_max)
plt.show()
```

Out

```
# 実行結果は図 9.11 上を参照
```

これで図 9.11 上に示した混合ガウスモデルが描画されます。パラメータを変えて形がどう変わるか確かめると理解が深まります。

9.3.3 EM アルゴリズムの概要

それでは、準備が整いましたので、前述の混合ガウスモデルを使ってデータのクラスタリングを行います。ここでは、**EM アルゴリズム**（expectation-maximization algorithm）という方法を使って、混合ガウスモデルをデータにフィッティングしつつ、負担率$\boldsymbol{\gamma}$を求める方法を解説します。この方法は、9.2 節で解説した K-means 法を拡張した方法として解釈することができます。

まず、EM アルゴリズムの概要です（図 9.12）。

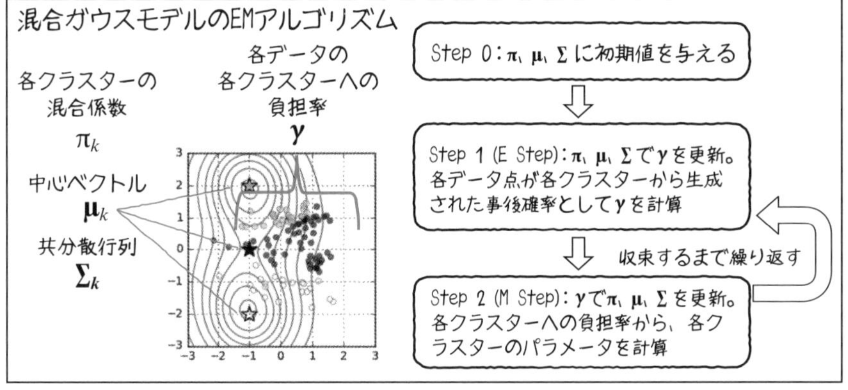

図 9.12：混合ガウスモデルの EM アルゴリズム：概要

K-means 法では、各クラスターを中心ベクトル $\boldsymbol{\mu}$ で特徴化しましたが、混合ガウスモデルでは、中心ベクトル $\boldsymbol{\mu}$ だけでなく、共分散行列 $\boldsymbol{\Sigma}$ によって各クラスターの広がり具合を記述します。また、混合係数 $\boldsymbol{\pi}$ によって、各クラスターの大きさの違いを記述します。そして、クラスタリングの出力は、K-means 法では 1-of-K 符号化法での $\mathbf{R}$ でしたが、混合ガウスモデルは、各クラスに所属するであろう確率に対応する負担率 $\boldsymbol{\gamma}$ を出力します。

アルゴリズムは、Step 0 として $\boldsymbol{\pi}$、$\boldsymbol{\mu}$、$\boldsymbol{\Sigma}$ の初期化からはじまり、Step 1 では現時点での $\boldsymbol{\pi}$、$\boldsymbol{\mu}$、$\boldsymbol{\Sigma}$ を使って、$\boldsymbol{\gamma}$ を求めます。この Step は EM アルゴリズムで **E Step**（Expectation Step）と呼ばれています。次の Step 2 では、現時点での $\boldsymbol{\gamma}$ を使って $\boldsymbol{\pi}$、$\boldsymbol{\mu}$、$\boldsymbol{\Sigma}$ を求めます。この Step は EM アルゴリズムで **M Step**（Maximization Step）と呼ばれています。この E Step と M Step を、パラメータが収束するまで繰り返します。

9.3.4 Step 0：変数の準備と初期化

それでは実際にプログラムで実装していきましょう。まず変数の初期化とパラメータの図示をリスト 9-2-(8) で行います。

In

```
# リスト 9-2-(8)
# パラメータの図示関数 ----------
def show_mixgauss_prm(x, gamma, pi, mu, sigma):
    cols = np.array([  # 各クラスの描画色
        [0.4, 0.6, 0.95],
```

```
        [1, 1, 1],
        [0, 0, 0],
    ])
    N = x.shape[0]
    K = len(pi)
    show_contour_mixgauss(pi, mu, sigma)
    # データ点の描画
    for n in range(N):
        col = (  # プロットの色を gamma で混合し作成
            gamma[n, 0] * cols[0]
          + gamma[n, 1] * cols[1]
          + gamma[n, 2] * cols[2]
        )
        plt.plot(
            x[n, 0], x[n, 1], color=col,
            marker="o", markeredgecolor="black",
            markersize=6, alpha=0.5,
        )
    # 中心ベクトルの描画
    for k in range(K):
        plt.plot(
            mu[k, 0], mu[k, 1], color=cols[k],
            marker="*", markeredgecolor="black",
            markersize=15, markeredgewidth=1,
        )
    plt.grid()

# メイン ----------
N = X.shape[0]  # データ数
# パラメータの初期化
Pi = np.array([0.33, 0.33, 0.34])
Mu = np.array([[-2, 1], [-2, 0], [-2, -1]])
Sigma = np.array([[[1, 0], [0, 1]], [[1, 0], [0, 1]], [[1, 0], [0, 1]]])
Gamma = np.c_[np.ones((N, 1)), np.zeros((N, 2))]
```

```
# グラフ描画
plt.figure(figsize=(4, 4))
show_mixgauss_prm(X, Gamma, Pi, Mu, Sigma)
plt.show()
```

Out

```
# 実行結果は図 9.13 を参照
```

結果を図 9.13 で詳しく見てみましょう。初期値として与えた中心ベクトルが近接しているので、3 つのガウス関数が重なり、縦長の 1 つの山のような分布が表現されています。

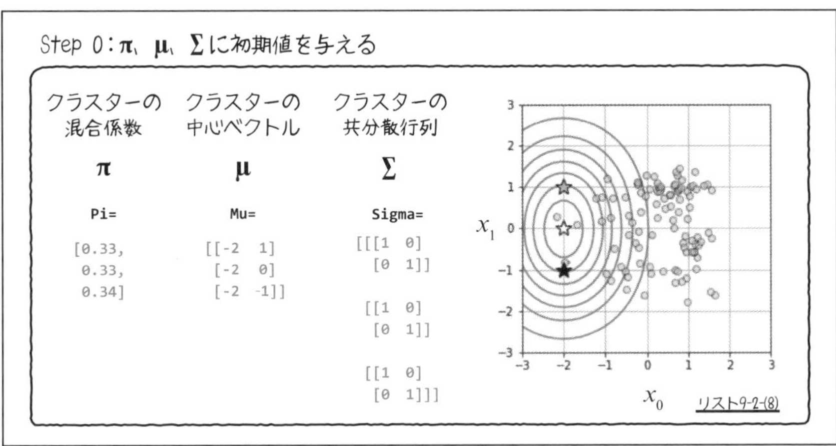

図 9.13：混合ガウスモデルの EM アルゴリズム：初期化

9.3.5 Step 1 (E Step)：γの更新

次は Step 1（E Step）です（図 9.14）。

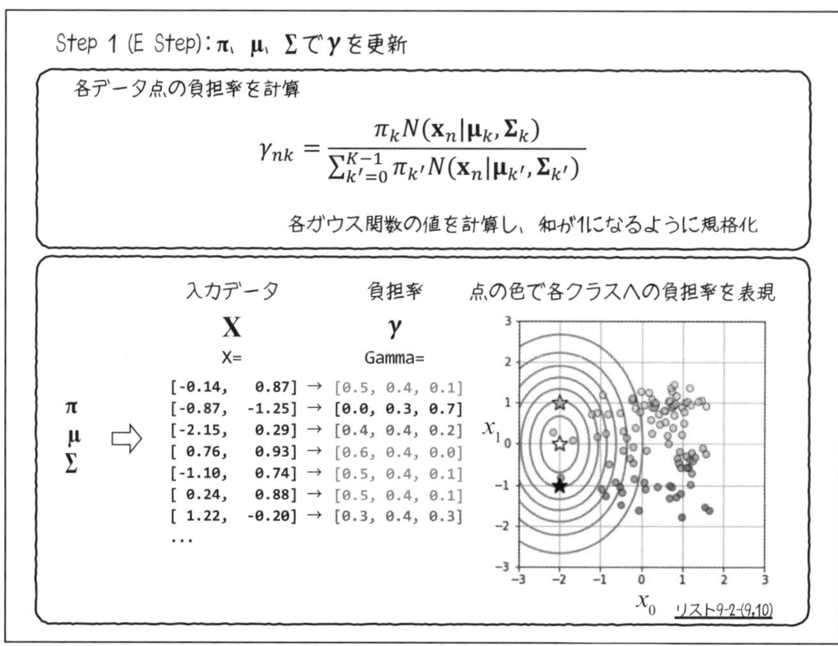

図 9.14：混合ガウスモデルの EM アルゴリズム：Step1（E Step）

式 9-16 で負担率 **γ**をすべての n と k について更新します。

$$\gamma_{nk} = \frac{\pi_k N(\mathbf{x}_n|\boldsymbol{\mu}_k, \boldsymbol{\Sigma}_k)}{\sum_{k'=0}^{K-1} \pi_{k'} N(\mathbf{x}_n|\boldsymbol{\mu}_{k'}, \boldsymbol{\Sigma}_{k'})} \quad \textbf{(9-16)}$$

式 9-16 の意味するところは以下のような内容です。

あるデータ点 n に着目したとき、そのデータ点での各ガウス関数の高さ $a_k = \pi_k N(\mathbf{x}_n|\boldsymbol{\mu}_k, \boldsymbol{\Sigma}_k)$を求めます。そして、$k$ で和をとって 1 になるように a_k の総和 $\sum_{k'=0}^{K-1} a_{k'}$で割って規格化したものをγ_{nk}とする、ということです。「ガウス関数の値が高いほど、負担率も高くなる」という、直感に合う更新の仕方だと言えるでしょう。

E Step を進める関数 **e_step_mixgauss** をリスト 9-2-(9) で定義して、E Step を行います。

In

```
# リスト 9-2-(9)
# gamma を更新する (E Step) ----------
def e_step_mixgauss(x, pi, mu, sigma):
    N = x.shape[0]
    K = len(pi)
    y = np.zeros((N, K))
    # ガウス関数の値の計算
    for k in range(K):
        y[:, k] = gauss(x, mu[k, :], sigma[k, :, :])
    # 式 9-16 で、負担率 gamma を計算
    gamma = np.zeros((N, K))
    for n in range(N):
        a = np.zeros(K)
        for k in range(K):
            a[k] = pi[k] * y[n, k]
        gamma[n, :] = a / np.sum(a)
    return gamma


# メイン ----------
Gamma = e_step_mixgauss(X, Pi, Mu, Sigma)
```

この結果をリスト 9-2-(10) で表示させましょう。

In

```
# リスト 9-2-(10)
# パラメータ表示 ----------
plt.figure(figsize=(4, 4))
show_mixgauss_prm(X, Gamma, Pi, Mu, Sigma)
plt.show()
```

Out

```
# 実行結果は図 9.14 を参照
```

図 9.14 に示した図が表示されます。更新された負担率は、色のグラデーションで表しています。

9.3.6 Step 2 (M Step)：π、μ、Σの更新

次はStep 2（M Step）です。まず、各クラスターへの負担率の和 N_k を求めます（式9-17）。

$$N_k = \sum_{n=0}^{N-1} \gamma_{nk} \tag{9-17}$$

式9-17は、K-means法で言うところの、各クラスターに属するデータの数に相当します。この式をもとに、混合係数 $\boldsymbol{\pi}_k$ を更新します（式9-18）。

$$\pi_k^{new} = \frac{N_k}{N} \tag{9-18}$$

N は全データ数ですので、混合係数は、全体に対するクラスター内の数の割合といった、これも直感に合う更新式であると言えるでしょう。

そして、中心ベクトル $\boldsymbol{\mu}_k$ を以下の式9-19で更新します。

$$\boldsymbol{\mu}_k^{new} = \frac{1}{N_k} \sum_{n=0}^{N-1} \gamma_{nk} \mathbf{x}_n \tag{9-19}$$

式9-19は、そのクラスターへの負担率の重みを付けたデータの平均となっています。これは、K-means法で言うところの、「クラスター内のデータの平均を求める」というStep 2に対応しています。

そして最後に、ガウス分布の共分散行列を更新します（式9-20）。式9-20の更新式には、式9-19で求めた $\boldsymbol{\mu}_k^{new}$ が使われていることに注意してください。

$$\boldsymbol{\Sigma}_k^{new} = \frac{1}{N_k} \sum_{n=0}^{N-1} \gamma_{nk} (\mathbf{x}_n - \boldsymbol{\mu}_k^{new})(\mathbf{x}_n - \boldsymbol{\mu}_k^{new})^{\mathrm{T}} \tag{9-20}$$

式9-20は、クラスターへの負担率の重みを付けたデータの共分散行列を求めるものであり、ガウス関数をデータにフィッティングする場合における共分散行列の求め方に類似しています。

さて、このM Stepを行う関数 `m_step_mixgauss` をリスト9-2-(11)で作り、M

Step を実行します。

In

```
# リスト 9-2-(11)
# Pi、Mu、Sigma を更新する (M step) ----------
def m_step_mixgauss(x, gamma):
    N, D = x.shape
    K = gamma.shape[1]
    # 式 9-17 で、N_k を計算
    N_k = np.sum(gamma, axis=0)
    # 式 9-18 で、pi を計算
    pi = N_k / N
    # 式 9-19 で、mu を計算
    mu = np.zeros((K, D))
    for k in range(K):
        for d in range(D):
            mu[k, d] = gamma[:, k] @ x[:, d] / N_k[k]
    # 式 9-20 で、sigma を計算
    sigma = np.zeros((K, D, D))
    for k in range(K):
        sigma_k = np.zeros((D, D))
        for n in range(N):
            x_mu = x[n, :] - mu[k, :]  # x - mu
            x_mu = x_mu.reshape(2, 1)  # 縦ベクトルに直す
            sigma_k = sigma_k + gamma[n, k] * x_mu @ x_mu.T
        sigma[k, :, :] = sigma_k / N_k[k]
    return pi, mu, sigma


# メイン ----------
Pi, Mu, Sigma = m_step_mixgauss(X, Gamma)
```

この結果を表示してみましょう（リスト 9-2-(12)）。

In

```
# リスト 9-2-(12)
# パラメータ表示 ----------
```

```
plt.figure(figsize=(4, 4))
show_mixgauss_prm(X, Gamma, Pi, Mu, Sigma)
plt.show()
```

Out

```
# 実行結果は図 9.15 を参照
```

図 9.15 の図が表示されたはずです。中心ベクトルを表す星マークがぐっとクラスターの中心に動いたことが確認できました。

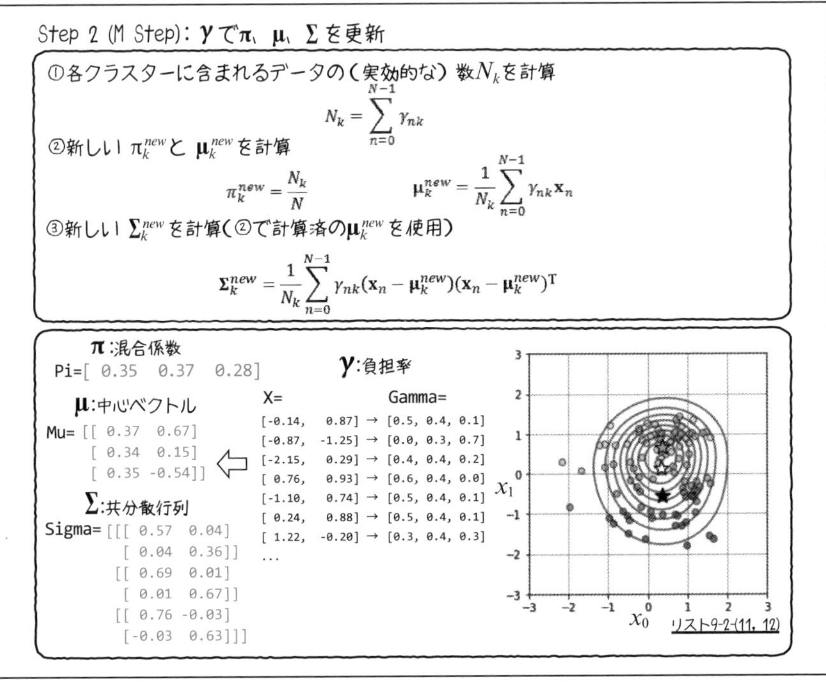

図 9.15：混合ガウスモデルの EM アルゴリズム：Step 2 (M Step)

さて、後は淡々と E Step と M Step を繰り返していくだけです。次のリスト 9-2-(13) では、パラメータを初期値に戻してから 20 回繰り返し、その途中経過を表示します（中心ベクトルの初期値は、分布を覆うように変更しました）。

In

```
# リスト 9-2-(13)
# パラメータの初期化 --------
Pi = np.array([0.3, 0.3, 0.4])
```

```
Mu = np.array([[2, 2], [-2, 0], [2, -2]])
Sigma = np.array([[[1, 0], [0, 1]], [[1, 0], [0, 1]], [[1, 0], [0, 1]]])
Gamma = np.c_[np.ones((N, 1)), np.zeros((N, 2))]
max_it = 20  # 繰り返しの回数


# メイン --------
plt.figure(figsize=(10, 6.5))
i_subplot = 1
for it in range(0, max_it):
    Gamma = e_step_mixgauss(X, Pi, Mu, Sigma)  # E-step
    if it < 4 or it > 17:                      # パラメータの描画
        plt.subplot(2, 3, i_subplot)
        show_mixgauss_prm(X, Gamma, Pi, Mu, Sigma)
        plt.title("{0:d}".format(it + 1))
        plt.xticks(range(X0_min, X0_max), "")
        plt.yticks(range(X1_min, X1_max), "")
        i_subplot = i_subplot + 1
    Pi, Mu, Sigma = m_step_mixgauss(X, Gamma)  # M-step
plt.show()
```

Out

```
# 実行結果は図 9.16 を参照
```

結果を図 9.16 で詳しく見てみましょう。

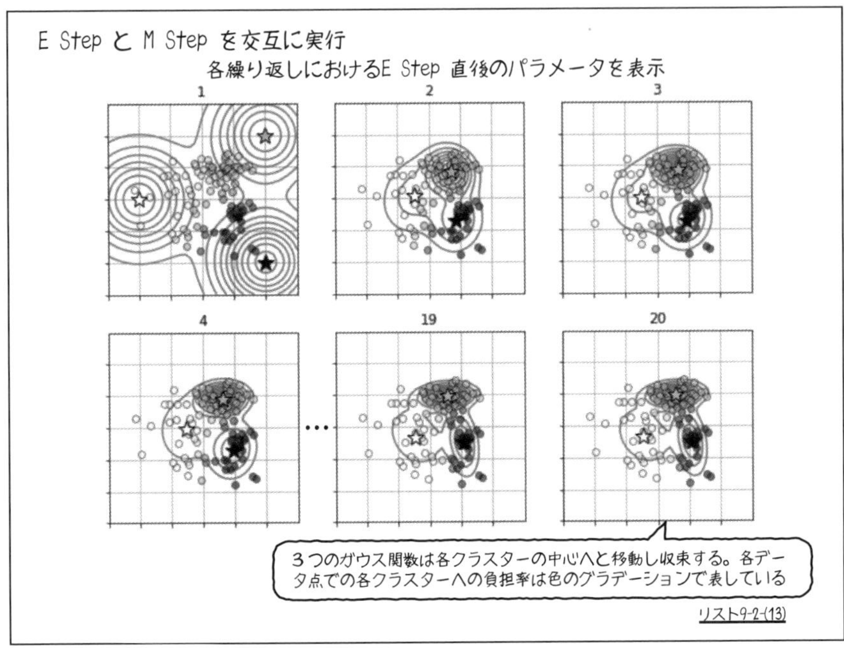

図 9.16：混合ガウスモデルの EM アルゴリズムの収束過程

図 9.16 のようにパラメータの変化が表示されたと思います。最終的に、3 つの星で表された中心ベクトルは各クラスターの中心付近に落ち着きました。そして、K-means 法の結果とは異なり、各データのクラスターへの所属が、負担率という確率で表されました。この結果は、データ点の色で表しています。青、白、黒で、3 つのクラスターを表していますが、クラスターの境界付近では、その中間的な色でデータが表されていることが確認できます。

クラスタリングの結果は、K-means 法と同様に、パラメータの初期値によって異なります。実践的には、いろいろな初期値で試して、最もよい結果を選びます。

クラスタリングのよさを評価するのに、K-means 法の場合には歪み尺度を使いましたが、混合ガウスモデルの場合には、次の最後の節で説明する「尤度」を使います。

9.3.7 尤度

混合ガウスモデルはデータの分布 $p(\mathbf{x})$ を表すモデルです。第 6 章の分類問題で扱ったロジスティック回帰モデルは、$p(t|\mathbf{x})$ と $\mathbf{x}$ に対してクラスの確率を表すモデルでしたので、クラスタリングで扱うモデルは分類問題で扱ったモデルとは別なタイプです。そして EM アルゴリズムは、混合ガウスモデルが入力データ $\mathbf{X}$ の分布に合うように、パラメータを更新するアルゴリズムでした。入力データが密になっている部分にガウス関数が配置され、入力データが疎になっている部分は分布の値が低くなるように、パラメータが調節されました。その結果、「各ガウス分布が異なるクラスターを表した」のです。

それでは、EM アルゴリズムは一体何を最適化していたのでしょうか？　また目的関数は一体なんだったのでしょうか？　それは、第 6 章で解説した尤度です。つまり、入力データ $\mathbf{X}$ は、混合ガウスモデルから生成されたものと考え、$\mathbf{X}$ が生成された確率（尤度）が最も高くなるようにパラメータが更新されていたのです。

EM アルゴリズムでの各パラメータの更新規則は、何の証明もなく天下り的に解説してきましたが、実はこの尤度最大化の原理に従って導かれるものです（参考文献：『パターン認識と機械学習（下）』（C.M. ビショップ 著、村田 昇　他監訳、丸善出版、2012 年）、9.2.2 項、P.151-152）。

尤度は、すべてのデータ点 $\mathbf{X}$ がモデルから生成された確率ですので、式 9-21 で与えられます。

$$p(\mathbf{X}|\boldsymbol{\pi}, \boldsymbol{\mu}, \boldsymbol{\Sigma}) = \prod_{n=0}^{N-1} \sum_{k=0}^{K-1} \pi_k N(\mathbf{x}_n | \boldsymbol{\mu}_k, \boldsymbol{\Sigma}_k) \tag{9-21}$$

この対数をとった対数尤度は、式 9-22 となります。

$$\log p(\mathbf{X}|\boldsymbol{\pi}, \boldsymbol{\mu}, \boldsymbol{\Sigma}) = \sum_{n=0}^{N-1} \left\{ \log \sum_{k=0}^{K-1} \pi_k N(\mathbf{x}_n | \boldsymbol{\mu}_k, \boldsymbol{\Sigma}_k) \right\} \tag{9-22}$$

尤度や対数尤度は最適化させるときに最大化させますので、-1 を掛けた負の対数尤度を誤差関数 $E(\boldsymbol{\pi}, \boldsymbol{\mu}, \boldsymbol{\Sigma})$ として定義します（式 9-23）。

$$E(\boldsymbol{\pi}, \boldsymbol{\mu}, \boldsymbol{\Sigma}) = -\log p(\mathbf{X}|\boldsymbol{\pi}, \boldsymbol{\mu}, \boldsymbol{\Sigma}) = -\sum_{n=0}^{N-1}\left\{\log\sum_{k=0}^{K-1}\pi_k N(\mathbf{x}_n|\boldsymbol{\mu}_k, \boldsymbol{\Sigma}_k)\right\} \quad \textbf{(9-23)}$$

それでは、パラメータをもう一度初期値に戻して、誤差関数 $E\,(\boldsymbol{\pi}, \boldsymbol{\mu}, \boldsymbol{\Sigma})$ が、アルゴリズムでの更新ステップで単調減少するかどうかを見てみましょう。まず、リスト 9-2-(14) で誤差関数を定義します。

In

```
# リスト 9-2-(14)
# 混合ガウスの誤差関数 ----------
def nlh_mixgauss(x, pi, mu, sigma):
    # x: NxD
    # pi: Kx1
    # mu: KxD
    # sigma: KxDxD
    # output err: NxK
    N = x.shape[0]
    K = len(pi)
    # ガウス関数の値を計算
    y = np.zeros((N, K))
    for k in range(K):
        y[:, k] = gauss(x, mu[k, :], sigma[k, :, :])
    # 式 9-22 で、対数尤度の計算
    lh = 0
    for n in range(N):
        sum_pi_g = 0
        for k in range(K):
            sum_pi_g = sum_pi_g + pi[k] * y[n, k]
        lh = lh + np.log(sum_pi_g)
    # 誤差関数に変換
    err = -lh
    return err
```

そして、次のリスト 9-2-(15) で、誤差関数の変化をグラフにします。

In

```
# リスト 9-2-(15)
# パラメータの初期化 ----------
Pi = np.array([0.3, 0.3, 0.4])
Mu = np.array([[2, 2], [-2, 0], [2, -2]])
Sigma = np.array([[[1, 0], [0, 1]], [[1, 0], [0, 1]], [[1, 0], [0, 1]]])
Gamma = np.c_[np.ones((N, 1)), np.zeros((N, 2))]


# 誤差関数の計算 ----------
max_it = 20
it = 0
Err = np.zeros(max_it)
for it in range(0, max_it):
    Gamma = e_step_mixgauss(X, Pi, Mu, Sigma)  # E-step
    Err[it] = nlh_mixgauss(X, Pi, Mu, Sigma)   # 誤差関数の値を計算
    Pi, Mu, Sigma = m_step_mixgauss(X, Gamma)  # M-step
# 結果表示
print('Err =', np.round(Err, 2))


# グラフ描画 ----------
plt.figure(figsize=(4, 4))
plt.plot(np.arange(max_it) + 1, Err, "black", linestyle="-", marker="o")
plt.grid()
plt.show()
```

Out

```
# 実行結果は図 9.17 右を参照
```

図 9.17 で実行結果を詳しく見ていきましょう。

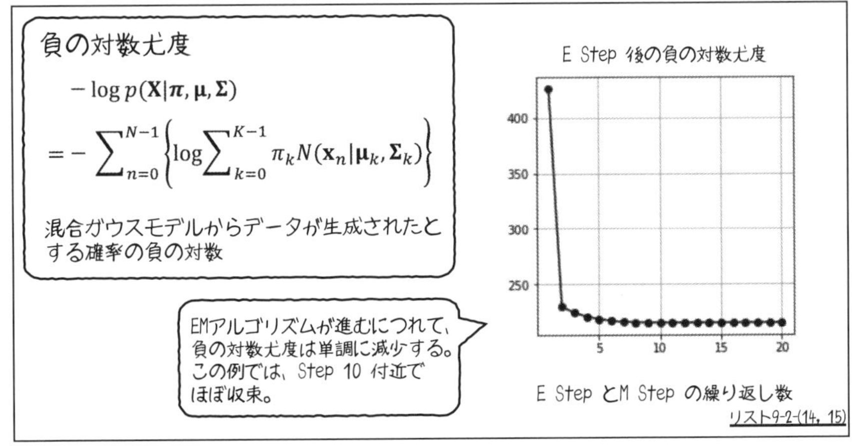

図 9.17：混合ガウスモデルの EM アルゴリズム：負の対数尤度

負の対数尤度は徐々に減少し、Step 10 くらいにはすでにほとんど収束していたことがわかります。実用的には、この負の対数尤度を計算することで、アルゴリズムが正常に動作しているかをチェックすることができますし、繰り返し計算の終了条件にも使うことができるでしょう。

また、前項で述べたように、いろいろな初期値でクラスタリングを試した場合、その中で最もよい結果は、負の対数尤度が最も小さいものと判断することができます。

これで第 9 章の内容も終わりです。第 9 章では、教師なし学習の問題であるクラスタリングを、K-means 法と混合ガウスモデルで解く方法を紹介しました。

第 10 章

要点のまとめ

要点のまとめ

本書の内容を最短で展望するために、重要な概念と式をまとめました。学習後の早見表として使っていただければと思います。なお、数式や図の連番は引用しているページのままです。

回帰と分類 P.152

教師あり学習の問題は、**回帰**と**分類**に分けられます。回帰は、入力に対して連続した数値を割り当てる問題です。分類は、入力に対してクラス（ラベル）を対応付ける問題です。

*D*次元線形回帰モデル P.180

回帰に使われる最もシンプルなモデルです。

$$y(\mathbf{x}) = w_0 x_0 + w_1 x_1 + \cdots + w_{D-1} x_{D-1} + w_D \tag{5-37}$$

D次元入力$\mathbf{x} = [x_0, x_1, \cdots, x_{D-1}]^{\mathrm{T}}$に対する目標データ$t$を出力$y$で予測します。$D = 1$のとき**直線モデル**、$D = 2$のとき**面モデル**となります。

平均二乗誤差 P.181

モデルの予測yと目標データtの差の二乗の平均です。回帰の**目的関数**です。

$$J(\mathbf{w}) = \frac{1}{N} \sum_{n=0}^{N-1} (y(\mathbf{x}_n) - t_n)^2 \tag{5-40}$$

D次元線形回帰モデルの解析解 P.185

線形回帰モデルの場合、目的関数（平均二乗誤差）を最小にする$\mathbf{w}$は以下の式で解析的に求めることができます。

$$\mathbf{w} = (\mathbf{X}^{\mathrm{T}}\mathbf{X})^{-1}\mathbf{X}^{\mathrm{T}}\mathbf{t} \tag{5-60}$$

ここで、$\mathbf{w}$は以下のパラメータベクトルとなります。

$$\mathbf{w} = \begin{bmatrix} w_0 \\ w_1 \\ \vdots \\ w_{D-1} \\ w_D \end{bmatrix}$$

$\mathbf{X}$は、常に1をとるダミー入力を加えた以下のデータ行列です。

$$\mathbf{X} = \begin{bmatrix} x_{0,0} & x_{0,1} & \cdots & x_{0,D-1} & 1 \\ x_{1,0} & x_{1,1} & \cdots & x_{1,D-1} & 1 \\ \vdots & \vdots & \ddots & \vdots & \vdots \\ x_{N-1,0} & x_{N-1,1} & \cdots & x_{N-1,D-1} & 1 \end{bmatrix}$$

$\mathbf{t}$は目標データのベクトルです。

$$\mathbf{t} = \begin{bmatrix} t_0 \\ t_1 \\ \vdots \\ t_{N-1} \end{bmatrix}$$

線形基底関数モデル P.190

回帰に使われる以下のモデルを線形基底関数モデルと言います。曲線や曲面を表すことができます（ここでは$\mathbf{x}$をD次元ベクトルとして表記しています）。

$$y(\mathbf{x}, \mathbf{w}) = \sum_{j=0}^{M} w_j \phi_j(\mathbf{x}) = \mathbf{w}^{\mathrm{T}} \boldsymbol{\phi}(\mathbf{x}) \tag{5-66}$$

ここで、$\mathbf{w}$はパラメータベクトルです。

$$\mathbf{w} = \begin{bmatrix} w_0 \\ w_1 \\ \vdots \\ w_M \end{bmatrix}$$

$\boldsymbol{\phi}$は基底関数のベクトルです。

$$\boldsymbol{\phi} = \begin{bmatrix} \phi_0 \\ \phi_1 \\ \vdots \\ \phi_M \end{bmatrix}$$

入力$\mathbf{x}$が 1 次元の場合にガウス関数を基底関数に使うとしたら、基底関数ϕ_jは以下のようになります。

$$\phi_j(x) = \exp\left\{-\frac{\left(x-\mu_j\right)^2}{2s^2}\right\} \tag{5-64}$$

ただし、最後のϕ_Mは、常に 1 の値をとるダミーの基底関数です。

線形基底関数モデルの解析解 P.191

線形基底関数モデルの場合、平均二乗誤差を最小にする$\mathbf{w}$は以下の式で解析的に求まります。

$$\mathbf{w} = (\boldsymbol{\Phi}^{\mathrm{T}}\boldsymbol{\Phi})^{-1}\boldsymbol{\Phi}^{\mathrm{T}}\mathbf{t} \tag{5-68}$$

ここで、$\boldsymbol{\Phi}$は**計画行列**です。

$$\boldsymbol{\Phi} = \begin{bmatrix} \phi_0(\mathbf{x}_0) & \phi_1(\mathbf{x}_0) & \cdots & \phi_M(\mathbf{x}_0) \\ \phi_0(\mathbf{x}_1) & \phi_1(\mathbf{x}_1) & \cdots & \phi_M(\mathbf{x}_1) \\ \vdots & \vdots & \ddots & \vdots \\ \phi_0(\mathbf{x}_{N-1}) & \phi_1(\mathbf{x}_{N-1}) & \cdots & \phi_M(\mathbf{x}_{N-1}) \end{bmatrix} \tag{5-70}$$

オーバーフィッティング（過学習）P.195

データ点にうまくモデルをフィッティングでき、その誤差が十分に小さかったとしても、データ点以外の範囲でモデルの関数の形が歪み、新しいデータに対する予測は悪くなってしまう現象のことです（図 5.15）。

ホールドアウト検証 P.197

オーバーフィッティングの問題の解決法の 1 つです。データを訓練データとテストデータに分け、モデルのパラメータは訓練データを使って決定します。そして、そのパラメータ (または、モデル) の評価（平均二乗誤差）はテストデータを用いて計算します。このテストデータでの誤差が小さければ、オーバーフィッティングが起きていないと判定できます。

K- 分割交差検証 P.201

データを K 個に分割し、1 つをテストデータ、残りを訓練データとしてホールドアウト検証を行います。テストデータを変えながら同様の検証を K 回行い、評価を平均する手法です。

リーブワンアウト交差検証 P.202

データを N で分割する K-分割交差検証のことです。データが特に少ないときに使われます。

尤度（ゆうど）P.224

データがモデルから生成される確率（もっともらしさ）です。

最尤推定 P.224

尤度が最も高くなるように、言い換えれば、データが生成される確率が最も高くなるように、パラメータを推定する方法です。

ロジスティック回帰モデル P.228

回帰という名前が付いていますが、2 クラスの分類で使われるモデルのことです。入力が 1 次元の場合は以下のようになります。

$$y = \sigma(a) = \frac{1}{1 + \exp(-a)} \tag{6-10}$$

$$a = w_0 x + w_1$$

モデルの出力yは 0 ～ 1 の実数で、どちらかのクラスに属する確率を表します。解析解がないので、パラメータは次の勾配法で求めます。

ロジスティック回帰モデルの勾配法 P.237

平均交差エントロピー誤差を目的関数とした場合の勾配法です。

$$w_0(\tau + 1) = w_0(\tau) - \alpha \frac{\partial E}{\partial w_0}$$

$$w_1(\tau + 1) = w_1(\tau) - \alpha \frac{\partial E}{\partial w_1}$$

ここで、偏微分の項は以下のようになります。

$$\frac{\partial E}{\partial w_0} = \frac{1}{N} \sum_{n=0}^{N-1} (y_n - t_n) x_n \tag{6-32}$$

$$\frac{\partial E}{\partial w_1} = \frac{1}{N} \sum_{n=0}^{N-1} (y_n - t_n) \tag{6-33}$$

平均交差エントロピー誤差　その 1 P.232

ロジスティック回帰モデルの目的関数です。尤度の負の対数の平均で表されます。勾配法で使用します。

$$E(\mathbf{w}) = -\frac{1}{N} \log P(\mathbf{T}|\mathbf{X}) = -\frac{1}{N} \sum_{n=0}^{N-1} \{t_n \log y_n + (1 - t_n) \log(1 - y_n)\} \tag{6-17}$$

3 クラス分類ロジスティック回帰モデル P.253

回帰という名前が付いていますが、3 クラスの分類で使われるモデルです。モデルの出力y_kは、クラス$k = 0, 1, 2$に属する確率を表します。

$$y_k = \frac{\exp(a_k)}{u} \tag{6-43}$$

ここで、a_kは各クラス$k = 0, 1, 2$に対する入力総和です。

$$a_k = \sum_{i=0}^{D} w_{ki} x_i \tag{6-41}$$

uは以下で表されます。

$$u = \sum_{k=0}^{K-1} \exp\,(a_k) \tag{6-42}$$

解析解はないのでパラメータは次の勾配法で求めます。

3 クラス分類ロジスティック回帰モデルの勾配法 P.257

平均交差エントロピー誤差を目的関数とした場合の勾配法です。

$$w_{ki}(\tau + 1) = w_{ki}(\tau) - \alpha \frac{\partial E}{\partial w_{ki}}$$

ここで、偏微分の項は以下のようになります。

$$\frac{\partial E}{\partial w_{ki}} = \frac{1}{N} \sum_{n=0}^{N-1} (y_{nk} - t_{nk})\, x_{ni} \tag{6-51}$$

平均交差エントロピー誤差　その2 P.256

多分類ロジスティック回帰モデルの目的関数です。尤度の負の対数の平均で表されます。

$$E(\mathbf{W}) = -\frac{1}{N}\log P(\mathbf{T}|\mathbf{X}) = -\frac{1}{N}\sum_{n=0}^{N-1}\sum_{k=0}^{K-1} t_{nk}\log y_{nk} \quad \textbf{(6-50)}$$

目的変数t_{nk}は属するクラスkでのみ1で、他は0とする **1-of-K 符号化法**で表されているとします。

ニューロンモデル P.270

神経細胞のモデルです。ロジスティック回帰モデルと等価なので、単体では2クラスの分類で使うことができますが、複数組み合わせることでニューラルネットワークを構成することができます。

入力$\mathbf{x} = [x_0, x_1, \cdots, x_D]^{\mathrm{T}}$に対して$y$を出力します。ここで、$x_D$は常に1の値をとるダミー入力です。

$$y = \frac{1}{1 + \exp(-a)} \quad \textbf{(7-6)}$$

ここでaは入力総和です。

$$a = \sum_{i=0}^{D} w_i x_i \quad \textbf{(7-5)}$$

2層フィードフォワードニューラルネット P.274

D次元の入力データ $\mathbf{x}$ をKクラスに分類する場合のモデルです。

中間層の入力総和は、以下の通りです。ここで、x_Dは常に1の値をとるダミー入力です。

$$b_j = \sum_{i=0}^{D} w_{ji} x_i \quad \textbf{(7-14)}$$

中間層の出力は、以下の通りです。

$$z_j = h(b_j) \tag{7-15}$$

出力層の入力総和は､以下の通りです。ここで､z_M は常に 1 の値をとるダミーニューロンです。

$$a_k = \sum_{j=0}^{M} v_{kj} z_j \tag{7-16}$$

出力層の出力は、以下の通りです。

$$y_k = \frac{\exp(a_k)}{\sum_{l=0}^{K-1} \exp(a_l)} \tag{7-17}$$

解析解はないので、パラメータは誤差逆伝搬法で求めます。

誤差逆伝搬法（バックプロパゲーション） P.298

ネットワークの出力で生じる誤差の情報を使って、出力層の重みから入力側の重みへとパラメータを更新していく方法です。フィードフォワードニューラルネットに勾配法を適用すると自然に導出されます。

$$\delta_k^{(2)} = (y_k - t_k)h'(a_k) \tag{7-35}$$

$$\delta_j^{(1)} = h'(b_j) \sum_{k=0}^{K-1} v_{kj} \delta_k^{(2)} \tag{7-49}$$

$$v_{kj}(\tau + 1) = v_{kj}(\tau) - \alpha \delta_k^{(2)} z_j \tag{7-41}$$

$$w_{ji}(\tau + 1) = w_{ji}(\tau) - \alpha \delta_j^{(1)} x_i \tag{7-45}$$

ただし、式 7-41、式 7-45 はデータが 1 つの場合の更新則です。N 個のデータに対する更新則は図 7.21（P.305）を参照してください。

確率的勾配法 P.331

データの一部だけを使って目的関数（誤差関数）の勾配を近似的に計算する勾配法です。純粋な勾配法に比べて計算時間が速くなります。真の勾配方向から少しずれた方向に（ノイズの影響を受けているかのように）パラメータの更新が進むので、純粋な勾配法ではトラップされる局所解から逃れられる可能性があります。

ReLU 活性化関数 P.336

学習の停滞の問題を改善するために考案された、シグモイド関数に代わる活性化関数です。

$$h(x) = \begin{cases} x, & \text{if } x > 0 \\ 0, & \text{if } x \leq 0 \end{cases}$$ (図 8.6)

畳み込みニューラルネットワーク P.347

空間情報を検出する**空間フィルター**を使ったニューラルネットワークです。空間フィルターのパラメータ自体を学習します。

プーリング P.354

入力画像のずれに対する頑強さをネットワークに付加するテクニックです。**最大プーリング**や**平均プーリング**という方法があります。

ドロップアウト P.355

ニューラルネットワークの過学習を防ぎ、精度を上げる手法です。ニューロンの接続の一部をランダムに選んで無効にしながら学習させます。

教師なし学習の問題 P.362

教師あり学習の問題と異なり、入力データ$\mathbf{X}$のみを使用する問題です（クラスデータ$\mathbf{T}$は使わない)。クラスタリング、次元圧縮、異常検知などの問題が含まれます。

クラスタリング P.362

入力データの似た者同士を同じクラスに割り当てる問題です。

K-means 法 P.365

クラスタリングを解く最も基本的な方法です（図 9.2)。以下の手順となります。

Step 0：クラスターの**中心ベクトル**$\boldsymbol{\mu}$に初期値を与える。
Step 1：$\boldsymbol{\mu}$で**クラス指示変数**$\mathbf{R}$を更新する。
Step 2：$\mathbf{R}$で$\boldsymbol{\mu}$を更新する。

収束するまで Step 1 と Step 2 を繰り返します。

混合ガウスモデル P.381

2次元ガウス関数を複数足し合わせることで、様々な入力データ$\mathbf{x}$の分布を表現するモデルです。クラスタリングに使われます。

$$p(\mathbf{x}) = \sum_{k=0}^{K-1} \pi_k N(\mathbf{x}|\boldsymbol{\mu}_k, \boldsymbol{\Sigma}_k) \tag{9-14}$$

混合ガウスモデルの EMアルゴリズム P.387

確率的にクラス分類を行う方法です（図 9.12）。以下の手順となります。

Step 0：クラスターの**混合係数$\boldsymbol{\pi}$**、**中心ベクトル$\boldsymbol{\mu}$**、**共分散行列$\boldsymbol{\Sigma}$**に初期値を与える。
E step：$\boldsymbol{\pi}$、$\boldsymbol{\mu}$、$\boldsymbol{\Sigma}$で**負担率$\boldsymbol{\gamma}$**を更新する。
M step：$\boldsymbol{\gamma}$で$\boldsymbol{\pi}$、$\boldsymbol{\mu}$、$\boldsymbol{\Sigma}$を更新する。

収束するまで E step と M step を繰り返します。

おわりに

最後まで読んで頂き、ありがとうございます。第1章で述べましたように、数式を理解する最大のコツは、「小さな次元で考えること」だと思います。本書はその方針に従い、しつこいほどに1次元と2次元データの場合を重点的に考えてきました。内容的には地味になってしまいましたが、低次元からしっかり理解することで、D 次元の場合でも比較的楽に理解できたのではないでしょうか。理論を築いてきた先人たちも、はじめは1次元や2次元のイメージから考えを練りはじめ、最後の最後で D 次元の一般式にたどり着いていったのではないかと思うのです。

また、本書では MNIST のデータ以外は、人工データを使いました。人工データはあじけない感じもしますが、真のデータの分布を知っているということは、アルゴリズムが正しく動いていることを確認する上でとても役に立ちます。また、データの性質を自由に変えることができる点でもとても有用です。今後、読者の皆さんが独学でアルゴリズムを試す場合でも、まずは人工データで試すことをお勧めします。

本書がカバーした基本的な範囲でも、多くの実践的な問題に対応することができると思います。しかし、まだまだ強力で魅力的なモデルが機械学習の世界にはたくさんあります。教師あり学習の世界には、確率の理論をもっと持ち込むことができますし、教師なし学習の世界でデータを生成するモデルを学べば、機械に絵を描かせたり音楽を作らせたりすることができるようになります。強化学習を極めれば、ロボットを生き物のように動かすことができるようになるでしょう。

本書を読んだことで、「ビショップ本などの本格的な数学で記述された機械学習の教科書にも挑んでみよう」という気持ちになれましたら、筆者はこの上なくうれしく思います。

謝辞

本書の執筆にあたり、沖縄科学技術大学院大学で機械学習を共に学んだ皆様に心より感謝申し上げます。特に、大塚誠氏からは、機械学習やPythonに関する多くの知見を教えて頂きました。そして、幾度となく議論をしていただいたおかげで、理解を深めることができました。ありがとうございました。

INDEX

◉ 数字・記号

1-of-K符号化法 243, 342, 408
1次元入力2クラス分類 218
2次元ガウス関数 146
2次元入力2クラス分類 240
2次元入力3クラス分類 252
2次元のグラフ 60
2次元の配列 29
2層フィードフォワードニューラルネット 272, 275, 316, 408
2層フィードフォワードネットワークモデル 328
3クラス分類ロジスティック回帰モデル 407
3次関数 62
3次元のグラフ 68
3分類問題 316
3D 表示 148

◉ ギリシア文字

γの更新 390
μの更新 371
π、μ、Σの更新 392

◉ アルファベット

accuracy 321
Adaptive moment estimation 330
Anaconda 8
Anaconda Powershell Prompt 19
and 34
arange 63
average pooling 354
BMI 171
Body Mass Index 171

Calculation time 331
CEE 231
CNN 347
contour 75
Convolution 341
Convolution Neural Network 347
cornflowerblue 65
cross entropy error 231
cross-validation 201
decision boundary 221
def 53
design matrix 191
distortion measure 375
DropConnect 360
*D*次元線形回帰モデル 180, 402
E Step 394, 411
EMアルゴリズム 386, 411
enumerate 36
epochs 332
expectation-maximization algorithm 386
f文字列 27
Flatten 350
float型 24
for文 35
Gaussian mixture model 381
Help 52
hidden variable 380
if 文 33
ILSVRC 265
ImageNet Large Scale Visual Recognition Challenge 265
import 37, 81, 188
int型 24
Jupyter Notebook 12, 20
K-分割交差検証 201, 405
*K*次元ベクトル 278
Keras 19, 316, 320
K-fold cross-validation 201
K-means法 363, 365, 396, 410
latent variable 380
leave-one-out cross-validation 202
likelihood 224
linspace 63
list型 28
log likelihood 226

M Step 387, 394, 411
matplotlib 60
max pooling 354
Maximization Step 387
minimize 208
MNISTデータベース 326
MNIST認識ネットワークモデル 356
MSE 156, 208
ndarray型 38, 57
np.array 37
np.meshgrid 77
np.random.rand 41
np.round 154
NumPy 37
one-hot エンコーディング 243
or 34
pcolor 70
plt.plot 64
print 26
Python xiv, 8, 81, 147
Rの更新 368
range型 30
Rectified Linear Unit 336
ReLU活性化関数 336, 410
responsibility 380
SD 166
seed 値 330
Sequentialクラス 320
SSE 156
standard deviation 166
steepest descent method 159
sum of squared error 156
surface 72
TensorFlow 19, 316
TensorFlow.Keras 19, 316
Test accuracy 331
test data 197
Test loss 331
Theano 316
training data 197
tuple型 31
type 25

◉ あ

鞍点 290
位置引数 55
入れ子の関数の微分 96
入れ子の関数の偏微分 105
インデックス 28
エッジ 353
エディットモード 15
エポック数 332
オーバーフィッティング 194, 197
オーバーフロー 131
重み 268

◉ か

カーネル法 167
回帰 152, 402
回帰問題 7, 152
解析解 167, 177, 181, 404
ガウス関数 134, 143, 383, 384
ガウス基底関数 127, 194
過学習 197, 200, 405
学習則 160, 234
学習率 160
確率 218
確率的クラスタリング 378
確率的勾配法 331, 409
確率分布 147
隠れ変数 380
荷重 268
型 24
型の種類 24
活性化関数 274, 301, 329
カテゴリー 218
関数 53
キーワード引数 55
機械学習 2
基底関数 187
逆行列 119
強化学習 6
教師あり学習 6, 152, 214, 402
教師なし学習 6, 362
共分散 178

共分散行列　146, 382, 384, 411
行列　42, 109, 122
行列積の計算　49
行列の演算　47
行列のサイズ　42, 45
行列の積　113
行列の定義　42
行列表記　218
行列要素　146
極小値　166
空間フィルター　341, 410
クラス　152, 218, 362
クラス指示変数　365, 410
クラスター　362
クラスタリング　7, 362, 410
クラスデータ　249
クラス分類　222
グラディエント　160
クリストファー・ビショップ氏　3
訓練データ　197, 283, 324
計画行列　191
決定境界　221
交差エントロピー誤差　230, 255, 322, 331
交差検証　201
勾配　101, 160
勾配法　159, 238, 257, 283, 286, 406, 407
誤差関数　283
誤差逆伝搬法　294, 409
誤差の情報　302
コマンドモード　15
混合ガウスモデル　378, 381, 411
混合係数　382, 411
コンボリューション層　349
コンボリューションニューラルネットワーク　347

◉ さ

最適化問題　208
最急降下法　159
最小値　158
最大プーリング　354, 410
最適化ライブラリ　210
最尤推定　224, 405

サドルポイント 290
算術関数 48
閾値 267
シグモイド関数 126, 134, 135, 137, 142, 251, 301, 338
時系列情報 323
事後確率 240, 260
指数 5, 127
指数関数 126, 127
指数関数の微分 132
自然対数の底 130
四則演算 22, 47
正答率 331
シナプス 266
シナプス伝達強度 267
写像 125
出力層 300, 302
条件付き確率 223, 240, 260
神経細胞 266
人工データ 155
深層学習 264
数値解 167
数値解法 208
数値微分 293
数値微分値 308
数値微分法 282, 286
スカラー 48, 85
スカラー倍 113
ストライド 347
スライシング 49
正答率 321, 323
成分表記 160, 184
積の記号 92
絶対値 162
切片 158
線形写像 125
線形回帰モデル 180
線形基底関数モデル 187, 403, 404
潜在変数 380
層の深層化 360
ソフトマックス関数 137, 140, 142

◉ た

ターゲット 152
体格指数 171
大規模画像認識コンテスト 265
対数 129
対数尤度 226, 397
多項式 93
畳み込み 360
畳み込み演算 341
畳み込みニューラルネットワーク 347, 410
縦ベクトル 81, 174
タプル 31
ダブルクォーテーション 26
ダミー入力 254
単位行列 117
中間層 290, 299, 329, 340
中間層ニューロン 300
中心ベクトル 365, 366, 410, 411
直線モデル 152, 155, 402
直線モデルパラメータ 167
ディープラーニング 2, 264
データセット 331
データ点 196
データ番号 174
手書き数字 326
手書き数字認識 7
手書き数字のデータセット 326
テストデータ 197, 324, 353
転置 80, 82, 121, 183, 184
統計 5
等高線プロット 75
ドロップアウト 355, 356, 360, 410

◉ な

内積 86
二乗和誤差 156
入出力マップ 269
ニューラルネットワークモデル 2, 3, 264, 272, 316
入力総和 235, 253, 268
入力データ 148
入力変数 152, 215, 218
ニューロン 137, 302, 329, 340

ニューロンモデル 268, 272, 408
ネイピア数 130

◉ は

バイアス 350
バイアス項 356
配列 51
発火頻度 269
バックプロパゲーション 294
バッチ数 350
パディング 345
パラメータ 146, 159, 160, 181
比較演算子 34
引数 54
微分 5, 93
標準偏差 166
ファイ 187
フィードフォワードニューラルネット 272
フィルター 342, 347
プーリング 354, 356, 360, 410
プーリング層 354
負担率 380, 411
分類問題 7, 218
平滑化層 350
平均交差エントロピー誤差 232, 406, 408
平均交差エントロピー誤差関数 248, 250
平均二乗誤差 156, 164, 175, 204, 402
平均パラメータ 187
平均プーリング 354, 410
ベクトル 36, 80, 81, 87, 160
変数 23
偏微分 98, 161, 177, 181, 300
ホールドアウト検証 197, 205, 405

◉ ま

マークダウン形式 17
膜電位 266, 268
マックスプーリング層 357
ミニバッチ 355
ムーア・ローズの擬似逆行列 185

面モデル 171, 175, 251, 402

目的関数 215, 402

目標データ 152, 169, 299

目標変数 152, 215, 218

文字列 25

モデル 2, 211

モデルの選択 211

戻り値 54

◉ や

尤度 131, 224, 397, 405

歪み尺度 375

要素 80

要素番号 174

予測精度 197

予測モデル 214

◉ ら

ラベル 218, 362

リーブワンアウト交差検証 202, 205, 405

累乗 22

連結 46

連鎖律 96, 161, 181, 296

連立方程式 122

ローカル変数 56

ロジスティック回帰モデル 227, 245, 406

ロジット 268

◉ わ

和の記号 88, 89

著者プロフィール

伊藤真（いとう・まこと）

2000 年、東北大学大学院にて動物のナビゲーション行動の数理モデルの研究で情報科学博士取得。
2004 ～ 2016 年、沖縄科学技術大学院大学神経計算ユニットの実験グループのリーダーを務め、脳活動のデータ収集とその解析に従事。動物の脳活動を強化学習モデルで説明する研究を行う。
現在は、民間企業にて機械学習やコンピュータービジョンの産業利用に従事。

［主な著書］
『Scratch で AI を学ぼう　ゲームプログラミングで強化学習を体験』（日経 BP）
『「強化学習」を学びたい人が最初に読む本』（日経 BP）

装丁デザイン　大下賢一郎
本文デザイン　NONdesign 小島トシノブ
装丁イラスト　iStock.com/DavidZydd
DTP　株式会社アズワン
レビュー協力　佐藤弘文
武田 守

Python（パイソン）で動かして学ぶ！
あたらしい機械学習の教科書　第3版

2022年 7 月 19 日　初版第1刷発行
2023年 5 月 15 日　初版第2刷発行

著者　伊藤 真（いとう・まこと）
発行人　佐々木 幹夫
発行所　株式会社翔泳社（https://www.shoeisha.co.jp）
印刷・製本　中央精版印刷株式会社

ISBN978-4-7981-7149-4　Printed in Japan

翔泳社の人工知能関連書籍

大人気発売中!

Pythonで学ぶ
あたらしい統計学の教科書 第2版

馬場 真哉 著
定価：本体3,300円＋税　ISBN：978-4-7981-7194-4

Google Colaboratoryで学ぶ!
あたらしい人工知能技術の教科書
機械学習・深層学習・強化学習で学ぶAIの基礎技術

我妻 幸長 著
定価：本体3,400円＋税　ISBN：978-4-7981-6720-6

Pythonで動かして学ぶ!
あたらしいベイズ統計の教科書

かくあき 著
定価：本体3,000円＋税　ISBN：978-4-7981-6864-7

AIエンジニアのための
機械学習システムデザインパターン

澁井 雄介 著
定価：本体3,600円＋税　ISBN：978-4-7981-6944-6

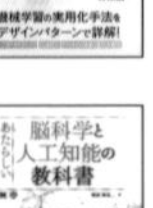

あたらしい脳科学と人工知能の教科書

我妻 幸長 著
定価：本体2,800円＋税　ISBN：978-47981-6495-3

Pythonで動かして学ぶ!
Kaggleデータ分析入門

篠田 裕之 著
定価：本体2,600円＋税　ISBN：978-4-7981-6523-3

データ分析者のための
Pythonデータビジュアライゼーション入門
コードと連動してわかる可視化手法

小久保 奈都弥 著
定価：本体2,400円＋税　ISBN：978-4-7981-6397-0

現場で使える! Python科学技術計算入門
NumPy/SymPy/SciPy/pandasによる
数値計算・データ処理手法

かくあき 著
定価：本体3,200円＋税　ISBN：978-4-7981-6374-1

本書購入特典の情報はこちらから!

https://www.shoeisha.co.jp/book/present/9784798171494

ISBN978-4-7981-7149-4
C3055 ¥2700E

株式会社翔泳社
定価：本体2,700円+税

9784798171494

人工知能・機械学習

1923055027008

エンジニアが押さえておくべき **IT技術を習得できる**

あたらしい教科書シリーズ

現場で使える!シリーズ

pandas データ前処理入門
Python 科学技術計算入門

現場

定番のIT技術の基礎を習得

あたら

シリーズ

CONTENTS

第1章｜機械学習の準備
第2章｜Pythonの基本
第3章｜グラフの描画
第4章｜機械学習に必要な数学の基本
第5章｜教師あり学習：回帰
第6章｜教師あり学習：分類
第7章｜ニューラルネットワーク・ディープラーニング
第8章｜ニューラルネットワーク・ディープラーニングの応用（手書き数字の認識）
第9章｜教師なし学習
第10章｜要点のまとめ